JN145081

高齢ドライバーの安全心理学

松浦常夫
Tsuneo Matsuura

東京大学出版会

Safety Psychology for the Older Driver
Tsuneo Matsuura
University of Tokyo Press, 2017
ISBN 978-4-13-013309-8

序　高齢ドライバーの安全問題

最近、高齢者の事故がテレビや新聞をにぎわしている。マスコミは、事故を起こしたドライバーは高齢者であり、認知症やその他の老いに伴う不調が事故の原因であることを暗に示して、「高齢ドライバーは危険」というメッセージを伝えている。全国で一日に発生する交通死亡事故は一一件で、ふだんでもそのうち二、三件は高齢ドライバーが起こしている[1]。その中から、相手を死亡させ、しかも高齢ドライバー自身に老いに関わる問題があるような事故を意図的に取り上げているようだ。

高齢ドライバーの安全運転問題の解決法は、個人と社会では異なる。また、個人ごとに事情が異なる。本書では、多様な角度からこの問題を取り上げて解説し、問題解決のための視点や科学的根拠を提供したい。筆者は、警察庁の科学警察研究所で長らく交通安全について研究し、現在は大学で応用心理学を講義している、交通心理学の専門家である。しかし、高齢期の安全運転の問題は、交通心理学だけでは解決できない。本書では、医学、老年学、交通工学、交通事故分析、といった学問の知見を援用して高齢ドライバーの運転と事故の特徴を示し、本当に高齢ドライバーの運転は危ないのか、高齢ドライバーに特有な身体的・心理的な問題と、それを考慮した安全運転支援にはどのようなものがあるか、運転を断念する理由とその影響はどのようなものかについて述べたい。

ここではその準備として、高齢ドライバーにとっての運転、「事故が多い」という言葉の持つ意味、高齢ドライバーの事故が問題となる背景、この問題に対する社会の見方について考察する。本書のテーマと内容についても紹介しよう。

高齢ドライバーにとっての運転

高齢ドライバーに限らず、車の運転は、移動手段という本来の意味のほかに、楽しみとか自尊心を満足させるといった心理学的な意味を持つ。しかし、高齢者にとってのその意味合いは、若い世代とは少し異なるようだ。

移動手段としての車について考えてみよう。車がない場合、若い世代なら、代わりに自転車や徒歩で移動しても身体的負担はそれほど大きくはない。しかし、高齢になると自転車や徒歩での移動はだんだんと苦痛になる。バスや電車も、バス停や駅が近くにないと、高齢者には利用しにくい。そのため、高齢になるほど移動手段としての車の魅力は高まる。

以前に、全国十カ所の自動車学校で、高齢者講習に来た七十歳以上の高齢者三百人を対象に、安全運転や老後の生活と車などについての面接調査をしたことがある[2]。その際に、車にかかる費用や次の車の購入予定を質問したところ、出費が大変だと答えた人が四割、車の購入予定はないと答えた人が七割近くいた。金銭的な余裕が少ない高齢者にとって、車の購入や維持に要する出費はかなり大きく、車は高い買い物のようだ。しかし、見方を変えれば、高齢者は車をそれだけの価値があるものとみなしていることになる。

　車の運転にまつわる感情は、年齢を問わず個人差が大きい。車を運転するのが楽しくてしょうがない、運転や愛車に生きがいやプライドを持っているという人は、それほど多くはいない。しかし、高齢になるまで運転を続けている高齢ドライバーでは、こういった感情を持って運転する人は若い世代より多いかもしれない。先の面接調査でも、「運転が好きである、生きがいである」と答えた人のほうが、「移動の手段、足代わり」と答えた人より多かった。仕事をやめても車の運転はまだ現役であるという自負が、こうした感情を増幅させるのかもしれない。

高齢ドライバーの「事故が多い」とは

　高齢ドライバーの「事故が多い」と誰もが感じている。しかし、「事故が多い」という言葉には二つの意味がある。一つめは、単純に「事故件数が多い」という意味だ。高齢者の事故件数が多ければ、それは取り上げるに値する問題である。しかし、人口の高齢化に伴って高齢ドライバーの人数が増えてきたことから、高齢ドライバーの事故件数も多くなったというだけの話でもある。二つめは、「事故の危険性が高い」という意味である。同じ距離だけ運転すると、高齢者のほうが事故を起こしやすいという意味だ。仮に、高齢者が「事故の危険性が高い」グループで、なおかつ「事故件数が多い」のなら、大いに問題とすべきだろう。

　「事故が多い」という場合には、その事故が死亡事故かふつうの事故（負傷事故）かを分けて考える必要もある。テレビのニュースでは、悲惨さを訴えるためか死亡事故がよく取り上げられるが、死亡事故は全事故の一パーセントに満たない。多くの人は、ふつうの事故と死亡事故を区別して考えていないので、高齢者が起こした死亡事故を見ると、ふつうの事故も同じようにたくさん起こしていると考えがちだ。しかし、事故の姿は両者でかなり異なっている。たとえば、昼間と夜間の事故を比べてみよう。ふつうの事故が起きるのは夜より昼のほうが三倍近く多いが、死亡事故になると逆に夜のほうが少し多くなる[1]。高齢者の場合は、体が弱いため、同じような事故を起こしても死亡しやすい。そのため死亡事故の割合が多くなる。

もし仮に、高齢ドライバーは人数が多いために事故件数が多く、死にやすいので特に死亡事故が多いというのなら、それほど問題視する必要がないのかもしれない。この問題は4章で取り上げる。

加齢に伴う心身機能低下と病気

人間誰しも、歳をとると、目が見えにくい、体が思うように動かない、尿のきれが悪い、といった症状が出てくる。これは、心身機能の低下という加齢に伴う生理的な（病気でない）変化である。もう一つ、歳をとると病気にかかりやすくなる。こうした心身機能低下と病気は、高齢ドライバーの事故に強く影響している。

心身機能低下についてもう少し詳しく説明しよう。心身機能の低下は、各種臓器や器官の機能低下である。私たちの体は、精神・神経・感覚器系、骨・運動器、呼吸器系、循環器系、消化器系、腎・泌尿器系、内分泌・代謝系、免疫系に分けることができる[3]。このすべてにおいて、程度の差こそあれ、老化が進み、働きが低下するのだ。心、あるいは知的機能も、脳という器官が老化することによって、注意力が弱まったり、物事を判断して処理するスピードが遅くなったり、記憶力が低下したりするようになる。

心身機能が低下しても、生活にそれほど支障がないうちは、健康な高齢者といってよい。しかし、多くの人はやがてフレイル（虚弱）な状態になり、介護を必要とするまでになる。フレイルというのは老年医学の用語で、複数の心身機能が低下している状態を指す。要介護状態になるリスクの高い高齢者をスクリーニングするためにも、フレイルかどうかの診断は重要だという。フレイルの定義はまだ確定していないらしいが、フライドの定義では、体重減少、著しい疲労感、筋力の低下、歩行速度の低下、活動レベルの低下の五つのうち、三つ以上当てはまる場合、フレイルと判定する[3]。日本では、高齢者の一一パーセントがフライドの定義でいうフレイルと言われる[4]。

病気についても説明が必要だ。医師は治療を必要とする病気のことを疾病というが、本書では病気という用語を使う。さて、高齢者は病気にかかりやすいが、若い人でもかかる。特に、中年になると、糖尿病、高血圧症、脂質異常症（高脂血症）、肥満、心臓病、脳卒中といった生活習慣病が増えてくる。高齢者にとってもこうした生活習慣病は要注意で、特に、心臓病や脳卒中による死者は、共に年間十万人を超える[5]。

生活習慣病も怖いが、高齢になると高齢者特有の病気が増え、寝たきり（要介護）の原因となる。

老年症候群と呼ばれる一群の病気だ。高齢であるという一つの大きな原因と強い関連を持ったいくつもの病気の集合体が老年症候群で、転倒、尿失禁、認知症、老年期うつ、睡眠障害、せん妄（意識の混濁）、慢性めまい症など多くの病気が当てはまる。(3)(6)

人口高齢化とそれを上回る高齢ドライバーの増加

高齢ドライバーの事故増加の社会的背景に、人口の高齢化がある。二〇一五年までの二十年間に、六五歳以上の高齢者人口は、一四・六パーセント（一八二八万人）から二六・七パーセント（三三九二万人）へと、約二倍に増加した。しかし、ゼロ歳から一四歳までの子どもの人口は、二十年前は高齢者人口より少しだけ多かったのに、二〇一五年では一六一一万人に減少してしまった。(7)(8)これが日本の少子高齢化の実態だ。

人口の急激な高齢化は、医療・介護などの社会保障、産業（労働力人口）、地域社会、家族形態などに大きな影響を与えてきた。高齢ドライバーの問題もその一つだ。この問題は、大きく二つに分けられる。事故と移動（モビリティ）の問題だ。本書では、特に事故について述べるが、共に高齢ドライバーの急激な増加が問題の根本にある。この二十年間に高齢者人口は二倍に増えたと述べたが、高齢ドライバー人口は四八〇万人から一七一〇万人と四倍近くにまで増えているのだ。これは、単に免許保有者が高齢化したというだけでなく、免許保有率の高いかつての中年世代の人々が高齢ドライバーの仲間入りをしたからである。

高齢になっても運転をやめられない状況

日本は車社会である。車は移動の重要な手段であり、高齢者にとっても日々の移動に欠かせない。特に、車に代わる公共交通機関が不十分な地域では、高齢になって運転をやめたくても、不便な生活になってしまうためやめられない。これは事故とは異なる移動の問題であるが、車の移動にはそれに付随して事故が発生するので、事故の問題でもある。

高齢ドライバーが運転を断念した後の移動の問題は、高齢ドライバー事故に次ぐ大きな問題であるが、本書では高齢ドライバーが運転を断念するまでを扱うので、詳しくは取り上げない。ただし、運転断念の決断に、移動の問題は大きく影響する。そこで本書では、この問題を6章で少し取り上げる。

そこでは触れていないが、運転をやめた、あるいは免許を持たない高齢者にとっての移動対策の一つに、自動運転がある。二〇一三年に、日本の自動車メーカー三社が国会周辺の公道で自動運転に関する実証実験を行い、安倍晋三首相が試乗した頃から、日本でも自動運転がクローズアップされてきた。自動運転は車の概念を一変させる社会変化であり、欧米でもその開発が急ピッチで進んでいる。特に、日本の場合は二〇二〇年の東京五輪・パラリンピック開催をにらんで、官民あげて自動運転技術の実用化と普及に取り組んでいる。筆者も二〇一五年の暮れに、能登半島の公道を自動運転する車に同乗する機会があった。開発者の菅沼直樹さんが運転席に座った上での実験で不安はなかったが、ふつうのドライバー並みの運転ができたのに驚いた記憶がある。しかし、価格面から、個人への普及は当分先になるだろう。完全な自動運転は、まずは高速道路上のトラック輸送で実現するだろうが、一般道路では限られたエリアでのバスやタクシーの自動運転化が現実的かもしれない。

高齢ドライバーに対する社会の見方

高齢ドライバーに対するマスコミの論調には二つある。一つは、高齢者が日本社会のお荷物となっているという危機感の具体的な事例として、高齢ドライバーが危険であることを示す事故報道に代表される見方である。高齢者問題の一つとして高齢ドライバーが起こす事故を取り上げ、人々の関心を喚起するのだ。

こうした高齢ドライバー危険論は、私たちが暗黙的に抱くエイジズムの表れかもしれない。高齢者に対するエイジズムは、高齢者差別と訳されることが多いが、高齢者に対する負のステレオタイプと言いかえてもよい。高齢者には、安心・信頼できる、物知りである、信心深いといったプラスのイメージもあるが、一方で、臆病である、孤独で不安である、自己中心的である、何もできないといったマイナスのイメージもある。マイナスイメージの多くが誤ったものであればそれは偏見と呼ばれ、それにもとづいて何らかのアクションがなされれば差別となる。高齢ドライバーの場合も、「危険だ」という誤ったイメージやステレオタイプがある可能性がある。

イメージ自体は高齢ドライバーの事故に影響するわけではないが、適切な事故防止対策の妨げになる。危険にならないうちに運転をやめさせようと考えるか、安全なうちはなるべく運転を支援しようと考えるかによって、対策は変わってくるのだ。

交通事故はそもそもニュースや新聞の取材対象となりやすい。事故現場である道路、衝突を物語る車や柵などの変形、事故を象徴する花束など映像化しやすい素材が多いこと、ふつうの犯罪と異なり、発生プロセスや加害者と被害者の特定が容易であること、などがその理由だ。とりわけ、認知症高齢者が運転して事故を起こすと、ニュース性は一挙に高まる。

それは、次のような感情を視聴者に抱かせるからだろう。

・運転すると危険性が高い認知症の人が、現に車を運転し、事故を起こしたという驚きと危ないなあという憤慨。

・高齢の認知症患者という弱者的イメージのある人が、交通事故の加害者となって歩行者などを死亡させたりケガさせたりするという意外性。

・被害者には落ち度がなかった、では事故の責任を誰が負うべきかという、怒りの矛先が見つからないいらだち。

・認知症は高齢になると誰でもなりうる病気であることから、高齢のドライバーであれば、明日はわが身と感じる不安。高齢になっても運転を続けている親や祖父母などを持つ中年や若い人であれば、親たちがいつか認知症になったりして事故の加害者とならないかという不安。

こういった感情の特異性は、認知症高齢者が歩行者であった場合の事故と比べると明らかだ。その場合には、以上の感情は生じにくいだろう。特に、意外性といらだちの感情はまず生じない。

こうした世論の動きもあって、警察庁では二〇一七年から高齢ドライバーを対象とした高齢運転者講習での認知機能検査を強化した。新制度では、検査で「認知症のおそれ」があると判定されると、運転免許を更新しようとする人に対して医師の診断が義務付けられることになった。

マスコミのもう一つの論調は、交通弱者として高齢ドライバー、特に運転を断念したドライバーを取り上げるものだ。これもエイジズムを反映したものかもしれないが、高齢になっても運転をやめられない状況を指摘する論調であり、先の論調より安全や移動問題の解決にとって生産的だ。車がないと移動できない車社会から車がなくても移動できる社会への移行は、重要なテーマである。

高齢ドライバーに対するポジティブな見方

経済界、特に自動車メーカーは、高齢ドライバーの運転に肯定的である。人口の四分の一を占める高齢者が自動車を購入すれば、単純に自動車関連メーカーは潤うし、車を運転して外出すれば飲食やレジャー関連の消費が拡大するからだ。それればかりでなく高齢者の運転は、社会保障（医療、介護）、経済（雇用、消費）、地域社会、家族といった、先に述べた高齢化に伴う課題と密接に関連している。高齢ドライバーの運転促進が、こうした問題にプラスの影響を与えているようなのだ。

社会保障について考えてみよう。高齢者にとって運転は、健康維持や健康増進に貢献しているというデータがある[9]。車を運転することが健康に寄与すれば、医療や介護の費用の節約になるのだ。雇用問題でも、高齢者が長く運転を続けることは、車の運転を伴う仕事の増加につながるはずだ。地域社会にとっては、高齢者の運転にはプラスとマイナスの二つの側面がある。地域社会でボランティアとして活動するには車の運転が必要だ、という面ではプラスだろう。しかし、地域を散歩したり、自転車で移動したりすることで地域住民との関係が密になったり、地域の良さを見直すことになる、といった面からはマイナスだろう。家族は高齢者の運転に対しておおむね好意的だ。現在の高齢者世帯では、一人暮らしや夫婦のみの世帯が半数を超えている[10]。このような世帯では、高齢者が運転しないとほかに助けてくれる家族がいないのだ。ただし、高齢者が車の運転ができないくらい老いてくると、その運転は家族の悩みへと転じてしまう。

高齢ドライバーの運転を後押しする考え方は、社会老年学でいうサクセスフル・エイジングとプロダクティブ・エイジングにも通じる[11]。サクセスフル・エイジングというのは、高齢者は加齢に伴う心身のネガティブな変化を予想し、それに備えて生活習慣をコントロールしたり、行動を変えたりして、良い老いを実現できるという考え方である。また、プロダクティブ・エイジングは、高齢者は収入を得る仕事ではないかもしれないが、様々な価値ある活動ができるという意味でプロダクティブであり、社会に有用な貢献が可能であるという考え方をいう。研究によれば、こうした高齢期を送るのが、幸福な老いの一つの形だという。

本書の特徴と内容

本書の特徴を四点ほどあげよう。

高齢ドライバーの安全がテーマである。4章で高齢ドライバーの事故を詳しく解説し、事故原因となる身体的・心理的な問題を2章と3章で取り上げた。また、安全問題は、高齢者の生活、特に生活のための移動（モビリティ）と深く関わるため、1章と6章ではシニアライフと関連づけて運転を取り上げた。

高齢ドライバーの心理もテーマにしている。交通事故の心理的要因は、運転技能の要因より大きいといわれる。まさに、運転は腕ではなく心でするものだ。高齢ドライバーは、運転技能の低下を自覚して、それを補うような安全を重視した運転を心がけているはずだ。しかし、こうした補償運転と呼ばれる運転戦略が不十分な高齢ドライバーが多いし、そもそも運転技能低下を認めない自信過剰な高齢ドライバーも多い。こうした心理的な問題を、主として3章で取り上げた。

学際的なアプローチも本書の特徴である。筆者が以前に勤務していた科学警察研究所の交通安全研究室には当時、心理学出身者と工学出身者がおり、大量のデータを組織的に収集する、運転行動や交通現象をモデル化する、事故防止対策を常に念頭におくといった工学的アプローチは、筆者にとって新鮮であった。こうした考え方は4章と5章に反映されている。また、老化と病気という高齢ドライバーの事故原因を扱う医学的アプローチも欠かせない。2章で医学的側面を取り上げた。

行政の取り組みへの注目も、高齢ドライバーの安全問題を考える上で欠かせない。5章と6章では高齢者講習や免許自主返納といった行政の取り組みを紹介した。科学警察研究所に勤務していた頃、二年間だが警察庁交通局に出向して役人生活をした経験が、少しは役立っただろう。

最後に、もう少し具体的に本書の内容を知りたい方のために、目次にしたがって内容を説明しよう。1章では、高齢者の生活とそれを支える運転について述べる。2章では、高齢ドライバーの多くは健康であるが、老いは確実に進んでいて、それに伴って心身の機能低下や病気は避けられないことや、こうした老いが運転にどう影響するかについて、検査や実験結果をもとに説明する。3章では、高齢ドライバーの運転の背後にある高齢者特有の心理として、運転技能の過大評価を取り上げる。しかし、その一方で、補償運転と呼ばれる心身能力や運転技能の低下を補う工夫もしていて、それが安全運転に寄与している点を説明する。4章では、高齢ドライバーの事故危険性と事故の特徴を、走行実験や交通事故統計分析の結果をもとに紹介して、高齢ドライバー事故の正しい理解を促す。また、事故事例を交えて、出合い頭事故などの特徴的な事故を解説する。5章では、安全運転を続けてもらうための社会的支援や対策について紹介する。安全運転を続けていた人でも、いずれ運転をやめる時が来る。そこで、最後の6章では、運転生活の最後について考える。運転をやめる人の中には、運転する必要性があまりなく、七十歳という年齢や免許更新という区切りで免許を返納する人もいるが、運転をできれば続けたいと思いつつも、周囲の反対などで断念する人も多い。こうした運転断念の理由と、断念にいたるプロセス、運転断念の心身や社会生活への影響について、データをもとに解説する。

孫子の兵法にある「敵を知り、己を知れば百戦危うからず」は、筆者の数少ない座右の銘である。高齢ドライバーの皆さんも、交通事故という敵を知り、自身の心と運転を知れば、事故は起こさないはずである。高齢ドライバーとその予備軍の皆さん、そして老いた家族の運転が心配な皆さんの、安全と安心に本書が少しでもお役に立てば幸いである。

目次

1章　高齢ドライバーの生活と運転

1　シニアの半数はドライバー

人口ピラミッドにみる高齢化

人口ピラミッドという言葉を聞いたことがあると思う。ゼロ歳から百歳くらいまで、順に人口を積み重ねていくと、ピラミッドのような形になるのでこう呼ばれている（図1－1）。図1－1をみると、過去、現在、未来では、人口ピラミッドの姿が大きく異なっている。図左は一九六〇年の日本の人口の姿で、まさにエジプトにあるピラミッドの形をしている。しかし、現在は上の高齢層の人口が増えてきてツボのような形に変化してきた（図中央）。ツボの取っ手とふくらみのようにみえる二つの山は、団塊の世代と団塊ジュニアである。二〇一五年現在、団塊の世代（一九四七〜四九年の三年間に生まれた八百万人）は、全員が六五歳以上となった。五十年後にはさらに人口構成が変わり、若い世代ほど人口が少ないローソクのような形になると言われている（図右）。

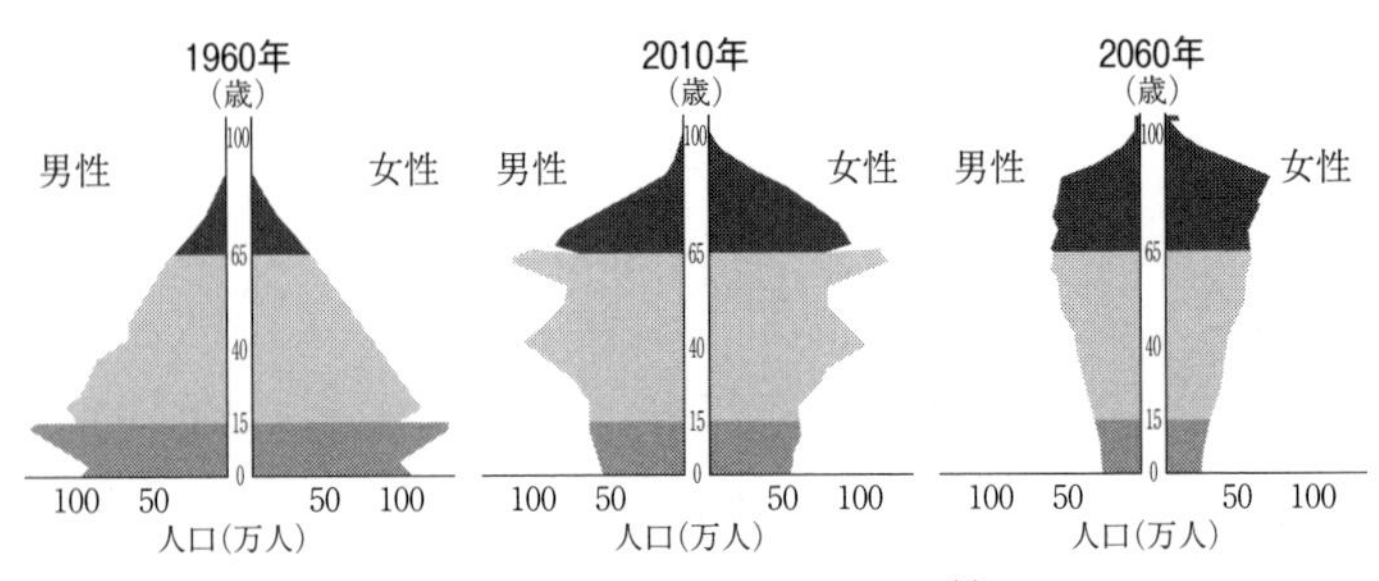

図1-1　人口ピラミッドの変化[1]

左からピラミッド型、ツボ型、ローソク型の人口構成となっている。
1960年および2010年は総務省「国勢調査」、2060年は国立社会保障・人口問題研究所「日本の将来推計人口（2012年1月推計）」の出生中位・死亡中位推計より。

なぜ人口構成が時代によって様々に変わっていくのだろうか。人口学によれば、社会の近代化に伴って、多産多死から↓多産少死↓少産少死へと人口は変化していくという[2]。江戸時代までのような農業や漁業などが機械化されていない時代には、子どもを何人も産んでも生き残る子どもは少なかった（多産多死）。江戸時代に始まったとされる七五三は、貧困による栄養不足や医療の未発達のため、多くの乳幼児が成人まで生き残れなかった時代の名残である。明治時代になると日本でも近代化が進んで、多産の傾向は保ちつつ乳幼児の死亡率が低下してきた（多産少死）。大正、昭和になると出生率と死亡率が共に低くなり、一九六〇年頃に人口の出入りが安定し、これによって社会の近代化にともなう人口転換（人口革命）が日本では終了した（少産少死）。この時の人口構成が、図1-1の左のピラミッドである。現在でも、アフリカなどの発展途上国ではこの形を示す。

日本で人口の高齢化が始まったのは、一九七〇年代だ。東京オリンピック（一九六四年）を終えて、高度経済成長期を脱し始めた時期である。団塊の世代が二十代の頃で、『ジャパン・アズ・ナンバーワン　アメリカへの教訓』[3]という本がベストセラーとなった。団塊の世代の子どもたち、すなわち、団塊ジュニアが誕生したのもこの頃だ。本書のテーマである交通安全に関して言えば、一九七〇年は年間の交通事故死者が一万六七六五人に達し、日本史上ワースト一位の記録を残した年である。社会の若さや活気と裏腹に、悲惨な交通事故が多発したのだ。

人口構成に話を戻すと、第二次ベビーブームで一時的に出生数は増えたものの、その後は減少の一途をたどり、今では年間の出生数は当時の半分の百万人ほどである。一人の女性が一生の間に産む子どもの人数を示す合計特殊出生率も、二・一人から一・四人と減少した。夫婦が生涯に持つ子どもの人数の平均は今でも二人であるが、生涯未婚率が高くなっていることから女性一人あたりの出生数は一・四人となっている。計算上、女性が全員結婚したとしても、二人以上子どもを産まないと人口は減少していく。実際、すでに日本の総人口は二〇一〇年をピークに減少期に入っている。

少子高齢化の今日、出生率の低下と高齢者の寿命の延びによって、六五歳以上の高齢者人口が総人口に占める割合は、一九八五年に一〇パーセント、二十年後の二〇〇五年には二〇パーセントを超え、二〇一五年には四人に一人が高齢者となった。しかも、高齢化の進展は、団塊ジュニアがいなくなる二〇六〇年頃まで続くという。五人に二人が六五歳以上という超高齢社会が到来するのだ。

何歳まで生きられるか

高齢者といっても、下は六五歳から上は一二二歳まで様々である。一二二歳というのはギネスの「史上最長寿記録者」で、一九九七年に亡くなったフランス人女性、ジャンヌ・カルマンさんである。平均寿命の伸びからすると、近い将来、この記録は日本人によって破られるかもしれない。現在は外国人に首位の座を奪われてしまったが、二〇一五年三月現在のギネス認定の世界最高齢者は、男性が一一二歳の百井盛さん、女性が一一七歳の大川ミサヲさんと、いずれも日本人であった。

ちなみに、百歳以上の人は百寿者と呼ばれ、高齢化社会のスーパーエリートである。もっとも、百歳以上の高齢者の調査が始まった一九六三年には全国でわずか一五三人しかいなかった百寿者は、平成に入って急増し、一九九八（平成一〇）年には一万人を突破し、現在では五万人を超えている。厚生労働省では、一九六三年から百歳を迎えた方々の長寿を祝い、敬老の日の記念行事として内閣総理大臣からお祝い状と記念品を贈呈していて、二〇一五年の表彰対象者は三万人、国の予算は三億円弱であった[4]。

人口や人口動態の調査から得られた死亡数や出生数を基にした厚生労働省の統計に、生命表がある。この統計表から、あと何年生きられるかという平均余命や、ゼロ歳の平均余命である平均寿命などが算出される。生存曲線もその一つであり、各年齢での生存者の割合（パーセント）を知ることができる（図1-2）。たとえば六五歳の人の生存率は男性が八八パーセント、女性が九四パーセントである。六五歳で高齢者の仲間入りをしても、まだまだ元気だし、同窓会で誰々が亡くなっ

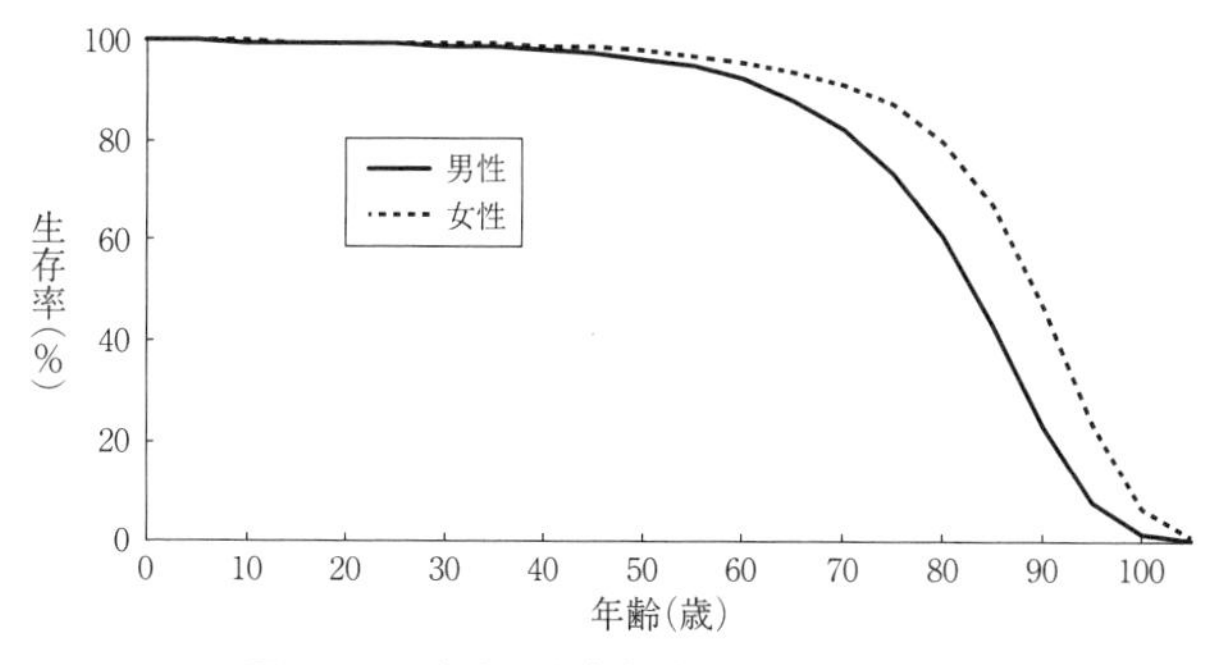

図 1-2　日本人の生存曲線（注(5)より作成）

2013 年の各年齢の死亡率が今後も変化しないと仮定した時の、各年齢の生存者の割合（%）を示す。半数が生き残っていることを意味する生存率 50% の年齢は、男性が 83 歳、女性が 89 歳で、平均寿命よりは少し長い。

たと聞くとびっくりするのもうなずける。しかし、ここがサバイバルの出発点である。グラフを見ると、生存率が徐々に下がっていく様子がわかる。平均寿命である八十歳（男）や八七歳（女）までは生きたいものである。

高齢者人口が二五パーセントを占めるほどに増加したことと並ぶ、最近の高齢者人口の特徴は、七五歳以上の人口の急増である。そのため、高齢者を六五～七四歳、七五歳以上の二つに分けて、前期高齢者と後期高齢者と呼ばれるようになってきた。また、場合によっては七五歳以上をさらに二つに分けて、八五歳以上を晩期高齢者あるいは超高齢者と呼ぶこともある（図1－3）。人数で言えば、前期高齢者と後期高齢者はほぼ同数である。

高齢者についてもう一つ特筆されることは、男女比である。生存曲線にも示されているように、女性のほうが長生きなので、高齢者では女性のほうが男性より多い。女性一〇〇人あたりの男性の人数を性比というが、前期高齢者の性比は九〇でありそれほどの差はない。しかし、

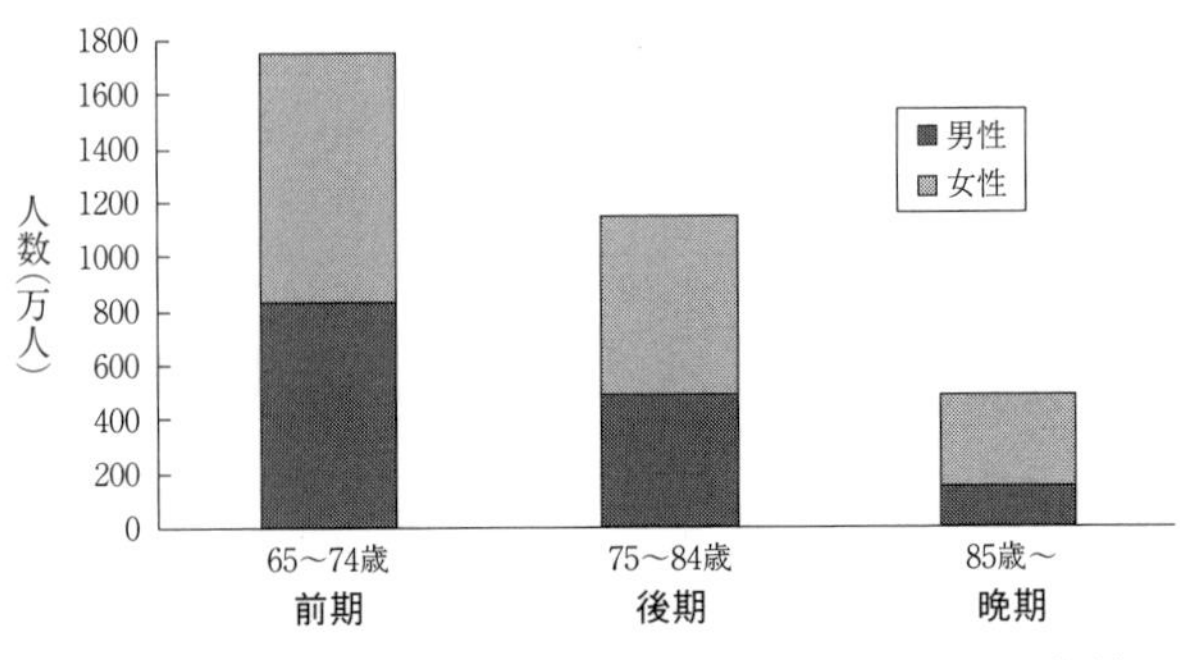

図 1-3　高齢者の年齢層区分とその人数（注(6)第 1 表より作成）

75 歳以上を後期と晩期に分けて示した。

七五歳以上の後期高齢者となると六〇に低下する。何かの趣味のサークルに入ると、五人は女性で三人が男性ということになる。女性のほうが社交に熱心なので、実際はこれ以上に女性のほうが多いだろう。

高齢者の半数がドライバー

ここからはドライバーが登場する。高齢者人口の増加以上に、高齢ドライバーの数は飛躍的に増加した。この三十年間で高齢者人口は二・七倍となったが、高齢ドライバーの数は一〇・五倍と桁違いの伸びを示したのである（図1－4）。三十年前は高齢者の人口も一二〇〇万人と少なかったが、ドライバーも二〇〇万人ほどであった。私が高齢ドライバー問題に興味を持ち始めたのは、バブルが始まった一九八六年で、当時はそれほど高齢者の交通安全は問題とされていなかった。特に、高齢ドライバーに注目する人は少なく、勤務していた警察庁の科学警察研究所でも、当時の交通部長からまだテーマとしては早すぎるのではないかと言われたほどであった。

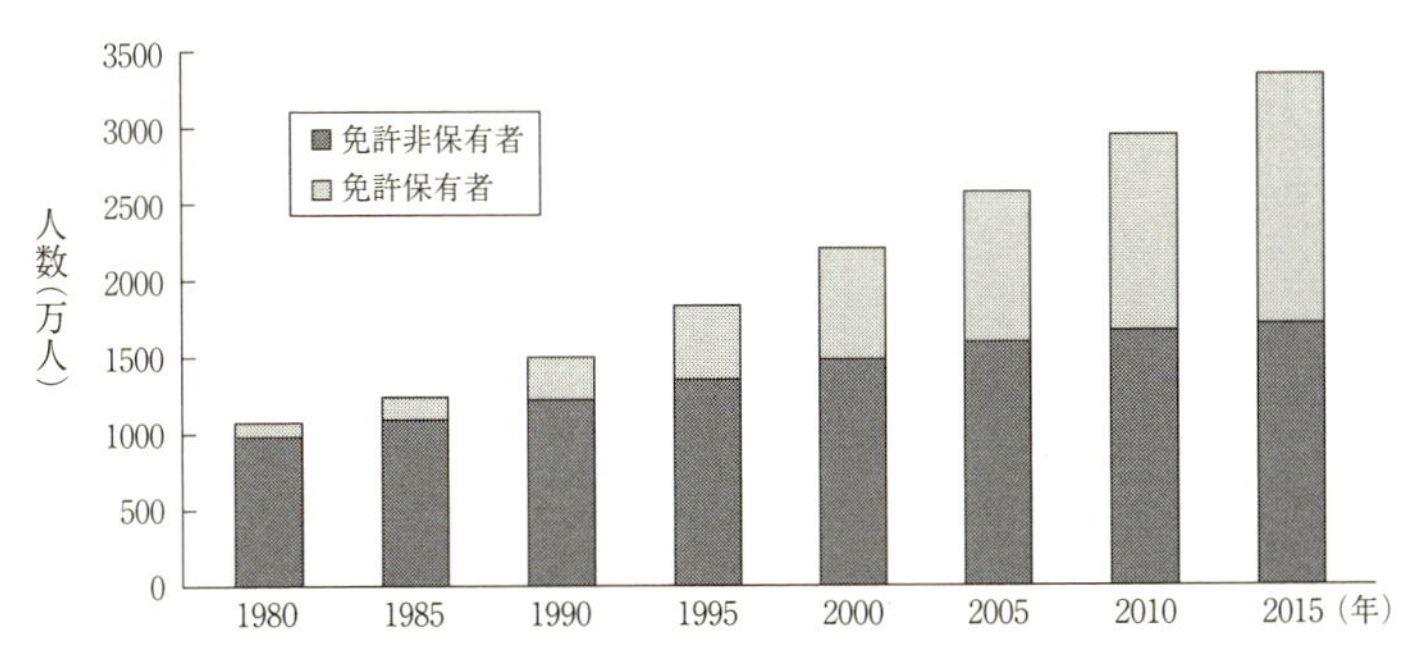

図1-4　高齢者の免許保有者数と免許非保有者数の推移（注(7)より作成）

高齢人口の伸びより、高齢ドライバー人口の伸びのほうが大きい。

それが最近、高齢ドライバーの事故や免許返納の問題がマスコミ等で取り上げられることが多くなったのは、単に高齢者が人口全体の四分の一になり、それに伴って高齢ドライバーの数も増えてきたからではなく、人口の伸びをはるかに上回るペースで高齢ドライバーが増え、今や高齢者の半数を超える一七〇〇万人がドライバーとなったからである。

　高齢ドライバーが増えてきたのはなぜだろうか。定年や子どもの独立を機会に運転免許でも取ろうという人が増えたのだろうか。三四時間という規定の教習時限数を超えて補習しても、一定の料金をプラスすればそれ以上は支払わなくても済むという、「安心プラン」を導入している教習所がある。安心プランは若い人でも選ぶことができるが、基本プランより五万円ほど高く、中高年の場合はさらに五万円ほど高くなるという。それでも四十万円ほどで高齢者も免許が取得できるのだ。たしかに安くはない買物だが、こういう制度があれば運転免許にチャレンジする高齢者も多いかもしれない。しかし、実際に高齢になって免許を取得した人はそれほど多くない。六五~六九歳のドライバーで新規に免許を取る人は年間に一万人に満たないのだ(8)。これには、免許更新を忘れて、失効した後に気がついて免許を申請した人も含まれているので、高齢になって免許を初めて取得した人はもっと少ない。

高齢ドライバーや高齢者に占めるドライバーの割合が増えてきたのは、免許保有率の高い中年層が高齢者層に移行してきたためである。高校を卒業して数年のうちに、五人に四人くらいは免許を取得する。その後も免許取得する人は少しずつ増え、三十代にピークに達する。そういった人は六十代や七十代になっても免許を持ち続ける結果、高齢になっても免許保有率は高いまま変わらない。ただし、これは団塊の世代かそれ以後に生まれた人に当てはまる話で、それ以前に生まれた人たちの免許取得率は今ほど高くはなかった。そのため六五歳以上の高齢者全体でみると、免許保有者は増えてはきたものの、まだ半数程度である(図1-4)。

図1-5から、後期高齢者ではまだ免許取得率が低いという年齢差のほかに、男女差が大きいことが読み取れる。年齢が高い人たちほど男女の免許保有率の差が大きい、あるいは言いかえると、若い世代では女性の免許取得率が高いのである。これは女性の社会進出が、団塊の世代を境に進展したことと関係がある。私は一二〇年の歴史を持つ女子大で教鞭をとっているが、今時の女子大生は、ほぼ全員が就職を希望し、多くが結婚後は専業主婦となるよりも仕事を続けたいと思っている。一方、東京オリンピックをはさむ高度成長期には、夫がサラリーマンとなって所得を稼ぎ、妻は家事労働に専念するという家庭内分業が成立していて、たとえ就職しても結婚後には仕事をやめると

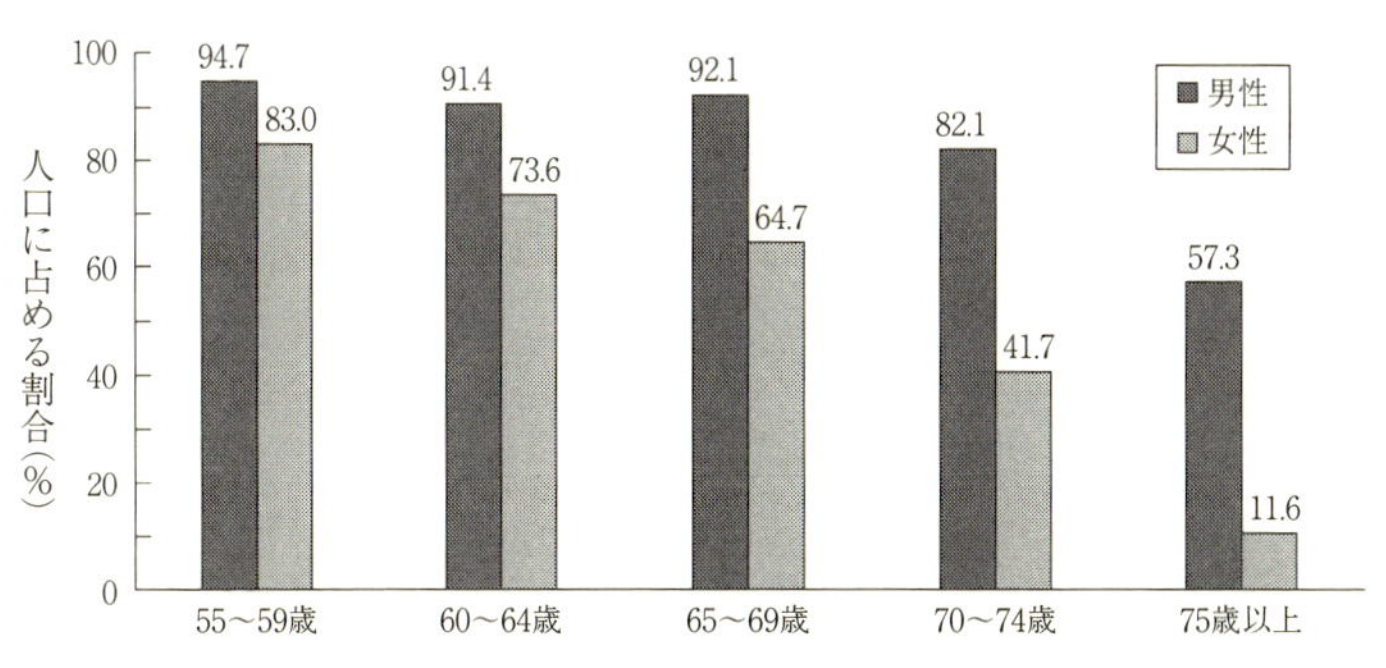

図1-5　中高年運転者の免許保有率（注(6)(8)より作成）

いう女性がほとんどであった。そういった女性にとって、運転免許は不要だったのだろう。しかし、その後、社会ではパートタイムの労働力として女性が求められるようになってきたし、一九八六年には男女雇用機会均等法が施行され、女性の社会進出はさらに高まった。たとえば、団塊の世代の女性が二五〜二九歳であった頃（一九七五年）、女性の就業率は四一・四パーセントであったが、二〇一一年にはその年代の就業率は七二・八パーセントにまで上昇している[(9)]。これに呼応して女性の免許取得率も上がっていったのだ。

高齢ドライバーは若く健康的

高齢者の中でも車を運転する人は比較的若い層に多いことから、高齢者全体と比較して健康で活動的であると予想される。それでは、同じ年齢層の中でも高齢ドライバーは恵まれた人と言えるだろうか。皆さんの身の回りの人を思い浮かべると想像がつくように、実際に高齢ドライバーには健康で活動的な人が多い。

健康であるという根拠の一つは、健康でないと安全に車を運転できないからだ。運転は筋肉運動ではないが、一定の姿勢を保ってハンドルやブレーキの操作をしなければならないし、何よりも絶えず注意を払う必要のある頭脳労働だ。そして、これを保証するための仕組みが免許更新であり、2章で詳しく述べるが、視力・聴力・運動能力などが検査される。加えて、更新期間満了の日の年齢が七十歳以上の高齢ドライバーの場合は、免許更新の前に高齢者講習を受講する必要がある。そこで視力だけでなく視野や反応時間などの運転に必要な基本的能力、構内コースで運転技能がチェックされる。さらに、七五歳になると、講習予備検査と称する認知機能検査を受けることが義務付けられる。

行政によるこういった介入は、公共の道路を運転するという権利に伴う義務であり、わずらわしいと感じる人もいるかもしれないが、自分の運転能力を含めた健康診断だと考えればありがたいものだ。特に、視力や視野は、運転だけでなくすべての日常生活の基本である。こういった機能は、年をとるに従って低下していくもので、客観的な数値は検査しないとわからない。高齢者講習のような機会は、免許を持たない高齢者には、自ら望まない限りは訪れない。高齢歩行者の中には、白内障や緑内障といった目の病気のために視力が低下したり、視野が狭くなったりして事故にあう人がいるが、そういった人の大半は、免許を持たない高齢者であると推定される(10)。

免許を持っている高齢者と免許を持っていない高齢者の健康を比較したデータはあまりない。確実に言えるのは、免許更新時に視力検査がある高齢ドライバーは（矯正）視力が〇・七以上はある、ということである。ただし、免許更新の時だけ眼鏡をかけ、運転中はかけないという人もいて、運転中のドライバーの視力が良いとは限らない。両眼で〇・七に満たない状態で運転をしている人がいるのだ[10]。高齢者講習の受講生の視力の結果を見て驚くのは、免許更新を前提に講習に来ているにもかかわらず、一〇人に三人くらいは両眼視力が〇・七未満であることだ[11]。

健康状態の自己認識について一般高齢者と高齢ドライバーを比較できるデータがある。一般高齢者については、厚生労働省が全国規模で実施している「国民生活基礎調査」で知ることができる。それによると、健康状態が「良い、まあ良い」と答えた男性と女性の割合は、六十～六九歳で三〇・四パーセントと二九・七パーセント、七十～七九歳で二八・一パーセントと二四・三パーセントであった[12]。一方、高齢ドライバーについては、同時期に「乗用車市場動向調査」でこの点が調べられていて、健康状態が「良い、まあ良い」人の割合は男女計で六五～六九歳で六一パーセント、七五～七九歳で五四パーセントであり[13]、同じ年齢層であっても高齢ドライバーのほうが一般高齢者より健康状態に自信があると言えそうだ。

高齢ドライバーは免許のない高齢者より健康に自信がある上に、車という移動手段を自分で持っている。そのため外出の機会も多い。日々の外出の回数やその手段を調べる調査にパーソン・トリップ調査があるが、それによると外出回数は高齢ドライバーのほうが一日あたり一・五倍から二倍ほど多かった[14][15]。高齢ドライバーは健康だから運転すると言えるし、運転で外出するから健康だとも言えそうである。

2　シニア世代の生活

高齢期の幸福

老後のセカンドライフを待ちかねている人も憂鬱に考えている人も、誰もが幸せな第二の人生を過ごしたいと思っている。だが、シニアにとって幸せな生活とはどんな生活なのだろうか。幸せとは何かという問題は、哲学的で難しい。ロシアの文豪トルストイは、『アンナ・カレーニナ』の冒頭で、「幸福な家族はどれもみな同じようにみえるが、不幸な家族にはそれぞれの不幸の形がある」[16]と述べている。トルストイによれば、幸せな家庭には共通点があるようだ。

それは何かと考えるヒントは、内閣府で実施されている国民生活選好度調査の中の、幸福感を判断する際に重視する事項を聞いた質問への回答にあるかもしれない。それによると、若いうちは友人や家族が幸福度の判断基準になっているが、三十代から四十代にかけて家族、家計（お金）、健康の三つが、五十代後半からは男女ともに健康が最も重視されるようになる[17]。

高齢期に入ると、自分や自分を取り巻く環境が変化して、この三つにも変化が生じてくる。しかも、その変化は以前とくらべて急激である。加齢に伴って、病気や体調不良は身近なものになり、子どもの独立や親の死亡によって家族の人数は減っていくし、退職によって金銭的余裕が少なくなってくる。ここでは、高齢期の生活とその変化について、幸福に関わる三つの側面から考えてみたい。これはシニア世代の車生活について考える前提ともなる。ところで、お金が自由に使えるかどうかは、仕事をしているかどうかに影響される。仕事をしていれば車を運転する機会も多い。そこで、三つに加えて仕事についてもここでは触れたい。

健　康

まず健康について考えてみよう。高齢ドライバーは比較的健康な高齢者であるが、高齢になると徐々に体が弱ってきて、誰でも最後には介護や医療の世話になる。

高齢者の健康度を示す指標に、「日常生活動作（Activity of Daily Living: ADL）」がある。これには三種類あって、最初に影響が現れるのが「高度日常生活動作」である。これは、「その人らしさ」を示す得意な分野での能力である。職場にはパソコンのことならあの人にまかせておけば心配ないという人がいるし、仲間内にはゴルフの名手がいるだろう。鉄道写真なら誰にも負けないという「撮り鉄」もいる。こうした人も認知症や体の不調によって、以前のようにうまく活動できなくなる時が来る。すると、生きがいや趣味等の楽しみが失われてしまうので、本人にとって精神的ダメージが大きい。

次の段階では、「手段的日常生活動作」ができなくなる。これは自立した社会生活に欠かせない能力で、自動車の運転もこの中に含まれるだろう。「老研式活動能力指標」では、「手段的自立」や「社会的役割」が果たせるかを一二項目の質問で調べている。手段的自立の項目は、

1　バスや電車を使って一人で外出ができますか。
2　日用品の買い物ができますか。
3　自分で食事の用意ができますか。
4　請求書の支払いができますか。
5　銀行預金、郵便貯金の出し入れが自分でできますか。

の五問である。六五～六九歳の平均では、「社会的役割」も含めた一三項目のうち一項目ができなくなり、七十～七四歳になると二項目ができなくなる。[18]

ふつうADLと言えば、生活する上で最低限必要な「基本的日常生活動作」を指す。これは、入浴、排泄、移動、着替え、食事などの身の回りの動作を指し、これができなくなると、自宅か施設で介護が必要になる。このうち最初にできなくなるのは入浴であり、最後まで残る機能は一人で食事することだと言われる。

東京大学高齢社会総合研究機構の秋山らは、全国の六十歳以上の住民約六千人を対象に、三年ごとに自宅を訪問して手段的日常生活動作と基本的日常生活動作などを調査し、加齢に伴う生活変化を追跡調査している。[19] この調査は、一九八七年の第一次調査から今日まで続き、当時最も若かった六十歳だった人も、生きていればもうすぐ九十歳になるという息の長い調査である。この三十年間に死亡した人も多く、どういう健康度の変化をたどって死亡していったかについて、貴重なデータを提供している。

それによれば、男性では死に至るまでの健康変化に、三つのパターンが見られた。一番多いのは、七五歳頃から徐々に自立度が落ちていき、八十代で死亡するパターンで、七割の高齢男性に該当した。次に多いのは、七十歳になる前に健康を損ねて死亡するか、介護の世話になるという早死のパターンで、二割の男性に見られた。残りの一割は、長寿エリートと呼べそうな八十歳、九十歳まで元気な高齢者である。女性では、長寿エリートと言わないまでも七五歳ころから徐々に自立度が落ちていく平均的パターンの人が九割を占め、早死パターンは一割にすぎなかった。平均的なパターンの男女差をみると、女性の寿命のほうが長いというほかに、死因が男性では心臓病や脳卒中などの生活習慣病が多いのに対し、女性では骨や筋力の衰えから自立度が徐々に落ちていって死に至る人が多かった。

家族

家族が一緒に暮らすことは、人間や動物にとって自然な営みである。その基本は、夫婦と子どもであるが、形態は時代の影響で変化する。現代の日本では、その形態が急速に変化している。最大の変化は、世帯の人数が減っていることだ。団塊の世代が生まれた頃は六人以上の世帯が半数近くあったが、団塊ジュニア世代が生まれた頃には四人世帯が一番多くなり、現在では二人世帯と一人世帯が半数を占める[20]。

家族の人数が減ってきた理由の一つは、子どもが成人すると、家の狭さ、プライバシーの確保、

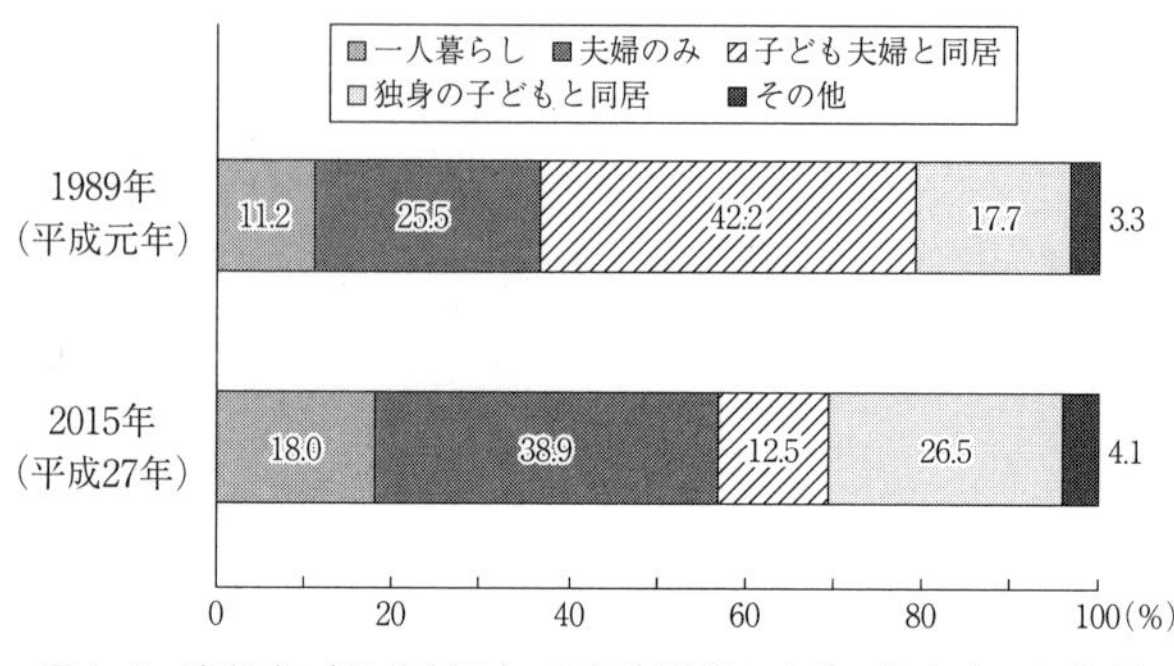

図 1-6　高齢者（65 歳以上）の家族形態の変化（注(20)より作成）

遠方への就職といった様々な事情から親夫婦との同居が困難になり、二世代あるいは三世代が一緒に暮らす家族が少なくなってきたためである。生まれる子どもの人数が少なくなってきたこと（少子化）や、結婚せずに独身のまま一人で暮らす人（単独世帯）が増えてきたことも、世帯人数の減少に影響している。

シニア世代は、こうした家族の変化を自分のファミリーの歴史として目の当たりにしてきた。六五歳以上の家族形態を調べると、今や独身の子どもや子ども夫婦と同居している人と、夫婦のみが同じ割合（四割）となり、連れ合いをなくすなどした一人暮らしも二割近くになっている（図1-6）。同じシニア世代でも、退職して間もない頃はまだ子どもが家にいるが、やがて就職や結婚で子どもは家から出ていき、夫婦だけの世帯になっていく。後期高齢者と呼ばれる七五歳以上になると、夫をなくした女性の一人暮らしが次第に増えていく。

こうした家族縮小の中で、一つだけそれを食い止めている動きがある。それは、独身のまま親と同居する人の増加である。この現象は、一九九九年に出版された『パラサイト・シングルの時代』(21)で話題になって以降、加速化している。パラサイトというのは寄生虫のことで、社会にとっては「けしからん」現象だと非難されている。ことわざにも「いつまでもあると思うな親と金」がある。しかし、同居していても親にそれほど依存していない子どももいるし、子どもが家から出て行くのはさびしいことでもある。

お　金

江戸の庶民生活が垣間見られる落語では、八っつぁん熊さんと共に、横丁の「ご隠居さん」がよく登場する。「ご隠居さん」は丁稚から身を起こし、こぢんまりした店を持ち、それを息子に譲ってのんびりと余生を過ごしている物知りの老人だ。同じく落語に登場する長屋の「大家さん」は、地主から給料をもらっているから、まだ現役である。農村から江戸や上方に集まって町民となった人々にとって、「ご隠居さん」や「大家さん」はあこがれの老人だったであろう。一方、この時代の庶民の代表であった農民の場合は、老人でも農作業に関わる仕事はいくらでもあり、体が動くうちは現役であった。

現在の日本をみると、シニア世代は、公的年金、貯蓄・退職金の取り崩し、仕事がある人は給料、の三つを主たる収入源として生活している。公的年金をたくさんもらえて、財産があって、仕事をしている高齢者ほど「お金持ち」というわけだ。

年金はありがたく、高齢者の多くがそれを当てにしている。しかし、それだけでは余裕ある生活はできない。厚生労働省では、夫が平均的収入で四十年間働き、妻がその期間に専業主婦であった世帯が受け取る年金額を、モデル年金額として示している[22]。その額は世帯全体で月あたり二〇一六年度では約二二万円であるが、これは老後に必要な最低限の生活費だろう。しかも、この数字はモデル世帯と呼ばれる条件の良い世帯の話であって、実際に受け取る年金額の平均は二〇万円くらいだという。

シニア世代は金銭的に恵まれていると若い世代から思われている。貯金や家・土地などの資産を持つ高齢者が多いからだ。定年まで働いていれば、家のローンを払い終えても退職金が多少は残るという人も多いだろう。総務省の家計調査によれば、二人以上世帯の世帯主の年齢によって世帯を分けると、貯蓄（貯金や株・債券や生命保険など）から負債を引いたお金は、四十代が五五万円、五十代が一一三九万円、六十代が二〇五二万円だという[23]。また、団塊の世代やその前の世代は、バブル期の前に家を買っているから、今の中年や若者より持ち家率が高く、九〇パーセントを超える。しかし、こうした人も仕事をやめれば年金だけが頼りとなり、足りない分は貯金を取り崩して生活することになる。

現在の暮らし向きを調べた調査でも、「苦しい」と答える人の割合が最も多いのは四十代で、それ以降は高齢になるほど「苦しい」人の割合は減っていく[24]。もちろん、年金も少なく、働いていない高齢者の中には困窮している人も多い。七十代の三人に一人は、生活が「やや苦しい」「大変苦しい」と答えている。

シニア世代のふところ事情をまとめると、資産（ストック）はあるが、お金（フロー）が少ないと言える。また、格差はあるものの、平均的なシニアは若い世代より恵まれていると言えよう。

仕事

仕事は、お金と同様に、健康や家族以上に社会と関わりが深い。高齢者と仕事との関係は、国によって大きく異なり、二〇一五年現在、G８と呼ばれる先進八カ国の中で、日本の高齢者の就業率は二二パーセントと主要国で最も高い水準にある。どの国も、以前と比べると高齢者の就業率は上昇しているが、フランスやイタリアなどのラテン諸国は現在でも二〜四パーセントにすぎない[25]。日本人は現役中の労働時間も長いし、高齢になっても働き続けるようだ。勤勉と言えば聞こえが良いが、余裕がないと言えなくもない。ところで、イソップ童話に「アリとキリギリス」がある。EU内では、アリがドイツでギリシャがキリギリスだと言われているようだ。しかし、ドイツの労働時間は日本より短く、高齢者の就業率も五パーセントと日本より低い。

日本では退職後、どのくらいの人が仕事を続けているだろうか。男性では六十代前半で七三パーセント、六十代後半で四九パーセント、七十代前半で三二パーセントと、加齢にしたがって働いている人の割合が減少していく[26]（図１‐７）。女性の場合も各々四七パーセント、三〇パーセント、一八パーセントと減っていく。働く人が少なくなっていくのは、企業は六十歳の定年後も従業員を継続雇用するにしても、長く雇用を続けられる企業は少ないからである。高齢者の側からしても、

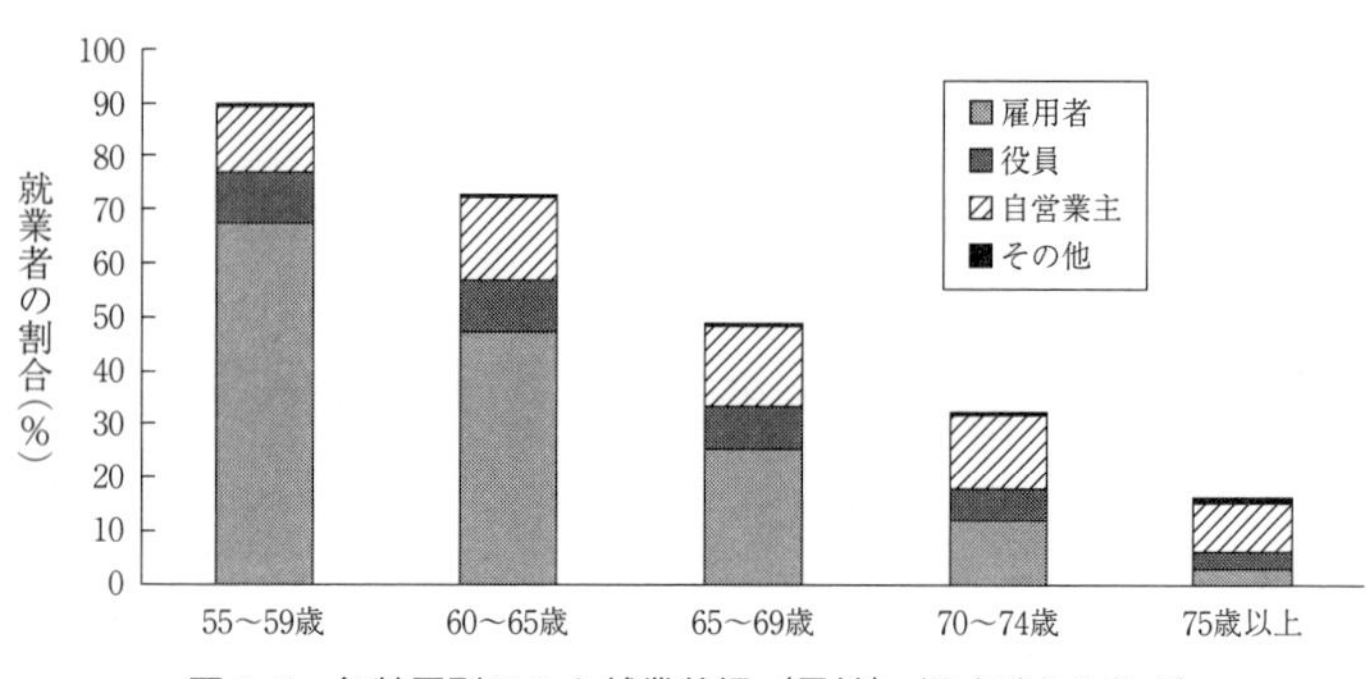

図 1-7　年齢層別にみた就業状況（男性）（注(26)より作成）

加齢に伴って、働く意欲や体力は低下していく。

しかし、このことから企業と高齢者の思惑が一致しているとは必ずしも言えない。それは、シニア世代の就労意欲が高くても、彼らに適した仕事が少ないからだ。六十代の人を対象に、「何歳まで働きたいか」を聞いた調査によれば、半数の人が、少なくとも「七五歳までは働きたい」と考えている(27)。しかし、自分の都合のよい時間に働けて、自宅から比較的近いところにあり、小遣い程度の給料がもらえ、今までの仕事や専門的な技能・知識を生かせるような仕事は、そうそうない。

意欲はともかく、六十代後半の男性の半数がまだ働いているのは、意外な気がする。雇用形態を調べると、さすがに正規の職員・従業員は男女ともに雇用者の四分の一に過ぎなかった（図1-8）。非正規雇用者の内訳をみると、男性では六十代後半になると嘱託・契約社員より、パートやアルバイトが増えてくる。女性では引き続きその多くはパートである(26)。

七十歳を超えるとかえって正規雇用者の割合が増えるのは、就業者に占める農業や自営業などの従事者の割合が増えるため

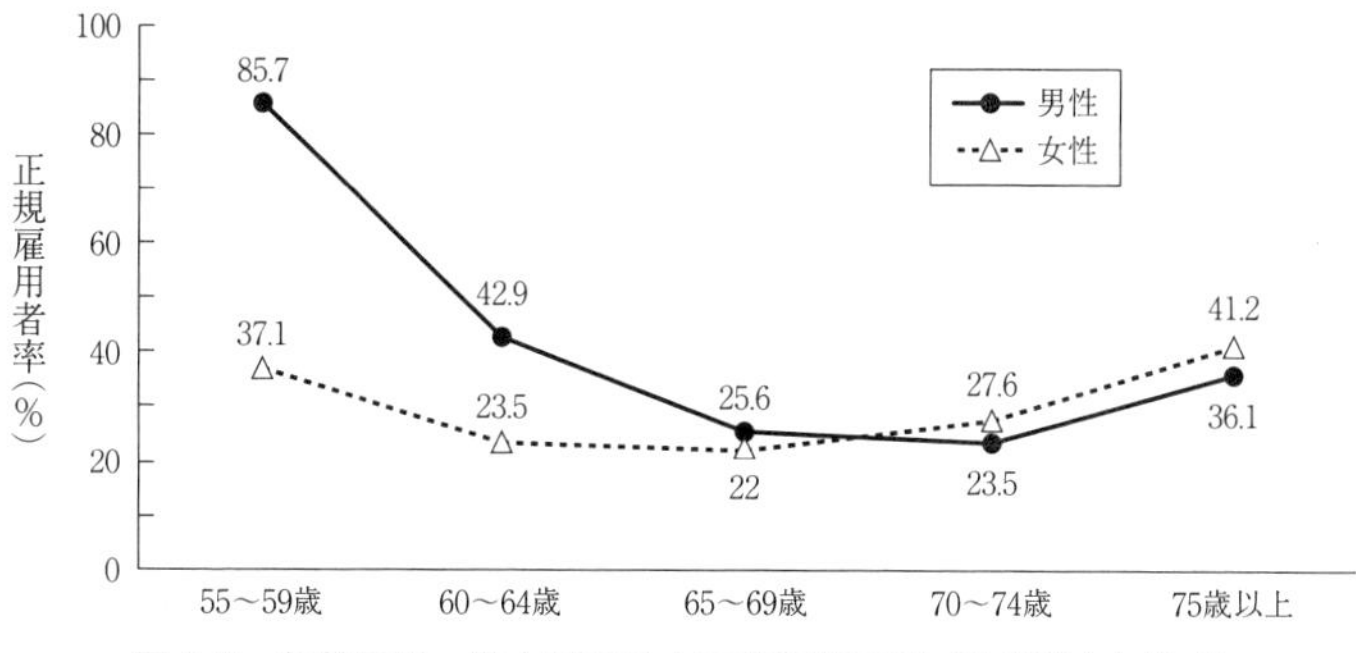

図1-8　年齢層別・男女別にみた正規雇用者率（注(26)より作成）

である。就業構造基本調査によれば、男性の六十〜六四歳では、製造業で働いている人が一六パーセントと最も高く、次いで建設業（一五パーセント）、卸売・小売業（一二パーセント）が多いが、六五歳以上では農業・林業が一六パーセントと最も高くなり、次いで卸売・小売業（一四パーセント）と製造業（一二パーセント）が多くなり、六五歳を境に業種が一変する。六五歳くらいになると、製造業や建設業に従事していた人の多くは仕事をやめるが、農業・林業や卸売・小売業に従事していた人の多くはそのまま仕事を続けるため、正規雇用者の割合が上昇するのだ。

3　シニアライフに欠かせない車

車の便利さ

車がこれほどまでに普及したのは、移動スピードが速い、思いたった時にどこへでも行ける、快適に楽に移動できる、軽でも三人は乗せられる、運転は楽しい、一人になれるなど、魅力的な点がたくさんあるからだ。足腰の弱ったシニア世代にとっては、特に、短時間に遠くまで楽に行ける点がうれしい。歩きと自転車と車の速度を、三〇分で移動できる距離に直して比較すると、歩きでは二キロくらいしか移動できない。自転車になると五キロくらいは行けるが、車なら一〇〜一五キロくらい先までは行けそうだ。

この三種類の手段で行ける範囲を実感してもらうために、図1-9を描いてみた。内側の円が、自宅から三〇分で行ける半径二キロの徒歩圏、二番目の円が半径五キロの自転車圏、外側の円が半径一二キロの自動車圏である。あなたは円の中心（●）に住んでいるとし、病院（○）は一定の面積（半径二キロの円に相当する面積）に一つあるとする。すると、徒歩で片道三〇分以内の距離にある病院は一つだけであるのに対し、自転車で三〇分以内で行ける病院は六つあり、車で三〇分以内で行ける範囲には三六もの病院がある。つまり、車があれば、歩きや自転車に比べて三〇分で行ける範囲が格段に広がり、選択肢がそれに応じて増えていく。

半数の人がこれ以上は歩きたくないという距離のことを「抵抗なく歩ける距離」といい、日本人の場合は、三〇〇メートル（五分）だという。バス停の間隔も、だいたいこのくらいに設定されている。自転車なら、三キロ（一五分）くらいが境目だろうか。自動車になると、苦にならない距離と時間はもっと長くなるだろう。車は早く目的地に着けるだけでなく、移動時の身体的負担も少ないからである。特に、足や膝や腰に痛みを感じる場合や荷物を持っている時には、歩きや自転車利用に比べて自動車はずっと楽であり、車こそシニアの乗り物だと言える。

運転の目的

車はその人の生活に合わせて利用される。年齢を問わなければ、仕事、通勤、買い物が運転目的のベスト3である。シニア世代になると、仕事をやめたり、自由な時間が増えたり、健康に不安が生じたりする人が増えるので、車を運転する目的も現役時代と変わっていく。

運転する目的を調べるには、アンケート調査が一般的だが、運転目的の分類項目が調査によって少しずつ異なるのが難点である。六五歳以上のドライバーの運転目的のベスト3を、五つの調査ごとにみるとこうなる。

2キロ
5キロ
12キロ

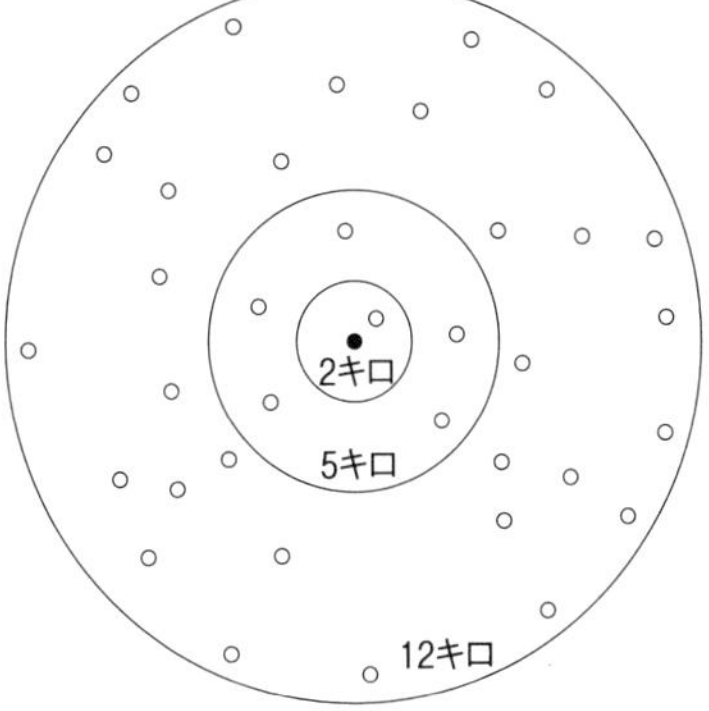

図 1-9　自宅から 30 分で行ける範囲

一番内側の円が徒歩（時速 4 キロ）、二番目の円が自転車（時速 10 キロ）、一番外側の円が自動車（時速 25 キロ）。円の中心の●は自宅、○は病院とする。

「買い物、仕事、通院」（全日本交通安全協会[28]）

「買い物、通院、仕事・ボランティア」（松浦[29]、図1-10）

「日常の買い物、地域活動、通院」（高齢者にやさしい自動車開発推進知事連合[30]）

「日常の買物・用足し、個人の趣味・レジャー、家族などの送迎」（乗用車市場動向調査[13]）

「日常の買い物、郵便局や銀行・役所などへの足、病院や介護・福祉施設への通院・送迎」（軽自動車の使用実態調査報告書[31]）

結果をまとめると、買い物と通院が多そうであるが、他に多い目的は調査ごとに異なった。交通事故を起こしたドライバーに、その時の運転目的を聞いた全国の事故データによれば、他に訪問や仕事（業務）もシニア世代に多かった[32]。シニア世代で多いのが買い物、通院、訪問、仕事であるとすると、仕事や通勤が目的の運転は次第に減り、代わりに買い物、通院、訪問を目的とした運転が増えると言えそうだ。

仕事や通勤での運転が減るのは、前回に示したように、加齢に伴って、仕事をする人（就業者）の割合が減少するからだ。しかし、その減少度合いに比べると、仕事目的での運転はそれほど減っていない。それは、シニア世代で仕事をしている人には会社や工場で雇用されている人も多いが、相対的に、自営業や農業従事者やタクシー運転手といった、車を仕事で使う人の割合が多くなるからである。

買い物のための運転は、シニア世代になるといっそう多くなるが、大型ショッピングモールや中心市街地へのショッピングといった買い物は少なくなる[30][31]。地元や少しはなれたところにある店やスーパーマーケットには小まめに行って日用品を買うが、遠いところや混み合った場所にある店には、以前ほどは車で行かなくなるというわけだ。

通院と訪問は、いかにもシニア世代にふさわしい運転目的だ。通院は、病気やケガをしやすいシニア世代ならではの用事である。病院は近くにあるとは限らないし、病気やケガの時に自転車に乗ったり、歩いて行ったりするのは苦しい。そこで車で出かけることになる（図1-10）。通院の場

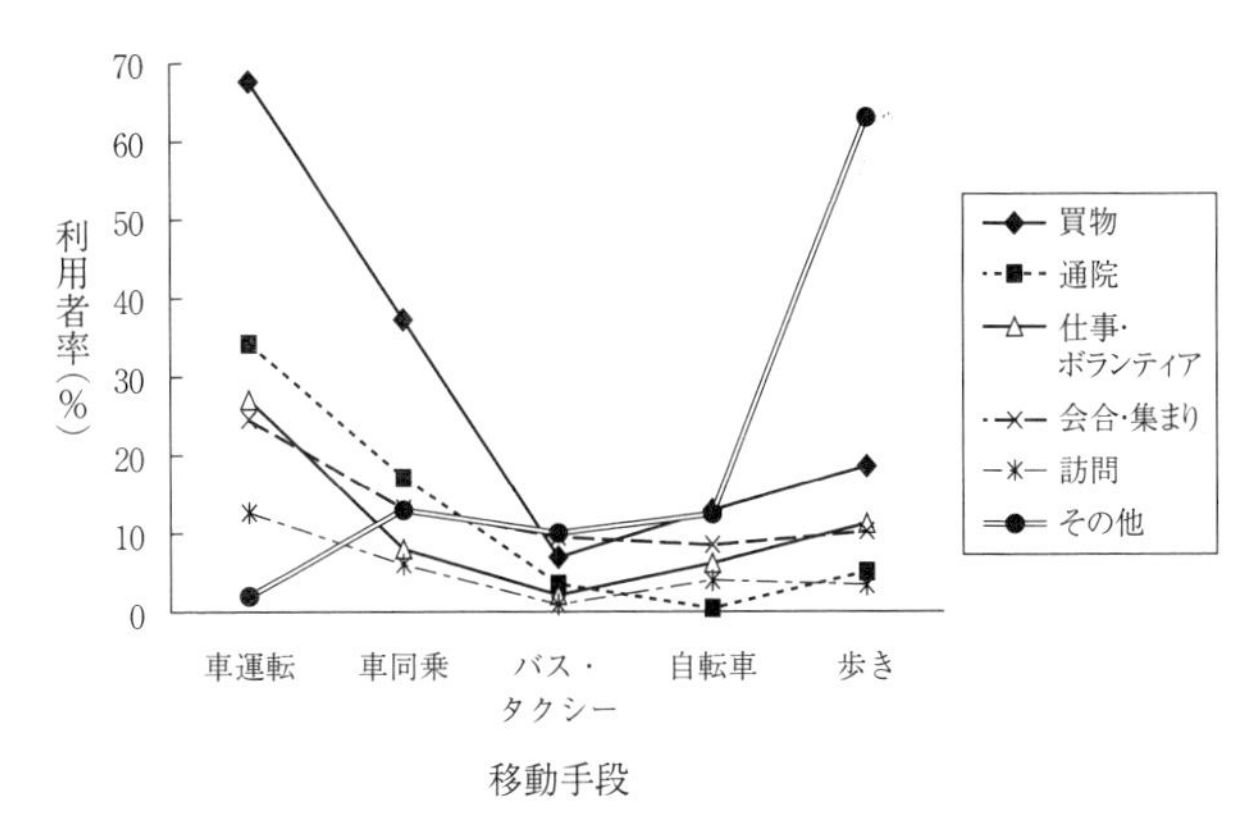

図 1-10　高齢運転者の移動手段と目的[(29)]

高齢者講習に来た 69 歳以上の運転者 200 人に対して、講習までの 1 週間を振り返って、外出時の移動手段と外出目的を記入してもらった結果。

合には、自分が運転できないこともある。そういった時には同乗させてもらうことになるが、その時のドライバーはほとんどが配偶者である。

離れたところに住んでいる親、独立した子ども、親戚、友人などの家を訪問することも、シニアになると多くなる。一人暮らしや夫婦二人暮らしのシニア世代にとって、子どもや親との交流は、家族の絆やサポートを実感する場である。孫でもいれば喜びはもっと大きい。仕事を離れて社会的な交友関係が少なくなると、昔からの数少ない友人との交際も貴重だ。届け物、お見舞い、お祝いだといって、友人宅を車で訪問する。

山形県の東根市で中学の校長を退職した後、自動車学校の校長を長らく務めていた阿相の書いた『超高齢運転者の運転と生活』[(33)]という本の中に、何人かの高齢者の運転行動記録表が載っている。ここで紹介するのは、スキー場やゴルフ場がある山あいの旧

表1-1　高齢運転者（Aさん、85歳男性、天童市郊外居住）の運転行動記録表[33]

月日	目的地	走行距離	運転目的
7月14日	天童市内	15km	午前、眼科医へ。その後、時計店に行く。12時帰宅。
15日	〃	15km	病院へ薬を受け取りに行く。
16日	〃	20km	午後、デパートへ買い物に行く。
18日	〃	12km	妻を病院に連れて行く。帰りにガソリンスタンドに寄る。
19日	〃	15km	友人宅に届け物。
20日	〃	15km	教え子宅に行く。

家に奥さんと一緒に住む、Aさんの運転記録である（表1－1）。地方の元気な高齢者の運転生活が垣間見られる。

トリップと運転頻度

私たちは毎日、何回くらい外出するだろうか。また、一回外に出ると何カ所くらいを回るのだろうか。国土交通省のパーソントリップ調査では、五年に一度、平日と休日の一日を調査日に設定して、全国の都市と町村ごとに、どのような人がどういった目的で、どういった交通手段で動いたかについて調べている。この時に集計される項目の一つが、「一日の一人あたりのトリップ数」であり、ある目的をもってある地点からある地点へ一回移動した場合を一トリップと数える。たとえば、その日の外出が近くのコンビニに行って帰ってきただけだとすると、行きと帰りで二トリップしたとみなす。

こうしたパーソントリップ調査によれば、シニア世代のトリップ数は加齢に伴って減少するが、昔の高齢者と比べると増加傾向にある。二〇一〇年の調査によれば、平日のほうが休日より、また男性のほうが女性よりトリップ数は多いものの、平均すれば、六五〜七四歳では二から二・五トリップ、七五歳以上では一から二トリップであった。交通手段が自動車であるトリップは、調査を重ねるごとに増え、今やトリップの半分は自動車によるトリップとなっている。これと裏腹に、徒歩によるトリップは減少を続けている。人はだんだん歩かなくなってきているのだ[34]。

都市以外に住む六五歳以上の免許保有者と免許非保有者を比較した研究によると、免許保有者のほうがトリップ数は二倍ほど多く、そのトリップの八〇パーセントは自動車によるものであった[35]。しかし、それでも高齢ドライバーの自動車によるトリップ数は二程度であった。つまり、一日に一回、車で用を足しに出かけ、そのまま帰ってくるというパターンである。

パーソントリップ調査で自動車の一日あたりの運転回数がわかるが、この調査は五年に一度の大規模調査である。もっと簡単に高齢ドライバーの運転頻度を知るには、週に何日くらい運転するかを聞く方法があり、ドライバーの交通安全に対する意識調査などでよく調べられている。それによると、加齢に伴って少しずつ、一週間のうちで運転しない日が増えていくが、七十代になっても半数のドライバーはほぼ毎日（週五日以上）車を運転している[13][29][30]。

健康だから運転できるとも言えるが、車の運転はかなり高齢になっても必要な活動であって、健康がかなり悪化しない限り続けられる活動でもある。足腰や心臓が弱ったりして歩くのに苦しい人でも、車の運転はできるという人は結構いる。

走行距離

ドライバーの走行距離には、年齢差と性差がみられる（図1-11）。年齢で比較すると、四十代や五十代の走行距離が最も長く、シニア世代ではその半分くらいに減る。図1-11には示されていないが、シニア世代でも加齢に伴って走る距離は短くなっていく。図より男女を比較すると、男性のほうが女性より三倍くらい多く走行する。ただし、最近の六五歳以上のデータを見ると、男女差は少なくなってきている(13)(29)。

図1-11からシニア世代の走行距離を一日あたりでみると、平均して男性で二五キロ、女性で一〇キロである。これはあくまで平均なので、同じシニアでもほとんど運転しない人もいるだろうし、一日に何回も車を運転したり、長距離を運転したりして走行距離が長い人もいるだろう。

走行距離の分布を調べた結果が図1-12である。一〇キロとか五〇キロとか一〇〇キロとか切りのよい数字を回答する傾向があることを差し引いても、その数字を中心に高齢ドライバーは三つのグループに分けられそうである。この三つのグループの一週間の運転頻度を調べると、ほぼ毎日運転する人の割合は、四四パーセント、六七パーセント、八五パーセントであったことから、次のように名づけられるだろう。

ア　一週間に一〇キロか二〇キロくらいしか運転しない「運転頻度が比較的少なく、近距離しか運転しない」グループ

イ　五〇キロ近く運転する「運転頻度は比較的高いが、近距離しか運転しない」グループ

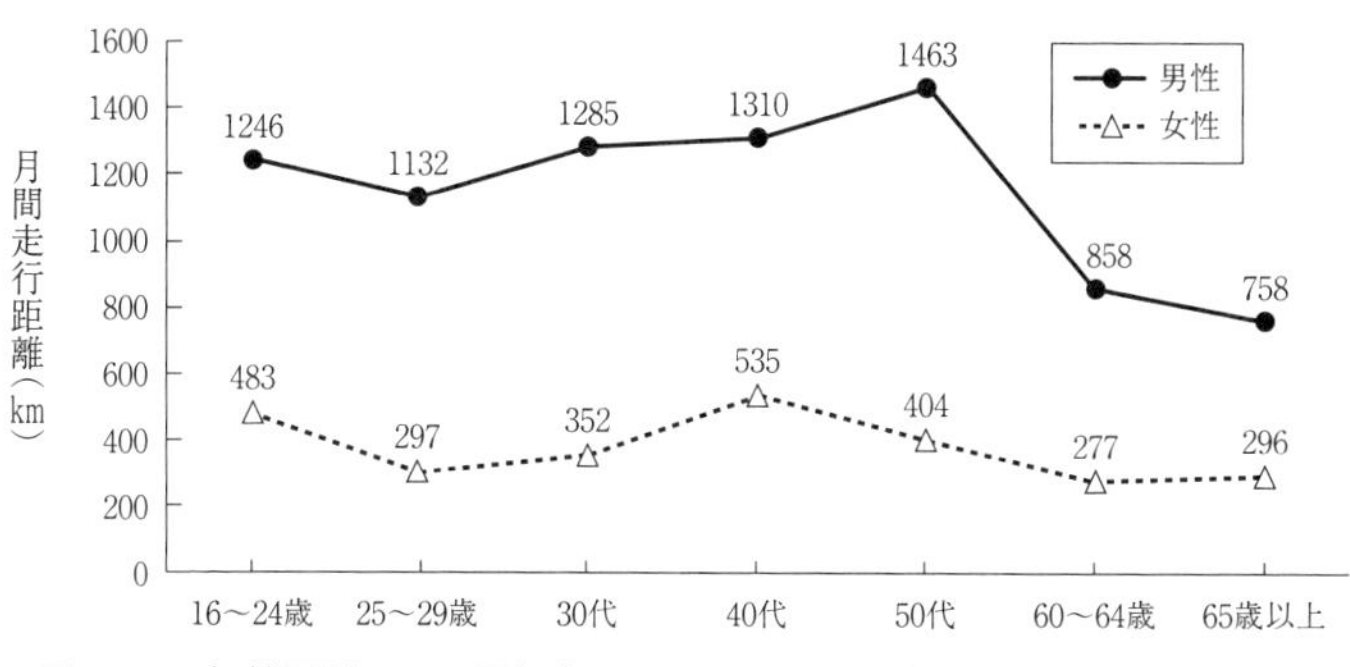

図1-11　年齢層別にみた運転者一人あたりの月間走行距離（注(36)を改変）

ウ　二〇〇キロくらい運転する「運転頻度が高く、長距離運転をする」グループ

高齢ドライバーの運転量を示すのに、運転頻度（一週間に運転した日数）と走行距離（一週間、一月間あるいは一年間に運転した距離）が使われるが、運転頻度について言えば、半数以上のシニアはほぼ毎日運転していて個人差は少ない。それにくらべて走行距離には大きな個人差が見られる。家を出てから戻ってくるまでの一回の走行距離が人によって大きく異なり、短い距離しか運転しない人から三〇キロ以上の長い距離を運転する人まで様々だ。

運転車種

シニア世代が運転する車種で一番多いのは普通乗用車で、シニアの半数が運転している。二番目は軽乗用車、三番目は軽トラックである。軽乗用車、軽トラックを含む軽自動車は、シニアだけでなく若者や女性にも人気があり、この十年間で普通車の保有台数が減っているのに対して、軽自動車は増加を続けて

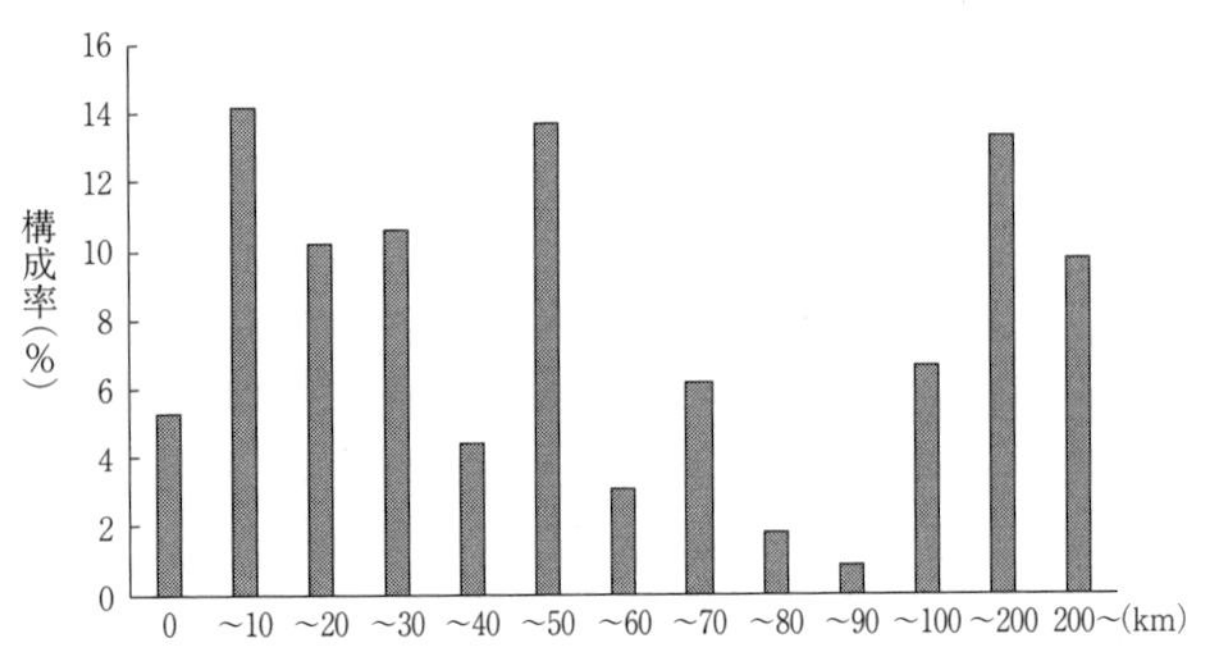

図 1-12　高齢者講習参加運転者（69 歳以上、男性 202 人、女性 24 人）の 1 週間の走行距離[29]

いる。今や日本の車の五台に二台は軽自動車である[37]。

女性や高齢者を中心に軽自動車が人気な理由は、その経済性と運転しやすさにある。経済性というのは、普通車にくらべて販売価格が安い、税金（自動車取得税、軽自動車税、自動車重量税）が安い、保険料や車検費用が安い、燃費が良いことである。シニア世代は家の周りの狭い道路を走ることが多く、車庫入れが苦手なので、運転しやすいことも軽自動車を選ぶ理由だ。もう一つ理由を挙げれば、普通車に劣らず見た目や性能が良くなってきている点である。信号待ちでの燃費を抑えるアイドリングストップ、エアバッグ、追突を防ぐ自動ブレーキなどの機能は、すでに大半の軽自動車に付いている。以前の軽自動車は高速道路を走るのに頼りなかったが、今ではわずか六六〇ccなのに普通車に混じって平気で時速一〇〇キロで走れるようになった。

シニアにとっては今持っている車をいつまで持っているか、その車を手放した時にどんな車を買うか、あるいは車を保有するのをやめてしまうかは、重要な関心事である。加齢に伴って保有を断念する人は増え、七五歳以上になるとこの車が最後であるという人は半数近くに達する[13]。また、断念しないまでも、次はもっと小さな車（軽自動車）を持とうという人も増えてくる。軽自動車ユーザーになると、買い替え意向のある人の九割以上は、次も軽自動車を購入したいと考えている[31]。

2章　安全運転を損なう老化と病気

1　運転に必要な能力と免許試験基準

心・技・体

加齢は安全運転に必要な能力を低下させる。心身機能が低下したり、突然ある病気が発症したり、持病が悪化したりしやすくなるからだ。この運転に影響する心身機能の低下と病気について述べる前に、そもそも運転に必要な能力とは何かについて考えてみよう。

柔道や相撲をはじめとする日本の伝統的なスポーツや芸事では、上達の条件として「心・技・体」を挙げている。この三つは、技術を要する人間の行動すべてに通じる考え方だと思う。つまり、ある技術を習得してそれを維持・発展させていくためには、それなりの体力や身体能力が必要であり、また心の安定や強さがないと技術は生かされないのだ。

車の運転も運転技術を要するので、適切な心・技・体が求められる。ただし、求められる技術水準（わんぱく相撲の出場者か横綱かなど）によって、求められる体力や心のありようは異なる。ここでは一般のドライバーに求められる運転の心・技・体について考えてみたい。

振り返ってみると、運転とは次のような行動・活動だ。

ア　運転席に座って、ハンドルを握り、足はアクセルかブレーキの上にのせ、視線を道路の前方か時に左右や後方に向けて、車を走らせる。

イ　法規に従って、道路の定められた部分を、ある定められた速度で、他車や歩行者や道路施設などに衝突しないように車を走らせる。

ウ　いつ、どこを運転するかは自由に決められ、また法規の枠内で速度や進路も自分で決められる。ただし、天候や道路交通などの物理的環境や、他車や同乗者などの社会的環境によっては、意図通りに運転できないこともある。

ここから運転に必要な能力（心・技・体）を考えてみる。まず心については、イからは法規を守る心、ウからは意図通りに運転できなくてもそれを我慢する心が要求される。運転に必要な心はこれだけではない。運転状況を把握する知的能力、安全に運転しようとする態度、極端でない性格が必要だろう。

イギリス交通省の運転免許当局が発行している本には、「責任、集中、予測、我慢、自信」が良きドライバーに必要な条件だと述べられている[1]。責任というのは、自分や同乗者だけでなく他の交通参加者、特に歩行者や自転車といった弱者の安全に考慮した運転をすることである。集中というのは、考え事や脇見をしないで運転に集中することであり、良い視力・聴力や健康がその前提となる。予測というのは、先の状況やそこでの運転を計画し、状況の変化に応じて運転を変えていくことである。これは防衛運転に必須の条件である。我慢は、運転中のイライラを抑える心である。最後に、自信とは、経験と共に生じてくる心であるが、それは大きすぎてはいけない。自信過剰にならないことである。この五つの心を持ち合わせたドライバーが、良い運転態度を持ったドライバーであるという。

技術（運転技能）には、アに述べたような車を走らせる操作的技能、イのような運転を可能とさせる交通環境を読む認知的技能、ウのような社会的環境下で求められる社会的技能がある。自動車学校で習う技能は操作的技能と最低限の認知的技能である。一人前の運転者になるには数年の運転経験、走行距離で言えば一〇万キロの運転経験が必要だと言われるが、それはこういった経験を経て認知的技能や社会的技能が身につくからである。

運転に必要な身体的条件は何だろう。アで述べたように運転は座って行う活動なので、それほどの体力は要しない。ハンドルやアクセル・ブレーキ操作を行うので、通常に働く手足や座高は必要である。ただし、最近の身体障害者用の車を使えば、ある程度の身体障害があっても運転は可能である。首や上半身が動かせることも重要である。見通しの悪い交差点などで左右を確認する時など、体をひねって首を回さないと、歩行者や自転車などを見落としてしまう恐れがあるからだ。

身体的条件としては、体力や筋力より、視力や視野といった目の機能が重要だ。どんな活動でも目からの情報は必須であるが、運転の場合はイで述べたように、高速で移動しながら周囲の視覚情報を次々に処理していかなければならない。そのため良好な視力、広い視野は最低限必要だ。聴覚も情報を得るための重要な手段である。

以上のような身体の持ち主であっても、病気にかかると運転技能は発揮されない。風邪ぐらいは大丈夫だろうと思って運転してもボンヤリすれば危険である。どんな病気でも運転に悪影響を及ぼすが、中でも直接事故に直結する危険な病気は、運転中に発作や急病を起こすような、てんかん、脳血管障害、心臓病である。緑内障のような目の病気、認知症のような脳の病気も事故のもととなる。

運転免許試験

運転に必要な能力は様々で特定が難しい。それでも運転免許試験では、最低限の運転技能と知識と能力を定めて、それに合格した人に運転免許を発行している。運転に必要な運転技能は、技能試験で検査される。指定自動車教習所の教習生なら、卒業検定が技能試験となる。学科試験はすべての人が、免許試験場で受験する。○×式の文章問題が九〇問、危険予測問題が五問出題され、一〇〇点満点中九〇点以上で合格となる。この学科試験は技能の基礎となる交通知識を調べるものであるが、心・技・体のうちの心に関わる試験でもある。交通ルールや安全運転を理解し、記憶するためには知的能力が必要とされるからである。

表 2-1　適性試験の検査項目と合格基準（普通免許）

検査項目	合格基準
視力（裸眼又は矯正視力）	・両眼で 0.7 以上、かつ、一眼でそれぞれ 0.3 以上であること。 ・一眼の視力が 0.3 に満たない人や一眼が見えない人については、他眼の視野が左右 150 度以上で、視力が 0.7 以上であること。
色彩識別能力	・赤色、青色および黄色の識別ができること。
聴力（補聴器使用可）	・両耳で 10m の距離で 90dB の警音器の音が聞こえること。 ・上記の基準を満たさない場合でも、後方の交通状況が確認できる後写鏡（ワイドミラー）を使用し、聴覚障害者標識を表示することを条件に普通自動車の運転が可能。
運動能力	・腰をかけられないほどの体幹の障害がないこと。 ・安全運転ができないほどの四肢の障害がないこと。 ・障害がある場合は、身体の状態に応じた補助手段により、自動車等の運転に支障を及ぼす恐れがないこと。

免許試験にはこのほかに適性試験がある。これは心・技・体のうち体に関わる試験で、ふつう学科試験の前に試験場で行われる。普通免許の場合には視力、色彩識別能力、聴力、運動能力が検査される（道路交通法施行規則第二三条、表2－1）。

視力と視機能

適性試験の合格基準には何らかの根拠があるはずである。視力についてそれを考えてみよう。信号や標識を見たり、他の車や歩行者の動静に注意したりするには、ある程度の視力が必要であるため、どの国の免許でも視力（静止視力）の試験は必須となっている。

合格基準となる視力は、日本では〇・七である。先に示した法令によれば、五メートル離れた位置からランドルト環（Cのような、〇の四方のどこかが欠けているマーク）や数字を読むという万国式試視力表を用いた検査方法で実施するとあるが、今では視力検査機を代用するところが多い。視力表では一番下の二・〇に相当する米粒のような字は見えなくても、真ん中あたりのCや数字が読めれば、〇・七ということになる。視力検査機では、一・〇の人なら読める大きさの字の一・四倍（＝一／〇・七）大きくした字が読めれば、〇・七となる。それでは視力一・〇とはどういうことかというと、二点と目の中心がなす角度（視角）が一分（一／六〇度）以上であるような二点を識別する、眼の能力を言う。こういった視力の持ち主なら、五メートル離れたところから一・五ミリのランドルト環の切れ目が見えるのだ。

視力が〇・七以上の根拠は不明である。欧米では両眼で〇・五以上とする国が多いが、そこでも根拠ははっきりとしていない。イギリスは伝統を重んじる国で、フランスやオランダと共に、現在でも車のナンバープレートの字や数字が読めるかを視力試験としている[2]。免許試験に最初に視力試験が導入された一九三七年には、車から七五フィート（二三メートル）離れた位置からナンバープレートが読めるかを試験していたが、現在では二〇メートル離れた位置から、ナンバープレート上のアルファベットや数字（大きさ五センチ）が読めるか調べている。これを視力に換算すると、〇・四くらいであるという。二三メートルや二〇メートルというのは、前の車を時速三〇〜四〇キロで追従している時の安全な車間距離に相当する。この時に前の車のナンバープレートが読める程度の視力ということで、イギリスでは視力試験の基準が決められ、それとほぼ同等の視力〇・五が世界に広まったのかもしれない。

視力の重要性は自明であるが、不思議なことに、視力が低いドライバーのほうが事故が多いという明確な結果は得られていない[3]。関係は見られてもそれは非常に弱い相関関係だという。関係が見られなかった理由の一つは、事故の原因には低い視力以外にも様々なものがあることによる。もう一つの理由は、悪い視力のまま運転すれば事故が多くなるはずのドライバーが、試験や免許更新の時に視力を矯正するからである。

運転に必要な目の機能には、静止視力のほかに視野、コントラスト視力、動体視力などがある。表2-1に示したように、日本では視野は片眼の視力が〇・三より低い時にだけ問題とされるが、欧米では視野を試験に加えている国が多い。出合い頭事故や歩行者事故など、運転者の前方という より横方向から来る車や人と衝突する事故が多いことからも、視野の重要性は明らかである。ただし、静止視力と同様に、視野が狭いドライバーのほうが不安全な運転や事故が多いという明確な結果はまだ得られていない。

目の機能の基礎として、たしかに視力や視野は安全運転に必要であるが、それよりも重要なのは、運転中に目から得られるはずの安全情報を実際に取得できるかである。視覚という感覚以上に、それに脳の働きが加わった視知覚の働きが重要であるということだ。簡単に言えば、注意をはじめとする認知機能の問題である。こういった高次の機能については免許の適性試験では検査されていない。

欠格事由

二〇〇一年の道路交通法改正まで、免許の受験資格がない人の条件として、基準年齢以外に障害や病気といった理由（欠格事由）があった。具体的には、

・精神病者、知的障害者、てんかん病者、目が見えない者、耳が聞こえない者、口がきけない者
・上肢（腕）を欠いたり機能しなかったりする者、下肢（あし）や体幹の機能に障害があって腰をかけられない者、そのほかハンドルなどの装置を随意に操作できない者
・アルコール、麻薬、大麻、あへん、覚醒剤の中毒者

は免許を受験する資格がなかった。こうした人たちは、明らかに運転不適格者であり、技能試験や適性試験をするまでもないと考えられていた。

こうした身体や精神の障害者に対する免許の制限は、運転免許だけに限ったものではなかった。調理師、理容師、看護師、医師など様々な免許で、こうした制限があった。こういった制度は、業務による危険や事故の発生を防止するという観点から定められていて、必要とされる判断や行動の能力を持っていない恐れがある人を法令の規定（欠格条項）によって制限することは許容されていたのだ。

しかし、障害者に係る欠格条項は、障害者が資格を取得して社会活動に参加し、社会的に自立する道を狭める阻害要因となっている側面もあった。また、その制定以降、障害に関する医療は進歩し、機器の性能は向上し、障害者を取り巻く社会環境にも変化が生じてきた。

そこで国（総理大臣を本部長とする障害者施策推進本部）は、平成一一（一九九九）年に「障害者に係る欠格条項の見直しについて」を発令し、「どんな障害があっても地域社会でノーマルな生活を送る権利がある」というノーマライゼーションの観点から、現在の社会にふさわしいものとなるよう欠格条項のあり方を見直すよう各省庁に指示した。見直しの基本的な考え方は、各省庁から上がってきた、制限のある六三制度について、欠格条項が必要なものか検討して、その必要性が薄いものは廃止し、どうしても障害が制限や禁止の理由となり得るものは現制度を改善するというものであった。

医師免許などと共に欠格条項見直しの対象になった運転免許については、二〇〇一年の道路交通法改正によって欠格事由は廃止され、病気や障害が自動車等の安全な運転に差し障りがあるものか否かによって、免許取得の可否を個別に判断することとなった。この改正は障害者の社会参加にとって一歩前進であったが、不適格な運転者の排除による交通安全の確保のために、「一定の病気」にかかっている人に対して、免許を与えなかったり取消したりできるという新たな制度の導入ともなった。

欠格事由であった病気や障害のその後の扱い

二〇〇一年の改正によって、絶対的な欠格事由という門前払いはなくなったが、警察が判断できる病気の範囲はかえって増えた。具体的に、欠格事由であった病気や障害のその後の扱いを見てみよう。

欠格事由であった「精神病」は、幻覚の症状を伴う精神病として「統合失調症（当時の病名は精神分裂病）」が免許拒否などの対象となり、安全な運転に支障を及ぼす恐れがあるとして「そううつ病」も対象となった。「統合失調症」とは、思考や行動、感情を一つの目的に沿ってまとめていく能力、すなわち統合する能力が長期間にわたって低下し、その経過中にある種の幻覚、妄想、ひどくまとまりのない行動が見られる病態である。ある一連の行動を、自然に、順序立てて行うことが苦手となり、着替えをする時の順番を忘れたり、料理が得意であった人がその手順を思い出せなくなったりするという(4)。こういった人が運転をすれば、交通違反を起こしたり、他の車や歩行者の動きを見誤ったりする可能性が高くなるだろう。「そううつ病」は、うつや不安による見落としや反応時間の遅れ、恐怖による車の停止などをもたらすため、日本だけでなくほとんどの国で、統合失調症と共に場合によっては資格が与えられない理由（相対的欠格事由）となっている。

「知的障害」は、試験、特に学科試験で判断できることから、免許の拒否などの対象とはなっていない。

「てんかん」は、発作により意識障害や運動障害をもたらす病気として対象となった。ただし、発作が再発する恐れがないもの、発作が睡眠中に限り再発するものなどは免許拒否の対象から除かれた。

「目が見えない、耳が聞こえない、口がきけない」は、試験、特に適性試験で判断することとなった。「目が見えない」人は初めから運転を考えないだろうが、問題は「耳が聞こえない」人である。現在は、表2－1に示すように条件つきで車の運転が可能となったが、二〇〇一年の改正では、適性試験は「一〇メートルの距離で九〇デシベルの警音器の音が聞こえること」という内容であった。これは、交差点の左右から来る車をその走行音を手がかりに察知するといった危険予測はできないまでも、せめて後続車の鳴らすクラクションの音くらいは聞こえてほしいという基準であった。

この聴力条件が緩和されたのは、聴力障害の事故危険性に関する研究例が少なく明確な結果が得られていないことや、外国では聴力を適性試験に採用していない国が多いこともあったが、関連団体の強い働きかけによる面も大きかった。研究が少ないのは、重度の障害者で免許を持っている人はいないはずなので、運転実験に必要な参加者を募集しにくかったことや、実験時のコミュニケーションが取りにくいといった実験の困難さにあった。ところで、耳が聞こえない人はうまく言葉も発音できない場合が多い。こういった「口がきけない」人でも、適性試験の窓口で担当者と意思の疎通ができれば免許取得が可能となった。

手足や体幹の「身体の障害」は、試験、特に適性試験で判断できることから、免許の拒否などの対象とはなっていない。

最後に、「アルコール、麻薬、大麻、あへん、覚醒剤の中毒」については、免許の拒否などの対象として道路交通法第九十条に明記されている。ところで、法律による規制が追いつかない薬物に、危険ドラッグがある。麻薬や覚醒剤の構造を変えた薬物らしいが、この条項に危険ドラッグは追加されていない。ただし、危険ドラッグ等を反復して使用している者に対しては、運転免許の取消しや停止について定めている第百三条の「自動車等を運転することが著しく道路における交通の危険を生じさせるおそれがあるとき」が適用されるようになった。[5]

免許拒否などの対象となるその他の病気

今までに述べてきた「統合失調症」「そううつ病」「てんかん」「アルコール、麻薬、大麻、あへん、覚醒剤の中毒」以外の病気で、免許の拒否などの対象となっている病気について説明しよう。

発作により意識障害や運動障害をもたらす病気として、道路交通法施行令では「てんかん」以外に、「再発性の失神」と「無自覚性の低血糖症」を挙げている。「再発性の失神」は、脳全体への血液供給が急激に不足する状態（虚血、局所的な貧血）によって一過性の意識障害、いわゆる失神をもたらす病気であって、発作が再発する恐れがあるものをいう。失神の原因には、自律神経障害や不整脈などがあるという。運転中に発症した失神を調査したアメリカの調査によれば、ほとんどの場合、発症前に頭痛、嘔吐、発汗、動悸などの症状があったという。[6]

「無自覚性の低血糖症」は、低血糖による意識消失の前兆を自覚できない低血糖症をいう。自律神経障害者や、血糖コントロールが不良でたびたび低血糖を起こす患者に多く見られるという。[7] 血糖値が高いはずの糖尿病患者が低血糖になるのは、投与した薬やインスリン（血糖値が上がらないようにしているホルモン）が効きすぎて、血糖値が下がりすぎてしまうためである。

「重度の眠気の症状を呈する睡眠障害」は、安全な運転に支障を及ぼす恐れがある病気として免許の拒否などの対象となっている。具体的な病名で言えば、重症の睡眠時無呼吸症候群である。これは寝ている間に呼吸が何回も止まり、睡眠の質が低下した結果、日中に強い眠気や疲労感が生じる睡眠障害である。

「脳卒中」は道路交通法施行令に明示されていないが、免許の拒否などの対象である「一定の症状を呈する病気等」の一つである。脳卒中は、脳梗塞、脳内出血、くも膜下出血といった脳血管障害を総称した病気で、運転中の発作や急病による事故では、てんかんに次いで多い。また、発作だけでなく、脳卒中になった後の身体機能障害、認知機能障害、行動障害が運転に悪影響を与える。リハビリの後に運転を再開する場合には、慎重を期するべきだろう。

「認知症」は、特に高齢ドライバーと関わりが深い病気であり、詳しくは第3節で述べる。

警察の病状把握

今まで述べてきた病気のうち、免許の取消し等処分件数が多かった病気を見てみよう。一番多かったのはてんかんと認知症で、次いで統合失調症、再発性の失神、そううつ病が多かった(8)。この五つで病気全体の八四パーセントを占めていた。興味深いのは、処分に至る端緒である。てんかんは交通事故、認知症は家族からの相談、統合失調症と再発性の失神は法に基づく臨時適性検査、そううつ病は免許更新時の病状申告が一番多かった。病状により端緒が異なるが、全般的に本人や医師からの情報提供は少なかった。

二〇一一年の四月に、栃木県鹿沼市でクレーン車の運転手がてんかん発作により意識を失い、登校中の児童の列に突入して、六名の小学生が死亡するという痛ましい交通事故が発生した。運転手は、意識障害を起こすてんかん発作の持病について申告せずに、免許の更新を行っていた。

これを契機に道路交通法が改正され、安全運転に支障のある病気の者をしっかり把握するために、免許取得時や更新時に聞かれる一定の病気等に関する質問への虚偽記載に対して、罰則を科したり、医師が診察結果を警察に届け出たりすることができる制度が導入された。事故が起きてからでは遅いので、警察への本人、家族、医師による相談や届出と警察の厳正な職務執行が期待される。

免許試験にない心理面の運転適性

運転適性あるいは運転適性検査というと、免許試験の視力といった適性試験より、性格や注意力といった心理面の適性検査をイメージする人が多いだろう。それは、日本では運転を習う前に、自動車教習所で心理面の運転適性検査を実施して、あなたは運転に向いていますとか向いていませんといった「診断」をしているためである。また、就職活動で会社に入社しようとする時に、この検査に似た職業適性検査を多くの人が受検しているためかもしれない。

ところが、性格や注意力といった「心・技・体」の中の「心」に相当する心理的な側面は、運転免許試験では検査されない。たしかに、性格や態度は安全運転に影響するが、視力や病気と比べて客観的な測定や診断が難しいし、説得力にも欠ける。この点は、運転免許行政の初期に、すでに問題となっていた。警察庁の初代の運転免許課長であった藤森は、『警察学論集』でこう述べている。「メンタルな不適格グループを発見するテスト法を法律上運転免許試験の中に組み入れるためには、やはり不適格性の内容が、学問的に立証せられ、世の中を納得せしめるよう概念づけられ、そのテスト法が不適格と適格を截然と分かつハッキリした尺度を示すものでなくてはならない[9]」。

当時も今も、われわれ心理学者は、そうしたテストの開発を目指してきたが、まだその途上にある。それでも性格については、協調性や誠実性（あるいは勤勉性）に乏しい人に、比較的事故が多いというのが現在の見解である。協調性が低い人に事故が多い理由は、運転場面で多くの人がルールを守っていても守らなかったり、他の運転者と同じ行動（例えば同じ速度での運転）をしなかったり、自分の優先権を主張したりする可能性が高いからである。誠実性が低い人に事故が多いのは、衝動的で、気の向くままに行動し、意志が弱く、違反やエラーを起こしやすいためである。運転適性検査で尚早反応や動作優位の傾向を調べるが、こういった反応の背後にあるのが誠実性の低さという性格である。

事故に影響する性格や態度の研究は、交通心理学という学問分野の中で今でも研究が続けられている。しかし、未だ免許試験の中に組み入れられるほど確かな「事故を起こす心理特性」は見つかっていない。運転適性検査という名で、自動車学校の教習生や警察の処分者講習受講生に対して、こうした心理検査を実施するからには、検査結果と運転や事故との関連性や検査の限界をよく知って指導することが大切だ。

2　加齢に伴う心身機能低下と運転

老化は二十代から始まる

加齢に伴って心身機能が低下するという老化について考えてみよう。老化はすべての人に生じる現象で、二十代から始まって、以後、緩やかに進展していく。若い時が身体的な強さ、俊敏さ、外見の絶頂期であり、中高年になると体が利かなくなり、外見も弱々しくなってくる。これが老い（老化）だ。

老化を示す指標にはいくつかあり、肌年齢、血管年齢、骨年齢などがすぐ浮かぶ。もう少し難しい指標には、脳内で分泌されるホルモンがある。その一つである性ホルモンは二十代をピークに減少し、女性ホルモンは更年期になると半減し、男性ホルモンは六十歳で半減する。高齢者に多発する転倒は、性ホルモン減少による骨密度の低下と筋力低下が主な原因だと言われている。細胞の分裂寿命を規定するテロメアの長さも、指標の一つである。テロメアというのは、細胞の中にある染色体の末端にあって、染色体やその中に含まれるＤＮＡを保護している。誕生してから成人するまでにテロメアの長さは急速に短くなり、成人後は緩やかに短縮するという[10]。

なぜ人は老いるのだろうか。哲学的あるいは進化論的に説明するなら、世代交代をして社会の活力を増すためと言えるかもしれない。ここでは医学的な学説を紹介しよう[10]。一つは酸化ストレス説である。いろいろな生体分子（たんぱく質、脂質、核酸など）が活性酸素による障害を受けるのが老化の原因と考える。活性酸素というのは、細胞の中のミトコンドリアで酸素が消費される際に生じる毒性の強い酸素のことをいう。これがたんぱく質やＤＮＡを傷つけて遺伝情報を誤らせていき、各種臓器の機能を不全にしたり、がんを発生させたりするという。二つめはプログラム説だ。遺伝子によって老化は決められた時間どおりに進行するという説で、老化の進行を計る時計が、先に述べたテロメアだと考える。三つめが突然変異説で、ＤＮＡが複製される時や紫外線を浴びた時などに、ＤＮＡの中の遺伝子に突然変異が誘発され、それが蓄積することで老化が促進される。

運転に関わる老化

個人差はあるものの、高齢になると老化が進行して、心身機能の低下が目立ってくる。心身機能には、感覚、言語、心の働き、内臓の働き、手足の動きなどがあるが、この中で運転と特に関連するのは、視覚・聴覚などの感覚、心の働き、手足の動きである。

心身機能の低下は二十代で始まっているのに、運転への悪影響が目立つのは高齢期である。なぜ中年期から支障が出ないのだろうか。もっとも、運転以外の日常活動でも支障が出るのは高齢期であるが、食事や買物や遊びといった日常活動は、それほど体力や瞬発力や集中力を使うものではないし、仮にそういった場面があっても、自分のペースで活動できるので、無理をしなくてもすむ。

だいたい自分が年を取ったと感じるのは、若い時の感覚で何かをしようとしてそれができなかった時か、無理を重ねてできたものの後で疲れや痛みが生じる時である。無理さえしなければ、それほど加齢を意識せずにすむのだ。

運転も、道路や交通の状況が良ければ、自分のペースでできる。しかし、混雑していたり、天気が悪かったりすると、とたんに神経を使う活動となる。運転は、日常生活の中では加齢や老化の影響を受けやすい活動と言える。

運転への悪影響が高齢になってから出始める、言い換えると中年までは心身機能の低下が表面化しないのは、心身機能の低下を補う運転技能が、中年期までは維持されているからだ。一般に、訓練によって得た知識や技能は、長く使われるほど維持され、経験の蓄積によって熟練していく。熟練というのは、活動のほとんどを無意識のうちに造作なくできることである。考えなくても体が自動的に動いてくれる。もちろん、注意を集中すべき状況になったら、過去の経験や現状に照らして適切な判断もできる。運転はまさしくこういった技能に支えられている。したがって、事故は四十代と五十代で最も少ない。しかし、加齢による老化が進展する高齢期になると、寄る年波には勝てなくなってしまうのだ。

運転に影響する老化の代表として、事故の最大の原因である「発見の遅れ」に影響する、視覚機能、注意機能、危険予測能力の老化を次に取り上げよう。

視覚機能とその低下

運転に必要な情報の九〇パーセント以上は、目から入ってくると言われる。そこで、どこの国でも免許試験で視力や視野が検査されている。運転に影響すると考えられる目の機能には、他に動体視力、コントラスト視力、深視力といった静止視力以外の視力があり、明暗の順応や遠近のピント調節などの視機能もある。

動体視力は、視力とふつう呼ばれている静止視力と異なって、対象が動いている時に、それを識別する目の能力である。車はふつう道路上を動いているし、標識や歩行者などの対象は、たとえそれが動いていなくても、移動しているドライバーからは相対的に動いているように見える。運転中には静止視力よりも動体視力のほうが必要とされることが多い。

コントラスト視力は、静止視力のように白地の上にくっきりと黒く現れる文字や記号を見るのとは異なり、白地の上の灰色や灰色の上の黒といった、コントラストが低い対象を識別できるかという能力である。夜間に事故が多いのは、路面や周囲の明るさと車や歩行者の明るさに差（コントラスト）があまりなくて、車や歩行者を見つけにくいためである。それでも夜間に速度を落とさないで走るドライバーが多いのは、進行方向を誘導するマーキングや、通行方法を示す信号・標識などは夜間でもくっきりと見えるため、他も見えると勘違いしているからである。

視力や動体視力は、加齢に伴ってどう低下していくだろうか。図2-1は、免許更新に来た講習受講者四二一人の各種視力を、年齢層ごとに比較した結果である。動体視力検査は二種類あり、K

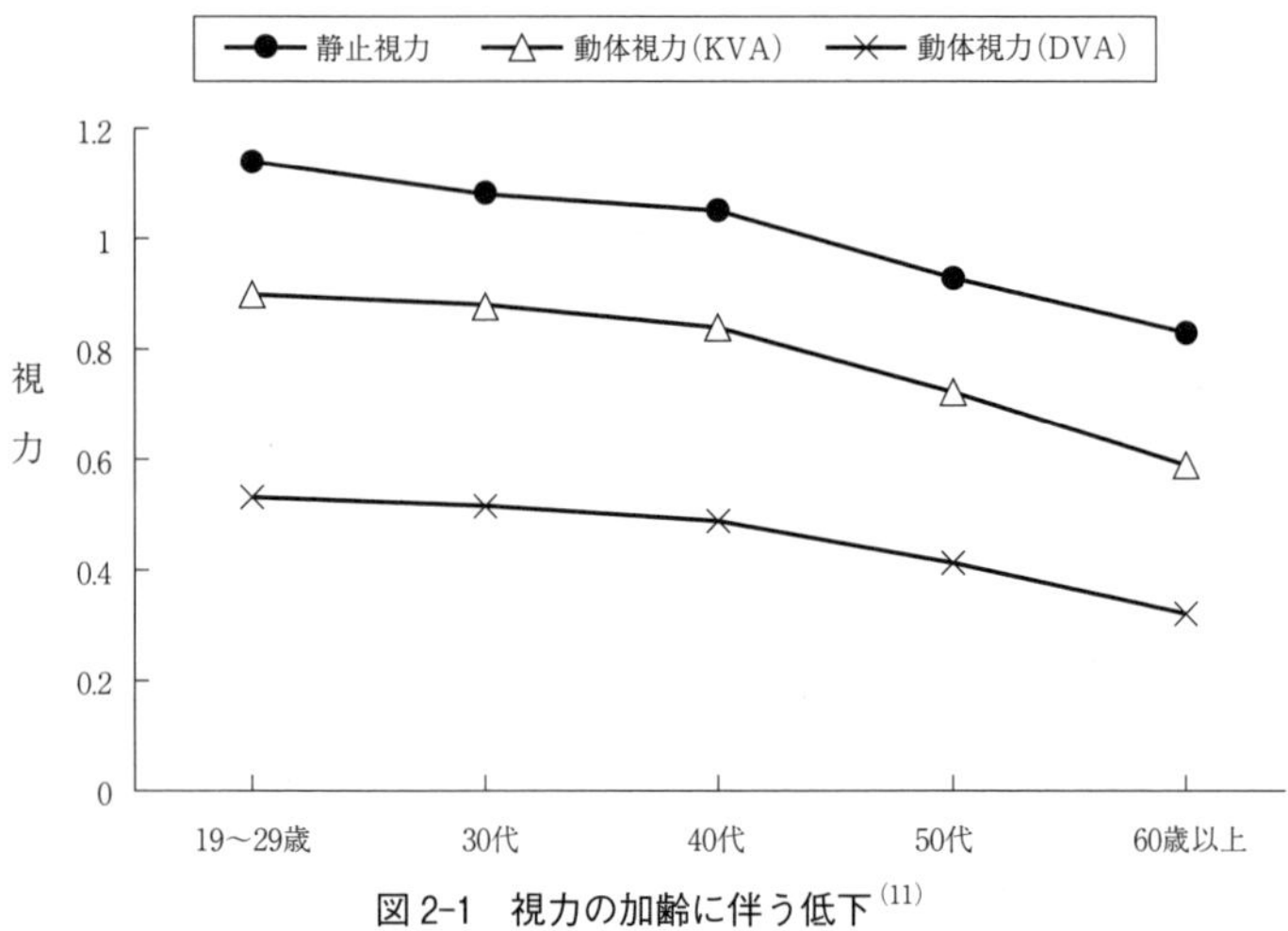

図 2-1　視力の加齢に伴う低下(11)

VAでは、遠方から近づいてくるランドルト環の切れ目方向を判別し、その方向にレバーを倒す。一方、DVAでは、左右に移動するランドルト環の切れ目方向を判別し、その方向を口頭で答える。レバー倒しという反応をしない分、視力はDVAのほうが良くなるはずであるが、移動の方向・速度や用いた機器が異なるため、図2－1ではKVAの視力のほうが良くなっている。

　図2－1で注目したいのは、加齢による視力低下である。免許更新のために視力を矯正しているはずであるが、どの視力も加齢に伴って低下している。特に五十代からの低下が著しい。七十歳以上が受講する高齢者講習で測定した結果によれば、静止視力が、普通免許で基準となる両眼で〇・七より低かった人の割合は、七五歳未満で二七パーセント、七五歳以上で三五パーセントであった。(12)高齢ドライバーの半数近くは、ふだん低い視力で

運転しているようだ。

視野は前方に一八〇度より少し広く開かれている。両腕を下げた状態から左右の腕が一直線になるまで上げ、前方を見たまま左右の両手首を上下に振ってみよう。すると、その動きがかすかに感じ取れるだろう。そのまま両腕を中央に向けてだんだん狭めていくと、次第に両手が見えてくる。両手が正面に来て合わさった時、ようやく親指が明瞭に見える。人の目は、中心視といって網膜の中心でしか細部を見ることができないからだ。その周辺は周辺視といって見えることは見えるが、中心から離れるほど解像度が低くなる。そのため前方をしっかりと万遍なく見るためには、首を回したり、目を動かしたりする必要があるのだ。この視野も加齢に伴って狭くなる[13]。ただし、視野が狭いほど事故を起こしやすいことを示す明確な結果は得られていない。

前を見た状態で周辺の対象が漠然と見えるかどうかという単なる視野ではなく、運転中に前方を注視しながらも同時に周囲の他のものを認知できる範囲、つまり、注意の及ぶ範囲が広いことが事故を防ぐ上で重要である。こうした、中心視で視覚課題を行っている際に注意の及ぶ範囲は、有効視野と呼ばれている。有効視野は、課題が難しかったり、加齢と共に課題遂行能力が低くなったりすると狭くなる。

有効視野は、単なる視野というより注意と深く関係している。有効視野を測定するUFOVテストと呼ばれる検査では、反応時間の速さ、分割的注意、選択的注意の三つが検査されている[14][15]。この検査は、高齢ドライバーの事故や運転行動との結びつきが強い数少ない検査の一つである[16][17]。

注意機能とその低下

注意というのは、刻々と変化していく環境の中から必要なものを意識・選択し、必要でないものを無視する精神の働きのことである。注意を持続（持続的注意）、分割（分割的注意）、および、選択（選択的注意）の、三つの側面に分けて考えてみよう[18]。

持続的注意は、ある状況を監視して、ふだんは安定して変化しないその環境の中で生じる変化を捉えようと構える心の働きをいう。この時、環境内で生じる変化が少なくて単純なものであれば、認知的な負荷は少なく、若者も高齢者も同様に変化を見つけ出せる。若者のほうがかえって、考え事をしたり、脇見をしたりして見つけ出せないかもしれない。しかし、変化がしばしば生じたり、注目しないといけない箇所が多くなったりすると、高齢者のほうが変化を正しく捉えられないようになる。それは、情報を処理する能力（これを注意資源という）が追いつかなくなるからだ。車の運転なら、混雑した道路であったり、車の流れが速い道路であったりすると、危険を見つけ出すのに時間を要したりして、高齢者ではそれへの対処が遅れる。

二つめの分割的注意は、限られた注意資源を分割しなければならない状況下での心の働きである。それは、一度に二つ以上の事柄に注意を払わないといけない状況や、同時に入ってくる二つ以上の刺激を処理しなければならない状況で要求される。

最近、駅の構内で「歩きスマホは危ないのでお控えください」というアナウンスをよく耳にする。歩きスマホというのは、歩きながらスマホの情報を読むという、二つの動作を同時に行う分割的注意が要求される作業で、認知心理学でいう「二重課題」と呼ばれる事態だ。歩く動作は簡単であるが、スマホによる情報の読み取りや操作が加わるとたんに難しくなる。周囲に人がいなければ問題ないが、駅の構内のように人がたくさん集まっている場所では、他の人とぶつかる恐れがあるし、足を踏み外して線路に落ちかねない。歩きスマホをしている人には若者が多く、高齢者は少ない。それは、ゆっくり歩き、時に立ち止まらないと、高齢者は歩きながらスマホができないからだ。

車の運転でも、スマホ（携帯電話）等の使用は禁止されている。しかし、違反するドライバーは多く、違反検挙件数でいうと速度違反、駐停車違反・放置駐車違反、一時停止違反、シートベルト不着用に次ぎ、年間百万人以上が違反キップを切られている[19]。最近では、運転中に電話だけでなくスマホゲームをする者が出てきて、人気の「ポケモンＧＯ」などは運転中にプレイできないように仕様が変わったほどである。ただでさえ、運転中は二重課題をせざるを得ない状況が連続する。そもそも、道路前方の交通状況を見ながらハンドルやブレーキやアクセルの操作を行う運転は、二重課題そのものである。

ドライバーは、熟練によって二つの課題を無意識的に自動的にこなせるようになるものの、高齢になると、対向直進車と右折事故を起こしたり、高速道路の料金所手前で接触事故を起こしたりしやすくなる。直進車の動きを見定めると同時に右折したり、他車の動向を見定めると同時に料金所に進入したりするという分割的注意は、特に高齢者にとって難しいのだ。

複数の刺激処理と言えば、聖徳太子は十人の話を一度に聞いて、その話をすべて理解し、各人に的確な返答をしたということで有名である。しかし、十人が順番に発言した後で、それぞれの人に的確な助言を返したというのが真相だろう。車の運転で言えば、交通が複雑になるほど多くの場所に視線を向けて、素早くそれが危険になりうるかを次々と判断して対処しなければならない。高齢ドライバーが交差点での出合い頭事故や右折事故を起こしやすいのは、交差点では短時間にいくつもの情報を処理するといった、高齢者に苦手な運転が要求されるからである。

三つめの選択的注意は、その場で必要とされる情報を確実に選択する注意の働きである。必要な情報選択のためには、必要としない情報をカットすることも重要であり、選択的注意にはこの二つの側面が関わっている。

運転中に注意を払うべき対象は、同乗者やカーナビや体調など様々あるが、基本的には路面や道路前方の線形や交差点といった道路状況、標識や信号などの交通施設、他の車や人の動きである。交通心理学では、これらをハザード（危険対象物）と呼んでいる。ふだんハザードは危険性を感じさせないが、時にそれが現実の危険となる。たとえば、交差点に接近した時には、信号機や一時停止標識の確認が必要だ。こんな時に、沿道の店を見たりするのはもちろん、ルームミラーで後続の状況を確認したりすると出合い頭事故などを起こしかねない。運転中は、注意を払うべき対象が次々に変わっていく。この状況下では、信号機の色や一時停止標識が選択すべき注意対象だ。

運転は標識や信号、他の車や人など注意を払うハザードがたくさんあり、そのすべてに注意しながらも、状況に応じて特に注意を払うべき対象を選択していくという複雑な作業である。これを可能とするのは、運転経験によってこの状況では何が特に注目すべきハザードであるか、それはいつどこに出現しやすいかといった知識を身に付けているからである。しかし、高齢になるとこの知識は忘れないが、それほど注意を払う必要のない対象に注意が行きやすくなり、結果的に選択すべきハザード対象への注意が不十分となる。高齢になると、無関係な刺激を無視する能力（抑制機能）が低下するからである。

運転適性検査にみる注意能力の低下

七十歳以上の免許更新者を対象とした高齢者講習では、ドライバーの注意機能などを測定する運転適性検査が実施されている。メーカーによって少し異なるが、講習参加者は、コンピュータグラフィックスで作成された道路を模擬運転する。その模擬運転装置（ドライビングシミュレーター）を使って、選択的注意能力を調べる選択反応検査と、分割的注意能力を測定する注意配分・複数作業検査が実施されている（図２‐２）。

Ｍ社の選択反応検査では、注意対象は道路に飛び出してくる子どもと、遠方に出現する道路横断しようとする歩行者であり、対向車線の二輪車に反応してはいけない。ドライバーはアクセルを踏み続けながら運転し、道路に飛び出してくる子どもに対しては素早いブレーキで反応し、遠方の横断歩行者に対してはアクセルを戻す（スピードを落とす）ことが課せられる。測定されるのは、ブレーキ踏みとアクセル戻しの速さ（反応時間）、正確さ（誤反応数）、反応のむらである。

図 2-2　高齢者講習の運転適性検査風景（都内の自動車学校にて　2014 年 7 月 31 日）

反応時間も誤反応数も反応むらも、加齢に伴って成績は低下していく。たとえば、誤反応数について見ると、図２－３に示すように、加齢による誤りの増加が著しい。ただし、この結果は選択的注意の低下だけによるというより、「子どもを発見したらアクセルを戻す」「横断歩行者を発見したらブレーキをかける」という課題を記憶し、それに従って操作するという能力の低下も反映している。

Ｔ社の注意配分・複数作業検査は、広い直線道路をアクセルを踏み続けながら走行し、中心部の課題では、路上の赤い看板に時々表示される右または左の矢印に対して、その矢印の方向にハンドルを切る。周辺部の課題では、画面の四隅にランダムな時間間隔と出現位置で表示される赤、青、黄の標識に対して、それが赤の標識の場合にのみアクセルを戻す。高齢者講習参加者を対象として

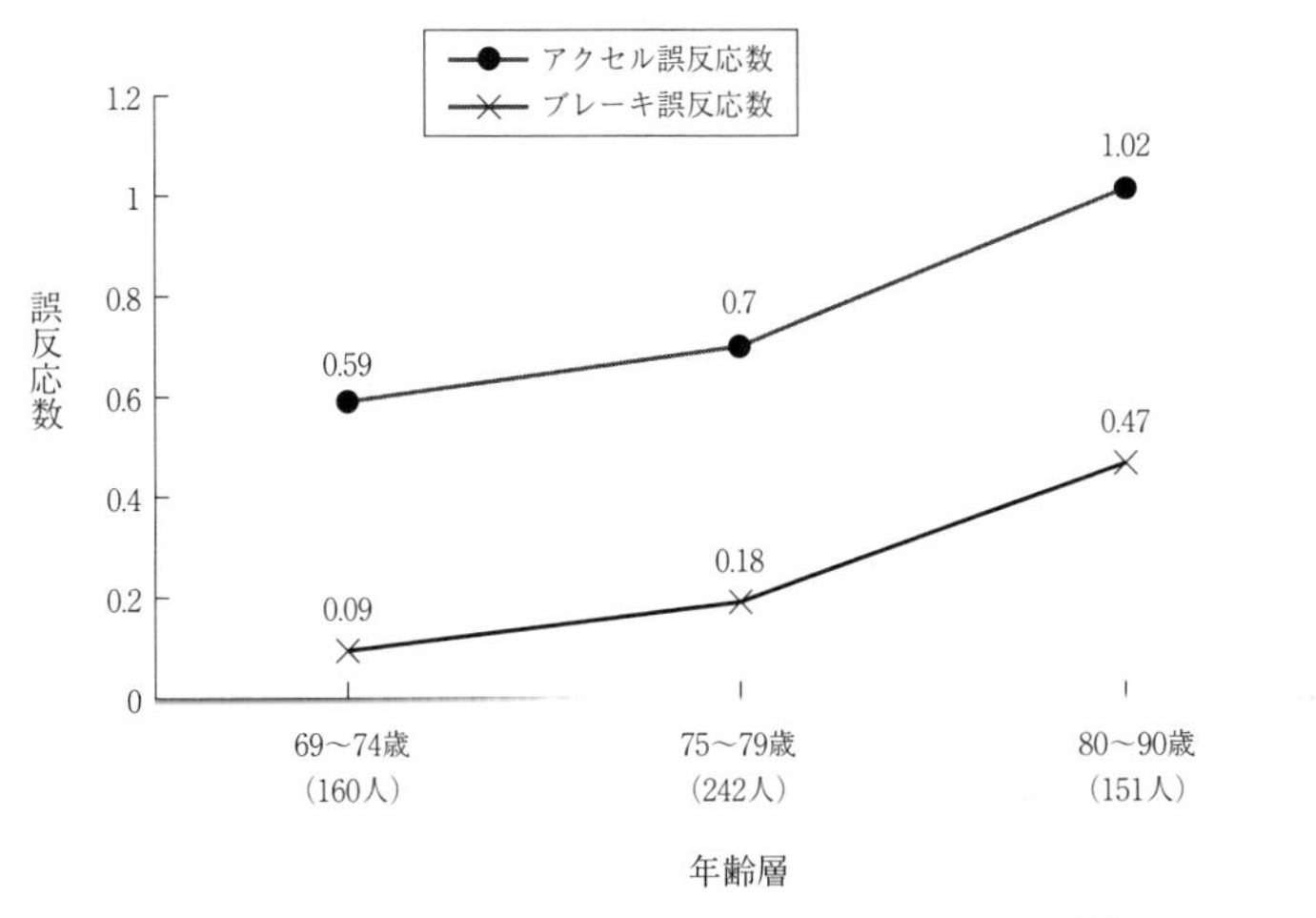

図2-3　選択反応検査の加齢に伴う誤反応数の増加[20]

筆者らが実施した調査では、中心部の課題二六回と周辺部の課題三六回における誤反応数は加齢に伴って増加し、その相関係数は〇・二四と、この種の検査では高い数値を示した[21]。

この検査では、誤反応数や反応時間のほかに、反応のバランス（周辺部の右と左に示された赤の刺激に対する反応時間が同じかどうか）を調べている。誤反応数が少なく、反応のバランスが良い人（五〇人）は、そうでない人（一九二人）より、構内コースでの運転成績が良かったという[22]。

ハザード知覚とその低下

視覚機能や注意機能の低下によって、高齢になると危険予測が苦手となっていくだろうか。事故の最大の原因が「発見の遅れ」であることを考えると、危険予測あるいはハザード発見の遅れは、事故の危険性を確実に高める。

日本では、一九九四年から、自動車教習所で危険予測運転が取り上げられている。運転中に遭遇する代表的な危険について、その発見と対処の方法を教えるものだ。学科試験で、交通場面のイラストを用いて危険予測能力を試験することになったのは、その二、三年後[23]で、法規や安全知識を問う○×問題九〇問（各一点）のほかに、イラスト式危険予測問題が五問（各二点）出されるようになった（図2－4）。

初心運転者教育で危険予測が取り上げられるようになったのは、初心運転者のうちから道路交通に潜む具体的な危険を知る重要性を当局も認識したためである。しかし、教習生にとって危険を予測した運転は難しい。危険予測は、運転経験を重ねていくことで身に付く技能であるからだ。

図 2-4　危険予測問題の例[24]

危険予測は、交通心理学ではハザード知覚とかリスク知覚と呼ばれる。ハザードとは危険源、危険対象物、危険な状態のことで、ある事態の中に存在し、事故の可能性をはらんだ危険のことを言う。運転で言えば、自分が運転する車と衝突するかもしれないほかの車や自転車、歩行者のことである。ただし、他の車や歩行者などがいつもハザードとして認識（知覚）されているわけではない。他の車や歩行者などがハザードとして知覚される状況は、次の三つに分かれる[25]。

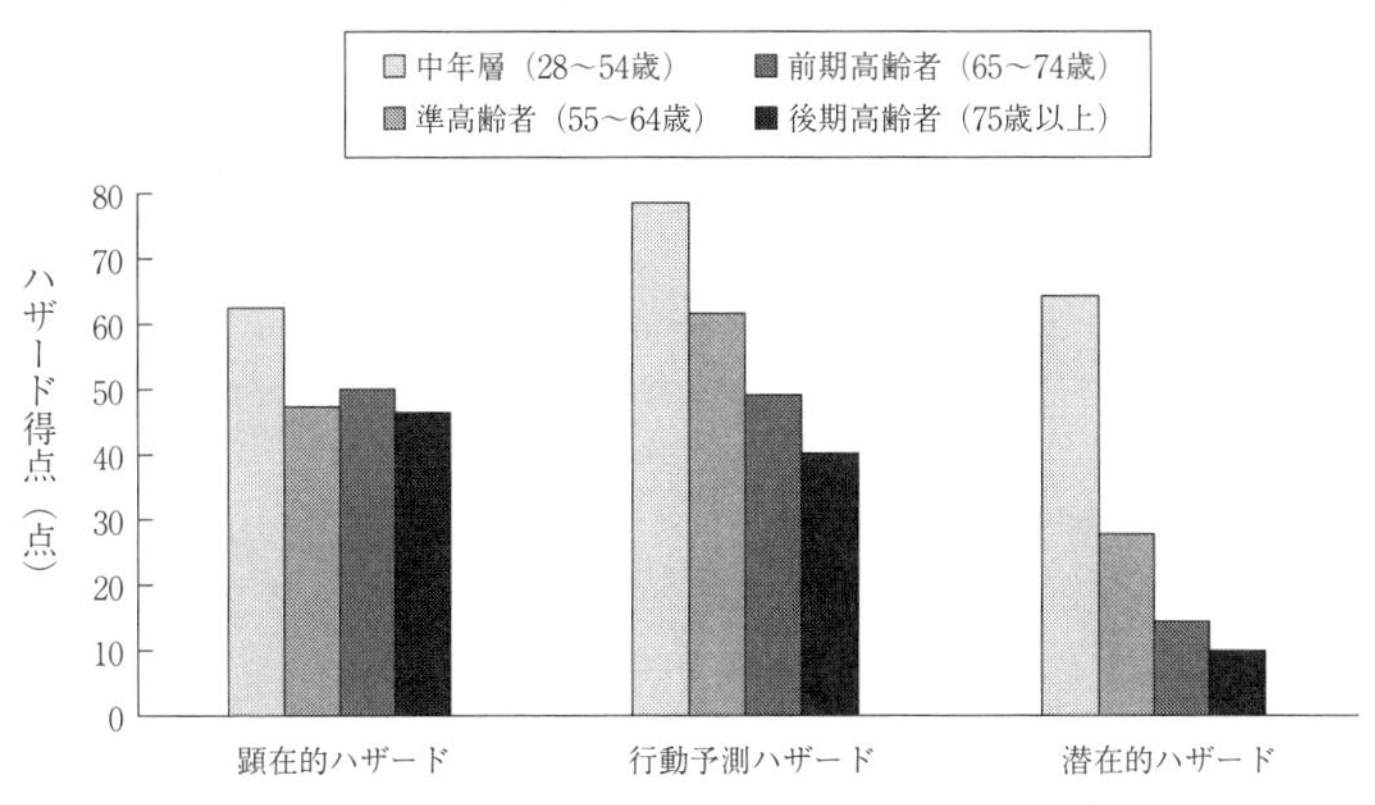

図 2-5　年齢層別・種類別にみたハザード得点[25]

・顕在的ハザード——危険性が高く，回避的な対処が必要な対象

例「前を走る車が急ブレーキをかけた」

・行動予測ハザード——今は危険でないが今後の行動次第で危険が顕在化する可能性がある対象

例「左前方を走る自転車」

・潜在的ハザード——現在，視界の外にあるが，危険を伴う対象が死角に存在している可能性がある場所や地点

例「信号交差点を右折する際に，停止している対向直進車のカゲから走ってくるかもしれない二輪車」

こういったハザードを発見し，危険なものとして知覚する能力は，イラストやビデオを用いた実験によって，加齢と共に低下していくことが明らかとなっている。それによれば，顕在的ハザードの知覚は高齢になってもそれほど低下しないが，行動予測ハザードと潜在的ハザードの知覚については，高齢になるにしたがって大きく低

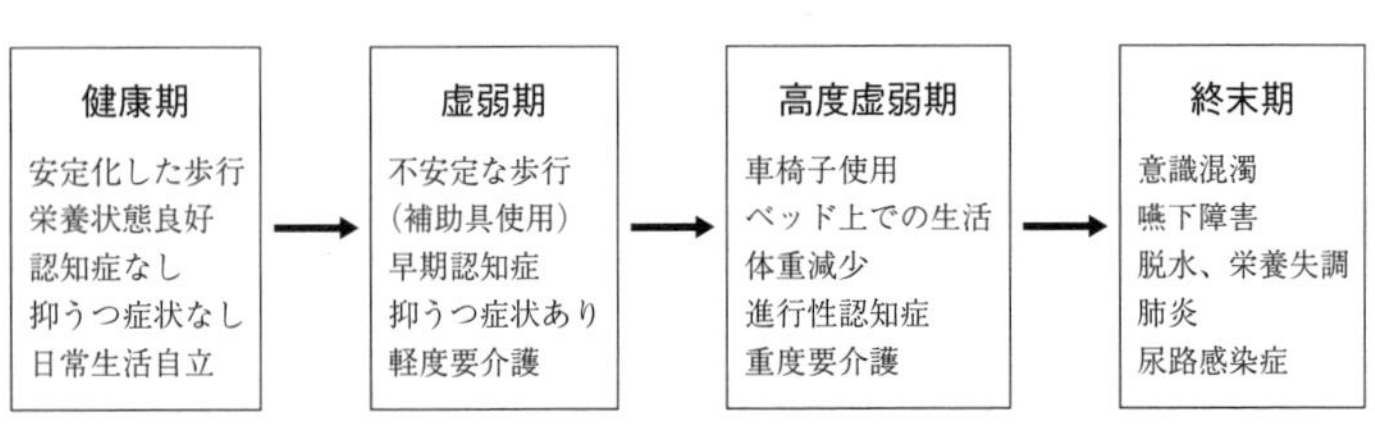

図 2-6　虚弱化のプロセス[26]

下する（図2－5）。

3　病気と運転

虚弱化のプロセスと運転に関わる病気

突然の死でない限り、人はだんだんと衰えて死に至る。老年医学の立場からこのプロセスを描くと、図2－6のようになる。[26]人の虚弱化（フレイル）は、老いや病気や心理的・社会的なストレスから生じると言われ、虚弱期には、老年症候群と言われる病気や心身症状が多発する。これには、意識障害・失神、せん妄（意識障害が起こり、頭が混乱した状態）、めまい、うつ、尿失禁、誤嚥、転倒などがある。[26][27]虚弱期の車の運転は明らかに危険であるし、多くの人は運転をあきらめるだろう。

それでは健康期にある高齢者は老年症候群と無縁かというと、こうした病気の一つくらいは持っている人もいるし、そのきざしが現れている人もいるだろう。また、それ以外の老いに伴う病気や症状のいくつかは誰でも持っているはずだ。高齢者が訴えやすい症状としては、腰痛、手足の関節痛、頻尿、せき、難聴、視力障害、睡眠障害、かゆみ等がある。[27]

こうした病気・症状の中で、交通事故と関係しているとみなされて研究が行われているのは、視力障害と睡眠障害だけだ。しかし、腰痛や頻尿などが事故要因となるという研究がないからといって、そういった病気が事故と関係がないわけではない。交通事故統計原票と呼ばれる事故統計用の調査用紙にその項目がないからだし、事故当事者もそれらが原因の一つと証言することはまずないだろう。

交通事故と関係があると誰もが思う病気は、てんかんや脳卒中のような、運転している時に発作や意識障害が突発的に起こる急病だ。これは、運転者にはどうにもならない。こうした時に頼りとなるのは車の先端技術だ。自動停止ブレーキなどは実用化されたし、いずれは車のハンドルなどに備えられた心電センサーで運転者の急な体調不良を感知し、運転者に代わって周囲の交通環境を認識しながら安全な場所に停止させるという自動運転のシステムが実用化されるだろう。

運転に影響する病気は「一定の病気等」としてリストアップされている。その中から中高年がかかりやすい、特に運転に影響する病気を取り上げてみよう。

運転中の急病・発作

図2-7の棒グラフのうち濃色のバーは、二〇〇七年から二〇一二年の六年間に、四輪車運転中に発作・急病で事故を起こしたドライバー（全国で一五一七人）を病名別に分類し、その構成率（パーセント）を示したものである。[28] 発作・急病で多かったのは、てんかんと脳血管障害で全体の

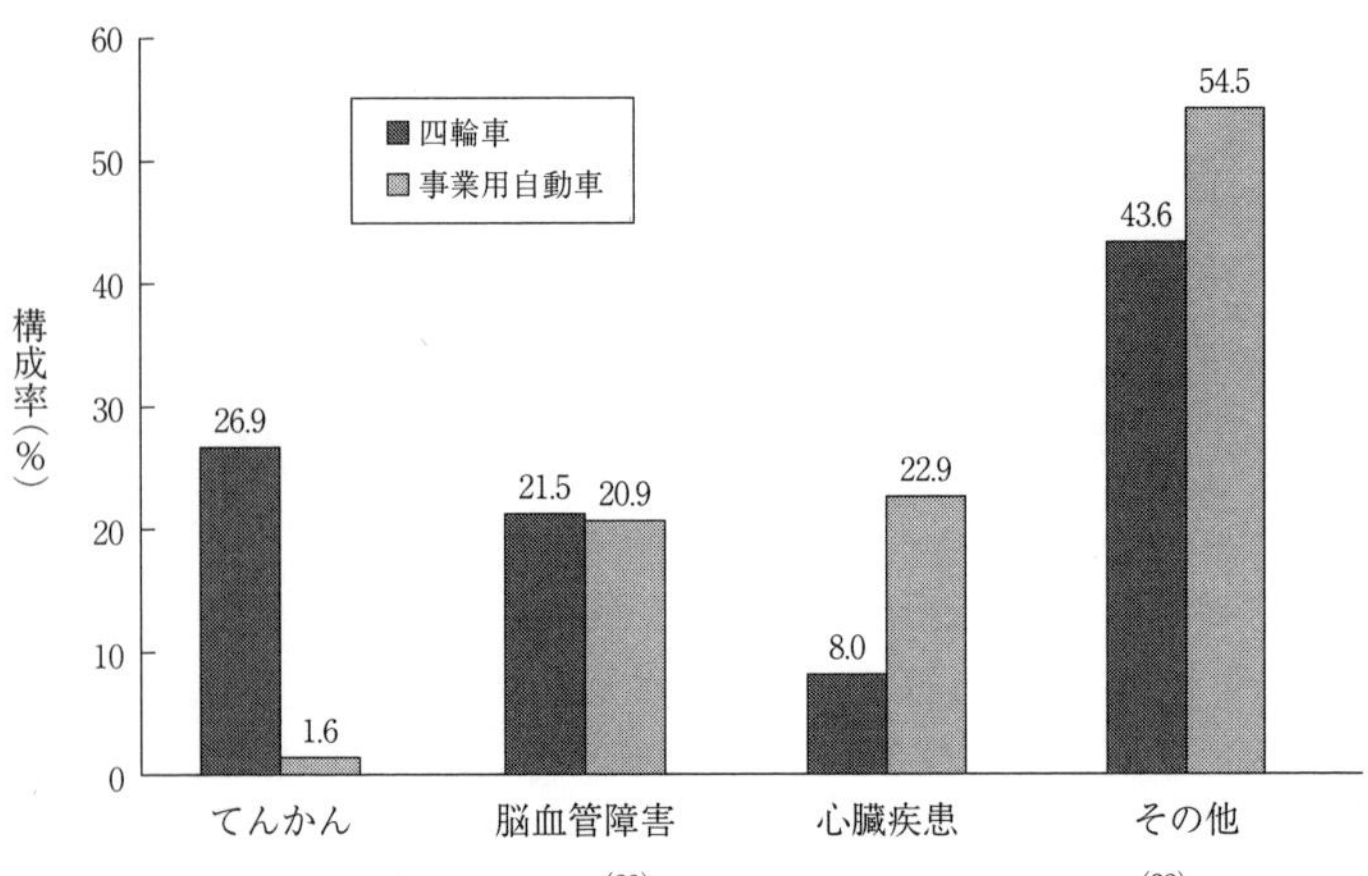

図 2-7　一般ドライバー（事故時）[28]と職業ドライバー（勤務時）[32]の発作・急病

半数を占め、次いで心臓疾患が多かった。

てんかんの症状は様々で、意識を失ったり、ぼうっとしたり、全身がけいれんしたり、吐き気や耳鳴り、身体の一部だけが動く発作があるという。発病のピークは乳幼児期と老年期で、患者数は百万人と推定される。道路交通法では、「医師が過去二年以内に発作がなく、今後も一定期間発作が起こる恐れがないと診断した」といったようないくつかの条件に該当すれば、免許取得が可能となっている。

てんかん発作による事故は、ニュースによく登場する。二〇一一年には栃木県鹿沼市でクレーン車運転の男が小学生の集団をはねて六人を死亡させた事故、翌年には京都・祇園で軽乗用車を運転中の男が発作を起こして暴走し、歩行者七人と自らが死亡した事故があった。どちらの男も免許更新の際に持病を申告せず、医師からは運転をしないよう忠告されていた。こういった事故を防止するため、二〇一四年には運転に支障を及ぼす可能性がある病気の症状の申告が免許の取得・更新時に義務付けられ、病状を虚偽申告した場合の罰則も設けられた。それにもかかわらず、その後も、池袋駅東口で病状申告や服薬を怠った男（しかも医師）が発作を起こして歩道に突っ込み、五人を死傷させた事故（二〇一五年）などが発生している。

脳血管障害（脳卒中）は、脳梗塞、脳内出血、くも膜下出血がそのほとんどを占める[29]。高血圧が長く続くと、動脈硬化が進行し、やがて脳の血管が詰まって脳梗塞になり、高血圧の程度が強い場合、脳の血管が破れて脳出血になったり、また脳の血管の一部分に動脈瘤ができて破裂し、くも膜下出血になったりする。脳梗塞や脳内出血では、意識がなくなったり、半身麻痺や言語障害・認知症などの症状が現れたりする。くも膜下出血では、激しい頭痛や意識障害が突然起こる。患者数はてんかんより多く、発症年齢は中高年がほとんどである。道路交通法施行令によれば、発症して慢性化した症状がみられたり、発作によって意識障害や運動障害や視覚障害などが繰り返し生じたりしている場合には、免許が取得できなかったり、免許取消しとなったりする。

脳卒中になった有名人の代表は、元プロ野球選手・監督の長嶋茂雄（当時六八歳）だ。二〇〇四年に不整脈が原因の脳梗塞で緊急入院したが、その後の懸命なリハビリで、現在は右半身の麻痺と言語障害が多少は残っているものの、春のキャンプに指導に出かけるほど元気に回復している。最近、脳卒中の後遺症が残っている人で免許再取得を希望する人が増えてきたという[30]。長嶋は運転免許を持っていなかったらしいが、仮に免許を持っていたら、その再取得に向けてチャレンジするだろう。

心臓疾患（心臓病）の代表は、狭心症と心筋梗塞である。[31] 狭心症は動脈硬化などによって心臓の血管（冠動脈）が狭くなり、血液の流れが悪くなった状態だ。動悸や息切れのほか、胸を圧迫されるような痛みの発作が起こるが、数分以内におさまる。心筋梗塞は、動脈硬化がさらに進み、心臓の血管に血栓（血液の固まり）ができて血管が詰まり、血液が流れなくなって心筋の細胞が壊れてしまう病気である。動悸・息切れのほか、胸に激痛の発作が起こり、呼吸困難、激しい脈の乱れ、吐き気、冷や汗や顔面蒼白といった症状を伴い、それが二〇分から数時間にわたることもある。心臓病の主な原因は、喫煙、高いＬＤＬコレステロール、高血圧だという。心臓病は生活習慣病の代表であり、中年を過ぎてから多発する。

免許の可否で問題となる「一定の病気等」の中に、狭心症と心筋梗塞は含まれていない。カテーテルと呼ばれる細い管を心臓の冠動脈に通し、詰まった部分に薬剤やステントと呼ばれる筒を入れて治療する「カテーテル治療」や、本人の血管の一部を採取し、それをバイパス（う回路）として使って、血流の少なくなった部位に血流を流す「冠動脈バイパス術」といった手術で、劇的に症状が改善するからである。ただし、不整脈を原因とする失神は含まれていて、脈が病的に遅くなる徐脈や病的に速くなる頻脈を、それぞれペースメーカーと植え込み型除細動器によって整えている人は、発作の恐れがないことを医師によって診断されないと運転できない。

図２−７に戻ろう。淡色のバーは、職業ドライバーの勤務時の発作・急病を示している（二〇〇

九〜一二年に国土交通省に報告された四九七件[32])。濃色のバーと異なるのは、対象が職業ドライバーであること、事故時の発作のほかに、乗務をとりやめたり、健康状態の急変を感じて運行を中止したりしたものも含むことである。全国事故と比較するとてんかんが少ない。これは、てんかん患者には職業ドライバーになるような人が少ないためか、なったとしてもプロであることを自覚して服薬などをきちんとしているためか、あるいは報告時にその他の失神や消化器系疾患として計上されたためかもしれない。

その他の内訳をみると、大動脈瘤破裂・解離、めまい、失神、感染症・寄生虫症、消化器系疾患がそれぞれ三〜四パーセントを占めていた。大動脈瘤破裂・解離は、急性の心臓発作と並んで、発症後の致死率が五〇パーセントを超えるほど高いという。

睡眠時無呼吸症候群

誰でも不眠や眠気の経験があるだろう。筆者が勤務している女子大学では、夜間のアルバイトのせいか、朝九時から始まる一時間目の授業は人気がない。まじめな学生は比較的前の席に座ってこちらの話を聞いてくれているが、後ろのほうの学生にはあくびが目立つ。ゼミの学生にふだんの睡眠時間を問うと、半数は五時間以内だ。それでも若いうちは何とか乗り切って学生生活を送っている。しかし、高齢になると、早く寝て同じような時間に起きるので床についている時間は長いのだが、よく眠れなかったりして、昼に眠気を訴える人が多い。

健康な人でも居眠り運転はもちろん問題であるが、最近になって睡眠時無呼吸症候群（ＳＡＳ、サス）という病気がクローズアップされてきた[10][33]。これは、寝ている間に様々な原因により呼吸障害をきたし、日中の過眠（過剰な眠気）や夜間の中途覚醒、睡眠中の窒息感などの症状を伴う病気である。呼吸障害というのは、空気の通り道である気道が物理的に狭くなって空気が吸えなくなり、呼吸が止まってしまうことが睡眠中に何回かあることだ。本人は覚えていないが、そのたびに目を覚ましてしまい、その結果、睡眠が不十分となって昼間に眠気が生じるのである。中高年にＳＡＳが多いのは、年齢とともに喉や首まわりの筋力が衰えたり、体重増加などで首まわりに脂肪がついたり、呼吸中枢の機能が低下したりするためらしい。中高年でも特に男性が多いのは、メタボが多い上に酒を飲む機会が多く、酒によって筋肉が弛緩しやすいためだ。

メタボな中高年以外でも、夜に十分寝ても昼間に眠くなる、いびきをよく指摘される人は、ＳＡＳにご用心だ。治療には、ＣＰＡＰ（シーパップ）と呼ばれる、エアチューブを伝って、鼻に装着したマスクから気道に空気を送りこむ装置を用いるのが一般的で、保険が適用されるという。

ＳＡＳ患者は、一般の運転者と比べてどのくらい事故を起こしやすいだろうか。諸外国の研究結果を総合すると、二〜三倍ほど事故が多いようだ[34][35]。日本の研究でも二倍程度、ＳＡＳ患者の事故率が高い[36][37]。ただ幸いなことに、装置使用によるＳＡＳの症状改善によって、事故も減る。図２－８は、過去五年間の交通事故経験者の割合を、免許更新に来た一般成人とＳＡＳ患者のシーパップ治療前後で比較したものである[37]。一般成人の四・七パーセントに対して、治療前のＳＡＳ患者は一六・八

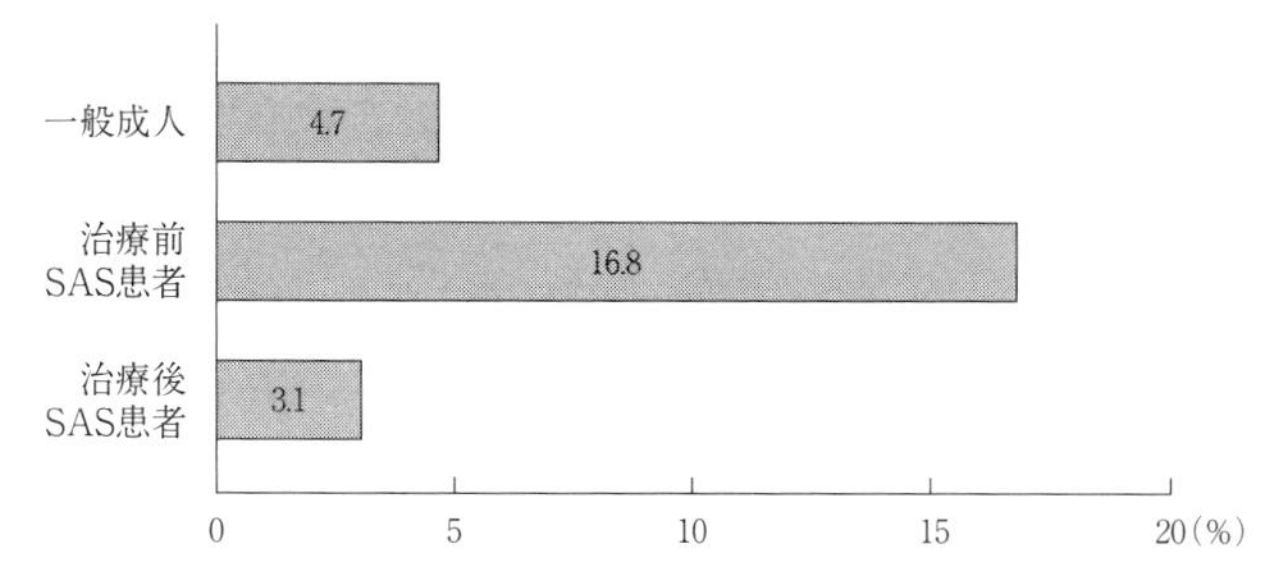

図2-8　シーパップ治療前後のSAS患者と一般成人における5年間の事故経験者割合[37]

パーセントと三倍以上事故率が高かったが、治療後の五年間の事故率は三・一パーセントと一般成人グループと同じレベルまで減少した。

認知症

まだ高齢者が少なかったころは、「うちのおじいちゃんは、最近ボケてしまって、もう長くはないかもしれない」というように、ボケは人生のフィナーレのような感じで、その言葉に否定的な響きが少なかったような気がする。しかし、四人に一人が六五歳以上の高齢化社会にあって、そのうちの一割以上は認知症だと言われると、自分がいつその病気にかかるか不安な時代になってきた。

年相応の物忘れよりもひどい認知機能の低下（記憶、判断力、ここはどこ・今がいつかを把握する見当識の障害）があり、かつ、それが原因で日常生活に支障が生じていれば、認知症と診断される。しかし、認知症かどうかの診断は医師でも難しいという。専門の医療機関では、ＣＴ（放射線照射によるコンピュータ断層撮影法）／ＭＲＩ（放射線を用いない磁気共鳴画像法）／脳血流検査

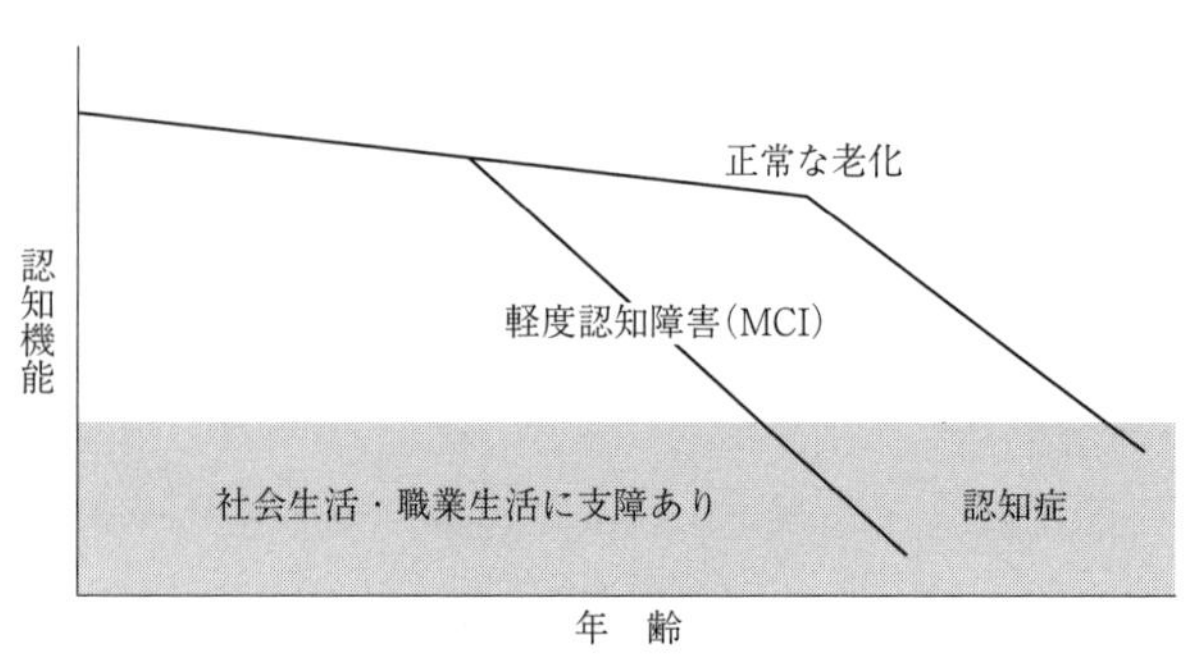

図 2-9　軽度認知障害から認知症への移行[27]

などの画像検査や記憶・知能などに関する心理検査に加え、認知症のような症状を引き起こすほかの病気ではないことを確認する検査が行われている。

認知症の診断は、特にその初期ほど難しい。症状が明確でなく、うつ病などの他の病気との見分けが難しいからだ。また、認知症までには至っていないが、物忘れの頻度や程度がふつうの高齢者よりやや進んでいる人がいる。このような人は「軽度認知障害（ＭＣＩ）」と呼ばれる（図２－９）。ＭＣＩの人は日常の生活には問題がないが、一般の高齢者より十倍多く認知症になりやすいと言われる[27]。ただし、それでも翌年に認知症に移行するのは十人中で一人ほどであって、早期に発見して対処すれば改善する人もいるらしい[38]。

認知症は、後天的な脳の障害によって、日常生活を営むのに必要な認知機能が低下している状態をいう。認知症には、アルツハイマー型認知症、脳血管性認知症、レビー小体型認知症、前頭側頭型認知症などがある[10][27]。

アルツハイマー型認知症は、認知症の代表でその六〇パーセントを占める。脳にアミロイドβ蛋白とリン酸化タウ蛋白が蓄積して、脳神経細胞が減少・萎縮することで脳の働きが阻害され発症する。初期症状は、物忘れ、人格の変化、物取られ幻想で、自分が認知症になったという病識がない。中期になると、日時・季節感・場所の見当がつかなくなり、日常生活の乱れ、徘徊が生じる。さらに、後期になると、失語（言葉がしゃべれない・理解できない）、失禁、歩行困難、寝たきり、嚥下困難、誤嚥性肺炎の危険といった状態になる。

脳血管性認知症は、脳梗塞や脳出血などの脳血管障害の後遺症で、脳神経が損なわれて、認知機能が低下するものだ。脳梗塞や脳出血が起こる度に症状が進むのが特徴である。アルツハイマー型と比べると、人格の変化は比較的少なく、病識も比較的あるが、緩慢な思考や意欲低下や精神的動揺が生じやすい。認知症全体の一五パーセントを占める。

レビー小体型認知症は、脳内にレビー小体と呼ばれる神経細胞の変形が蓄積することによって起こる認知症である。注意力や覚醒が著しく変動したり、ありありとした幻視が繰り返し起こったりする。また、筋肉のこわばりや手の震えなどのパーキンソン症状もみられるのが特徴だ。これも全認知症の一五パーセントを占める。

前頭側頭型認知症（ピック病）は、認知症の五パーセントを占め、それほど多くはない。前頭部や側頭部が萎縮して起こり、身勝手と思われる行動、抑制のきかない反社会的な行動、意欲減退、繰り返し行為、言葉のおうむ返しなどがみられる。

認知症と運転

認知症患者の運転や事故をみると、よくある逆走やブレーキ・アクセルの踏みまちがい以外にも、歩道や線路上を走行するなど、かなり危険な運転が多い。実際、高齢ドライバーの中で認知症患者とそうでない人との事故率を比較すると、二〜三倍ほど認知症患者の事故率は高い[39]。認知症は、現在のところ進行する一方の病気であることから、症状が軽い初期のうちはそれほど事故率は高くないからといって、安心はできない。ほとんどの認知症患者は運転能力の低下を自覚せず、そのため運転を継続したがるのだ。内外の調査によると、アルツハイマー型認知症患者では発症後三年たっても半数は運転をやめないという[40]。しかし、時の経過とともに症状は深刻化し、運転技能は低下していく[41]。

認知症になるとどういった運転をするようになるのだろうか。教習所コースでの運転についてみてみよう。二〇〇九年、高齢者講習を受講する七五歳以上の運転者に対して、講習予備検査（認知機能検査）が導入された。この検査は、時間の見当識（今日は何年、何月、何日かなど）、手がかり再生（一六枚のイラストを見せ、後で思い出させる）、時間描画（時計と、指定された時刻を示す長針と短針を描かせる）の課題からなる[42]。この制度を開始するにあたって、警察庁はこの検査の成績が実車を用いた教習所コースでの運転評価と関係あるかを調べた。その結果、認知症の恐れのある高齢者（全体の二・五パーセント）は、記憶力・判断力に心配のない高齢者（全体の七四パーセント）と比べて、次のような運転の特徴がみられた[43][44]。

① 信号無視――二・三倍多い。
② 交差点走行不適――右左折の合図をしなかったり、遅かったりする。
③ 進路変更不適――進路変更の合図をしない。一・五倍多い。
④ 一時不停止――一時停止場所で、減速しないまま通過。一・八倍多い。
⑤ 加速不良――通常出しうる速度より時速五キロメートル以上遅く走行。

軽度認知障害（ＭＣＩ）になっていないかを調べるチェックリストを以下に示す。[45] 三項目以上該当するとＭＣＩの恐れありだ。

・車のキーや免許証などを捜し回ることが増えた。
・曲がる際にウィンカーを出し忘れることが増えた。
・何度も行っている場所への道順がすぐに思い出せないことが増えた。
・車庫入れで壁やフェンスに車体をこすることが増えた。
・駐車場所のラインや、枠内に合わせて車を止めることが難しくなった。
・急発進や急ブレーキ、急ハンドルなど、運転が荒くなった（と言われるようになった）。
・車の汚れが気にならず、あまり洗車しなくなった。
・洗車道具などきれいに整理しなくなった。
・好きだったドライブに行く回数が減った。
・同乗者と会話しながらの運転がしづらくなった。

表 2-2　認知症の種類別にみた交通事故経験率と事故時運転特徴（注(46)を改変）

認知症の種類	交通事故率	事故時運転特徴
アルツハイマー型認知症（41 人）	39%（16 人）	迷子運転、車庫入れ接触
脳血管性認知症（20 人）	20%（4 人）	ハンドル等操作ミス、速度維持困難
前頭側頭型認知症（22 人）	64%（14 人）	信号無視、追突、脇見

認知症と運転について長年研究を行っている高知大学の上村らは、県下の運転免許を保有している認知症患者八三人（平均年齢七〇・七歳）を対象に、認知症のタイプが異なると交通事故の有無や起こした事故の内容も異なるか調査した[46]。その結果、交通事故を起こした人の割合が最も多い認知症は、前頭側頭型認知症で二二人中の一四人（六四パーセント）が事故経験者であった。また、認知症の種類によって、起こした事故に特徴がみられた（表2－2）。たとえば、アルツハイマー型認知症では、記憶や場所の見当識の低下を反映して、行き先を忘れたり今どこを走っているかわからなくなってしまったりして事故を起こすケースが多かった。また、前頭側頭型認知症では、抑制のきかない反社会的な行動が運転場面でも現れて、信号無視や脇見による事故が多かった。

3章　高齢ドライバーの心理と運転

1　運転技能の低下

高齢者に運転の悩みを聞くと、次のような返事がよく返ってくる。

「私は年の割に健康で、同年代の人より若いと思っています。しかし、運転に関しては夜間になるとモノが見えにくくなったり、後ろから来た車に追い越されるまで気がつかなかったり、道路が混雑してくると隣の妻と話ができなくなったりして、少し不安を感じています。バックでの駐車もなかなかうまくいきません。一番ヒヤリとしたことは、先日、一時停止のある交差点を止まらずに通過したことに直後に気が付いたことです。今までも見通しの良い交差点で止まることは少なかったのですが、それは安全を確認しての確信犯でした。そのため最近では夜間の運転をひかえたり、ルールをきちんと守った運転を心がけたりしています」。

この人の運転に表れているように、高齢者の運転には三つの特徴がある。一つめは、老化に伴う心身機能の低下による運転技能の低下である。二つめは、長い運転生活の間に身につけた運転の生活習慣病とでも言える悪い運転のクセが、高齢になると事故に一層結びつきやすくなることである。三つめは、運転技能低下を補償するような無理をしない運転である。最後の補償的な運転は、心身機能低下に適応するための運転方法であり、二つめの運転の生活習慣病は、中年期には運転知識や技能でカバーされていたものが、心身機能低下のせいでカバーしきれなくなったという点で、いずれも老化による心身機能低下と関係している。ここでは、高齢者の運転をこの三つの観点から解説する。ただし、ある運転行動を観察した場合、それが単に心身機能低下によるものなのか、悪い運転のクセが顕在化したものなのか、補償運転を加味したものかは実際には判別できないことが多い。

運転技能は加齢に伴い低下していく

加齢に伴い視力や注意力が低下していくにつれて、運転も次第に下手になっていく。「運転はまだまだ現役と変わらない」と思っているシニアも多いかもしれないが、運転技能も加齢と共に低下していくのだ。

高齢者の運転に詳しい教習所の講習担当者に運転技能について尋ねると、一般的なドライバーと比べて、「やや劣っている」か「ふつう」と答える人が多い。もちろん、高齢になるほど個人差が大きくなるので、これは平均的な高齢者の場合である。

この厳しい評価は、教習生の仮免や本免の技能試験の経験を踏まえて、試験用の基準を高齢者にも当てはめているためかもしれない。ある教習所の卒業生一一人に対して、一年後、三年後、五年後に卒業検定と同じ技能試験を受けてもらったところ、三年めも五年めも全員が不合格だったというくらい、技能試験に準じた技能評価は厳しい。[1]

高齢ドライバーの運転技能を正しく評価するためには、他の年代のドライバーと比較する必要がある。高齢者講習の制度が始まる前年に、警察庁が全日本交通安全協会に委託して実施した研究では、三十～五九歳、六五～六九歳、七十～七四歳、および七五歳以上の四グループのドライバー各八〇人に対して、教習所の所内コースを運転してもらい、同乗した指導員がその運転を「1　劣っている」から「5　優れている」までの五段階で評価した。その結果、年齢が高いグループほど評価の平均点が下がっていった（三十～五九歳が三・四に対し、六五～六九歳は三・一、七十～七四歳は二・八、七五歳以上は二・二）。ただし、七五歳以上のドライバーの五人に一人くらいは、三十～五九歳の平均より評価が高かったことも事実であり、高齢者の個人差は大きい。[2]

信号や標識の見落とし

視力や視野といった視覚機能や、注意やハザード知覚といった認知機能は、高齢になると低下する。そのため、運転中の視線を調べると、高齢運転者が注視するところは、非高齢者に比べて正面の狭いところに集中し、運転中に注視対象を切り替える回数が少ない。前だけ見ていても有効視野（中心視周辺の比較的視力の良い範囲で、視覚情報の取得に寄与する）が元々狭い高齢者の場合は、[3]

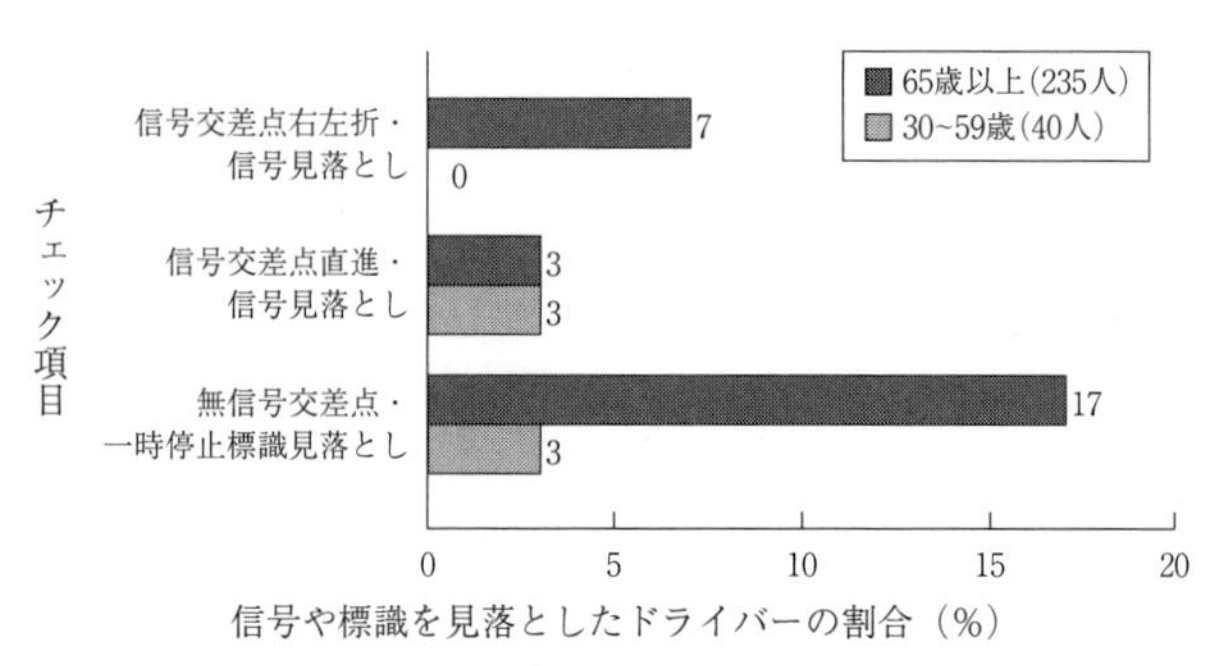

図 3-1　高齢／非高齢ドライバーの信号・標識見落とし運転（注(2)を改変）

交通環境が複雑になったりすると、その視野がより狭くなって、一般運転者よりも周辺の注意がおろそかになりやすい[4]。このことから、高齢ドライバーは、注意を払うべき対象を見落としがちだと予想される。ここでは信号や標識の見落としについて考えてみよう。

教習所の所内コースで、指導員が高齢者（六五歳以上）と非高齢者（三十~五九歳）の運転技能を同乗観察して評価した研究によれば、やはり高齢者のほうが信号や一時停止標識の見落としが多かった[2]（図3－1）。実際の道路での走行を観察した調査研究でも、高齢者には赤信号や一時停止標識の見落としが多いという報告が多かった。

交通違反取締りでの違反の種類を見ても、非高齢者と比べて、歩行者妨害や通行区分違反と並んで、一時不停止と信号無視の違反が高齢者には多い。また、交通事故の種類をみても、高齢ドライバーには出合い頭事故や信号無視事故が多い。

もちろん、一時不停止や信号無視が多いからといって、それが一時停止標識や赤信号の見落としによるとは必ずしも言えない。

標識や赤信号を見たのにもかかわらず、意図的に違反運転する人もいるだろう。不十分な一時停止でも一時停止したつもりの人もいるだろう。また、黄信号だから進入してもよいと思ったが、交差点に達した時には赤信号になっていたという人もいるだろう。しかし、高齢ドライバーの場合は単なる見落としによるものが多いようだ。

標識や信号を見落として事故になると、事故統計上の事故原因は「前方不注意」、詳しくは「ぼんやりしていた」「考えごとをしていた」「脇見をしていた」となる。この種の事故は、心身機能低下というより、安全運転態度や習慣の問題であるかもしれない。しかし、「ぼんやりしていた」は高齢者にとって注意の持続が難しいためかもしれないし、「考えごと」や「脇見」をしていても視覚機能や注意機能が低下していなければ見落としは防げたかもしれないという意味で、高齢ドライバーの場合は老化による問題でもある。

交差点での安全確認不足

運転中は安全を確認する場面が多い。進路変更をする時、一時停止標識のある交差点を通過する時、交差点を右左折する時、駐車でバックをする時などである。安全確認は運転の基本であるが、手間がかかったり、わざわざ確認しなくても大丈夫なことが多かったりするために、安全を確認しない人は高齢者以外にも多い。しかし、教習所の所内コースで技能診断をすると、高齢者にはこの安全確認項目で減点される人がほかの年代より多い。

たとえば、信号機のない交差点を通過したり、右左折したりする場面を考えてみよう。まず、自分の進行している道路が優先であるかどうかを、一時停止標識や「止まれ」の路面表示の有無によって確認しなければならない。この確認を怠って一時停止をしないと、「標識の見落とし」として減点される。次いで、直進する場合には交差道路から人や車が来ないか、右左折する場合には交差道路や対向車線や後方から人や車が来ないかを確認する必要がある。技能診断では、十分な安全確認をすれば減点対象とならないが、全く確認しなかったり、確認が不十分であったり、確認が遅かったりすると減点となる。

安全確認が不十分となってしまう理由を何人かの教習所指導員に聞くと、その一つめは進行方向や近いところだけ見るという視野の狭い運転である。これは視覚機能や前かがみ運転といった身体機能の低下が原因と考えられる。二つめは、交差点への進入速度が速すぎたために、速度を落とす操作に注意を奪われたり、確認が遅くなったりするという状況認識の不適切さによるものである。三つめは、首を左右に深く回すことができないという身体的老化による不十分な確認である。

こういった心身機能の低下による原因のほかに、教習所の所内コースのような交通が少ない場所では安全確認をあまりしないという、悪しき運転習慣も原因として考えられる。中年や若者のドライバーの中にもこういった考えで運転している人も多いかもしれないが、彼らは「試験」を意識したよそ行き運転ができるのに対し、高齢者の場合にはそういった状況認識が弱く、ふだんの運転が出てしまうのだ。

ドライバーの頭に，頭部の動きを計測できるヘルメット状の機器を載せて，教習所の所内コースの，信号機のない交差点を右左折してもらい，安全確認の年齢による差を調べた研究がある[5]。それによると，高齢者グループは右左折時の確認回数が少ないばかりでなく，左折時には左側への確認の角度が浅く，右折時には左側への確認の角度が浅いことに加えて，右側の進行方向を長く見るという傾向が見られた。

こうした確認の偏りは，市街地走行で信号交差点を右左折する場面でも見られた[3]。まず，交差点への接近時には，高齢ドライバーはそれ以外のドライバーと比べて，視線の切替え回数（確認回数）は同じであったものの，右方向へ視線を向ける時間が長かった。これは対向車線の車の動向を確認するためであろうが，交差点手前の歩道左側から歩行者や自転車が飛び出してくる危険を考慮すると，適切とは言えない。次いで，右左折中の視線方向を調べると，高齢ドライバーは左折の場合は左方向，右折の場合は右方向といったように，自分の車の進行方向に視線を向けている時間が長かった。左折中には右から横断歩道を横断してくる人や自転車がいたり，右折中には左から横断してくる人や自転車がいたりすることを考えると，視野の狭い高齢ドライバーにとって，進行方向への視線の偏りは適切とは言えない。

状況に合わない速度で運転

高齢ドライバーは，実走行場面では速度が遅く，問題は少ないように思われる。しかし，追い越し禁止の道路をノロノロ運転するなど、周りより遅い速度で走られるとイライラする人も多いだろう。実際、路上での運転評価によれば、高齢ドライバーの速度行動は必ずしも中年ドライバーより良いというわけではない。また、路上より運転しやすい教習所の所内コースでは、速度が遅いことより、状況に合わない速度の出しすぎが問題となる。コース取りや一時停止に比べれば評価は高いものの、速度の評価は平均的なドライバーより低い。

高齢ドライバーの速度について、教習所の所内コースでの運転からその問題点を考えてみよう。図3－2は、教習所の所内コースで、指導員が高齢者（六五歳以上）と非高齢者（三十～五九歳）の運転技能を同乗観察して評価した結果のうち、速度に関係する運転項目について、二つのグループの減点者割合（パーセント）を比較したものである[2]。

これによると高齢ドライバーは、中年ドライバーほどではないがカーブや曲がり角を走行したり、信号交差点を右左折したりする時の速度の出しすぎに問題があり、中年ドライバー以上に、一時停止交差点や直線道路での速度調節に問題があるようだ。

一時停止交差点での速度調節が不適切というのは、「標識見落とし」とチェックされる一時停止せずの交差点通過ではなく、停止をする前に十分な減速をしなかったことを意味している。これは一時停止交差点に気づくのが遅れたためかもしれないし、ふだんから一時停止線を越えたところで停止するクセによるものかもしれない。いずれにせよ交差点手前で十分な減速をしないと、停止するつもりであっても急停止になってしまったり、停止線をかなりオーバーして止まったりすること

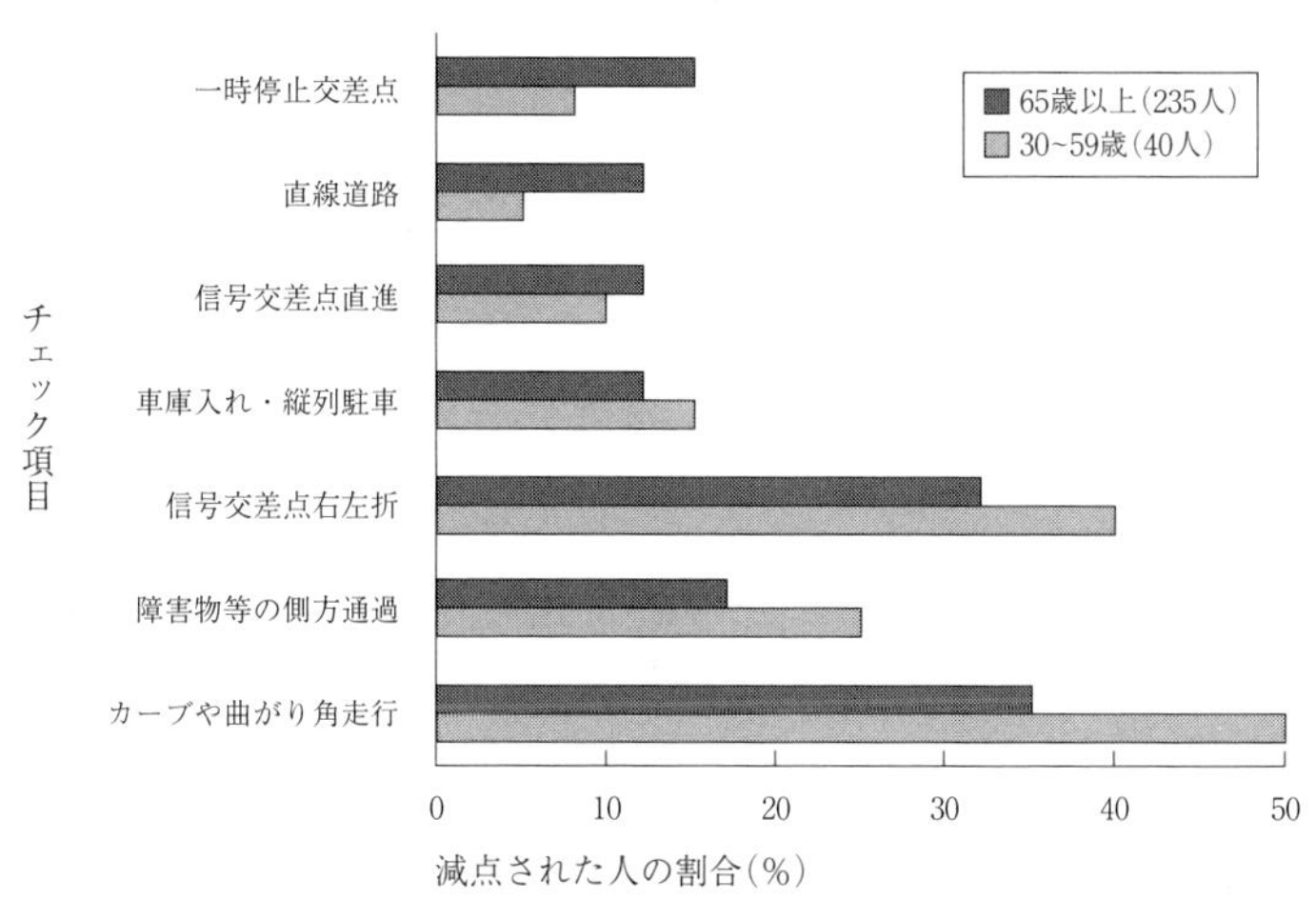

図3-2　高齢／非高齢ドライバーの速度調節に問題がある運転（注(2)を改変）

になるし、止まらずに交差点に進入しやすくなってしまう。ちなみに、停止位置不適（停止線をかなりオーバーして止まった）高齢ドライバーの割合は、図3-1の標識見落とし（一七パーセント）や図3-2の速度調節不適（一五パーセント）より多い四七パーセントであった。

直線道路での速度調節には、速すぎ遅すぎ、減速の遅れ、加速不良などがある。高齢者の場合も速すぎが多いが、遅すぎや加速不良もある。教習所の所内コースの外周走行時の速度を機器で測定したところ、中年ドライバーに比べて高齢ドライバーのほうが遅かったという別の研究結果もある(6)。しかし、高齢ドライバーの中には、直線部分での平均的な走行速度は必ずしも速くはないものの、直線道路に続くカーブ走行や直線道路からの右左折に備えて十分に減速しない人が、比較的多いようである。

カーブや曲がり角での速度調節は、中年より減点者の割合が少なかったものの、高齢ドライバーの三分の一が減点対象であった。カーブ進入速度が速すぎるために、カーブの途中でブレーキやハンドル操作が忙しくなってしまい、ふらついたり、車線をはみ出したりするのだ。それに比べると、中年ドライバーの場合は、単なる速度超過が多いようであった。

速度が出せない

高齢ドライバーの走行速度が遅いのには、「速度が出せない」と「速度を出さない」という二つの面がある。「速度が出せない」のは、無意識的にも意識的にも、周りと同じ速度で運転しようとしてもどうしても遅れがちになることであり、「速度を出さない」は、意識的に速度を下げることである。原因は、共に老化による心身機能低下であるが、「速度を出さない」はそれへの対処として無理をしない運転を心がけた結果である。交通心理学では、こうした対処を補償運転と呼んでいて、この点については第3節で述べる。ここでは、前者の「速度が出せない」という運転について考えてみよう。

高齢ドライバーの走行速度が遅いことは、ふだんの運転で見かける光景であるし、高齢者と中年を対象とした走行実験や路側での調査で明らかである。問題は、特にどういった交通状況下で速度が低下するか、その背景となる心身機能低下は何か、という点である。

筆者がまだ警察庁の付属機関である科学警察研究所の交通安全研究室に勤務していた頃、他の室員の助けを借りて、大がかりな追従走行実験をしたことがある[7][8]。それは、高齢ドライバー十人と非高齢ドライバー十人を対象として、東京西部の秋川市から山あいの檜原村に通じる五日市街道の、一八キロにわたる区間を往復した実験であった。主な測定項目は速度と車間距離で、実験では前を走る車をこちらで用意し、その車に追従運転してもらった。前の車のドライバーには、後ろの車が遅れたら少し速度を落とし、逆に車間距離を詰めてくるようだったら速度を少し上げるようにお願いした。つまり、実験に参加したドライバーが自分のペースで追従走行ができるようにセッティングした。

高齢者と非高齢者の速度は、平均すると時速二キロくらい高齢者のほうが遅かったが、特にその差が大きくなった場面が二つあった。一つは、直線区間を走っていて「ちょうど良い車間距離で走行している」と答えた時の速度であった。これは自分のペースで追従運転していた時の速度と考えられる。この時の高齢者の速度の平均は時速四〇〜四六キロであり、非高齢者より時速三〜四キロ遅かった。もう一つの場面は、カーブ走行をしていて最も速度が下がる時である。この時の速度差は、カーブ進入時の二キロより大きく三キロあった。カーブを自由に走行させた別の実験でも、高齢者は、設計速度が時速四〇キロのカーブ区間では、非高齢者より時速二キロ遅かっただけであるが、時速六〇キロのカーブ区間では、時速六キロも遅かった[9]。高齢者は高速でカーブを走行すると、車両の動きの認知とハンドルによる調整に注意資源を取られ、その結果、走行軌跡がぶれて、カーブを曲がり切れない。そのため、カーブでは速度を緩めざるを得ないのだ。

以上の結果から、高齢者は速度を出そうと思っていても情報処理や操作に忙しくて「出せない」のだと考えられる。このような状況にはほかに、適度に混んだ高速道路、高速で運転していて車線変更をする時、交差点接近時などがある。速度が遅くなる理由としてなるほどと思ったのは、高齢者にとっては案内標識の字が小さすぎるので、若い運転者の半分の距離まで近づかないと地名が読めなかったという実験だ[10]。また、ドライビングシミュレーターを用いた案内標識実験によると、高齢者は一般の二倍の時間をかけて標識を注視し、その時の速度は若年者より時速二〜六キロほど低かった[11]。

運転技能と安全余裕

高齢者の運転の特徴をまとめるために、運転行動をモデル化して考えてみよう（図3-3）。高齢ドライバーは、非高齢ドライバーに比べて運転技能が低く、ある運転状況で要求される能力（運転状況の困難さ、タスクデマンド）との差が小さい。この差は安全余裕と呼ばれ、これが大きいほど、ふつうは安全に運転できるはずである。これは、運転技能が高い人ほど安全運転ができるという考え方で、スキルモデルと呼ばれている。このモデルによれば、高齢ドライバーの運転は危ない。

しかし、ドライバーの心理を考えれば、同じ交通環境下では、運転技能が高い人のほうがスピードを上げて運転したりしてその人なりの安全余裕を減らし、技能が低い人はスピードを下げて安全余裕を増やすことは十分に考えられる（図3-3）。つまり、交通や運転の環境が困難でも、運転

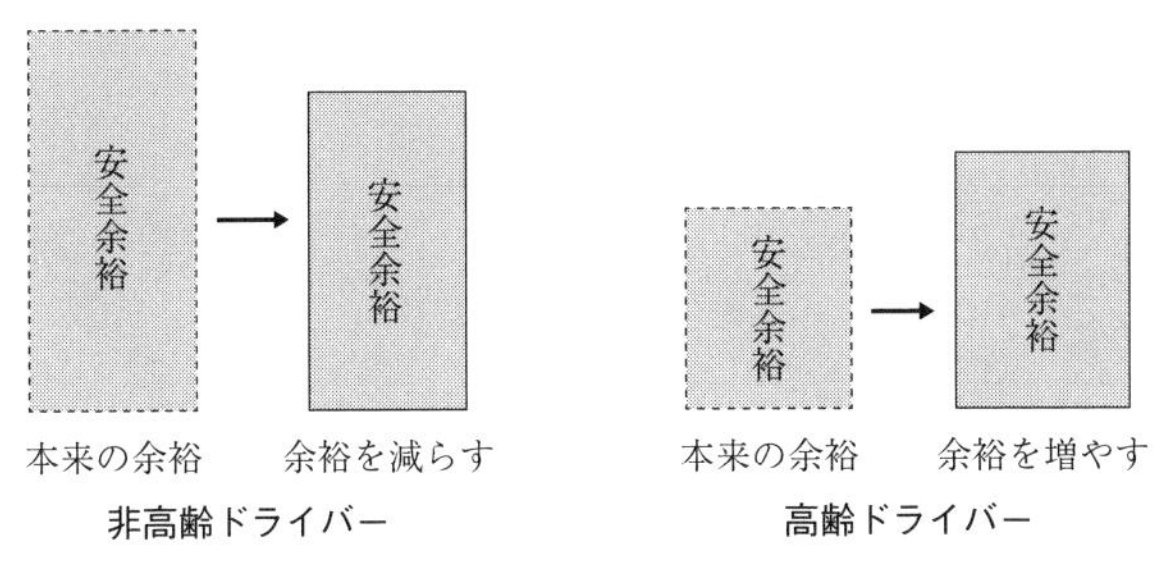

図3-3　動機モデルによる非高齢／高齢ドライバーの安全余裕とその変化

技能が低くても、それに応じた運転をすれば安全は確保される。この考え方は、動機モデル、あるいは認知モデルと呼ばれ、これを発展させた運転行動の心理学的モデルがいくつか提案されてきた。

心理学的モデルで重要な点は、その時のドライバーの運転技能と運転状況の困難さには、客観的な値と、ドライバーがそれをどう評価しているかという心理的（主観的）な値があるということだ。したがって、図3－3の非高齢ドライバーのように安全余裕が客観的に多い人でも、それを見越して無理な運転をしたり、安全余裕があると主観的に誤って思ったりしてしまうと、結果的に安全余裕が少なくなって事故危険性が高い運転になってしまう。フィンランドのナーテネン[12]とスマラ[13]の提唱したゼロ・リスクモデルによれば、ドライバーは主観的に感じられる交通状況のリスクによって運転行動を変えるが、ふつうそのリスクはゼロである（図3－3でいうと十分な安全余裕がある）と思って運転している。しかし、急ぐとか、スピードを楽しむとか、技術を見せびらかすといった余分な動機がドライバーにはあって、時に安全余裕のない運転をすることがあり、それが事故原因となる。

カナダのワイルドは、個人の好みで決められた安全余裕（正確にはこれと反比例する主観的危険性で、ターゲット・リスクと呼ばれる）をドライバーは持ち、いつもそれが一定になるように運転行動を調整して運転しているという、リスク・ホメオスタシス理論を唱えて話題を呼んだ[14][15]。この理論によれば、道路を改良したり車の安全性能を高めたりしても、ドライバーは主観的危険性を一定に保とうとして速度を上げたり脇見をしたりするので、交通安全に寄与しないということになるからだ。実際のところは、たしかにドライバーが速度を上げたり脇見をしたりすることは多くなるが、安全対策が効かないほどの危険運転とはならないという事実が明確となって、この論争は下火になった[16]。

図3－3の動機モデルは運転行動を説明する心理学的なモデルで、特に高齢ドライバーの運転を説明するモデルではないが、このモデルを用いて高齢者の運転特徴を考えることができる。第一に、モデルの前提として運転技能は加齢に伴って低下する、第二に、そのため客観的な安全余裕は高齢になると少なくなる、第三に、安全余裕の低下を補うために高齢ドライバーは安全を志向した運転（補償運転）をする、はずである。

しかし、このモデルどおりに運転しない高齢ドライバーも多い。ドライバーは自分の運転技能や交通環境の困難さを主観的に評価するというが、高齢になるとこういった評価能力が低下し、補償運転が必ずしも実行されないからだ。運転技能の自己評価が過大になる点については、第2節で紹介したい。交通環境の危険性の評価が正確でなくなるのは、2章で述べたとおり、今は危険でないが、今後の行動次第で危険が顕在化する可能性がある状況でのハザード知覚（行動予測ハザードの知覚）や、現在は視界の外にあるが、危険を伴う対象が死角にある可能性がある時のハザード知覚（潜在的ハザードの知覚）が、高齢者になると苦手になるからだ。また、危険性の評価を意識的にしないで、昔からしてきたような習慣的な運転をしてしまう可能性もある。

図3-3の高齢ドライバーの安全余裕の増加について考えると、補償運転のほかに、高齢になると急ぐとか、スピードを楽しむとか、技術を見せびらかすといった動機で運転をすることは少なくなって、これらは安全にプラスに作用する。しかし、それでも中年ドライバーより安全余裕は少ない人が多い。運転は現役だという「年寄りの冷や水」的な無理をする人もいるが、この人たちの安全余裕はかえって減少する恐れがある。

2　運転への自信過剰とその背景

タクシードライバーの一時停止行動評価

誰でも自分を評価すると甘くなりがちであるが、運転の場合にもそれが当てはまる。早稲田大学の中村らの一時停止行動についての実験はそのことをよく物語っている[17]。

中村らは、同じ会社に勤務するタクシードライバー一五人に、一時停止交差点を通過する何台かのタクシーの映像をみせ、その交差点を安全な方法で通過しているか評価してもらった。映像には同僚のタクシーの運転のほかに自分の運転も示されていて、ドライバーが誰かわからないように、顔とナンバーにぼかし処理が施されていた。さて、ドライバーは通過するタクシーの運転をどう評価しただろうか。横断歩道手前の停止線できちんと一時停止するタクシードライバーは少なく、多くのドライバーは、映像に映る運転に対して危険という判断をしていた。その判断は、他人の運転だけでなく自分の運転に対しても同様であった。なぜ自分の運転が甘く評価されなかったのかというと、実験後のインタビューによると、誰も自分の運転映像であると気づいていなかったからである。したがって、自分の一時停止映像に対するコメントは、「ちょっと危険に近い。停止線で確実に止まってそこからゆっくり発進したほうがいい」（Aさん）、「だめですね、まず一時停止線で一度止まること。そしてそろそろと出て、止まりながら右左を確認して安全なら曲がること」（Bさん）などと、手厳しかった。

さらに、このタクシードライバーたちにふだんの自分の一時停止交差点での運転について聞くと、「まず停止線で止まって、停止線だとまだ見えないから、ゆっくり出て行って横断歩道のところで歩行者とか来ないか見る。交差点の際で車も来ないか確認してからそれから行くようにしている」（Aさん）

「基本はいったん止まって、そろそろ出て、またいったん止まるようにしています。俺、あの交差点は必ず二段階で止まっているよなぁ。事故やったらおわりですもん。人身やったら一発で免停来ますから」（Bさん）

といったように、自分はいつも安全に一時停止交差点を通行していると、多くのドライバーは述べるのであった。

この実験結果から、タクシードライバーはどういった運転が安全／危険であるかを正しく認識し、また自分はふだん安全な運転をしていると自己評価していることがわかる。しかし、自己評価とは異なり、ふだんの運転を観察すると、必ずしも安全な方法で運転をしていなかった。つまり、自分の運転は甘く評価されていたのだ。

自己評価とリスク知覚

自分がどういう運転をしているのか、自分はほかのドライバーより上手なのか、安全なのかといった評価を、運転能力の自己評価という。この自己評価が甘いという現象は、タクシードライバーのような職業運転手だけに見られる現象ではなく、多くの一般ドライバーにも当てはまる。

運転者の自己評価研究は、一九七〇年代から盛んに行われるようになった。その背景には、一九七〇年代に、日本だけでなくアメリカ、ドイツ、フランスなど先進国のほとんどが交通事故の年間死者数のピークを迎えて、交通安全に関する研究が本格化し、交通心理学の研究も盛んになってきたという事情がある。この頃のテーマの一つは、リスク知覚と呼ばれる、運転時に感じる事故の危険性を評価する認知過程の研究であった。ドライバーは危ないと感じれば回避行動を取って事故を未然に防止できるが、このリスク知覚は時に甘くなり、事故につながる。リスク知覚を甘くする要

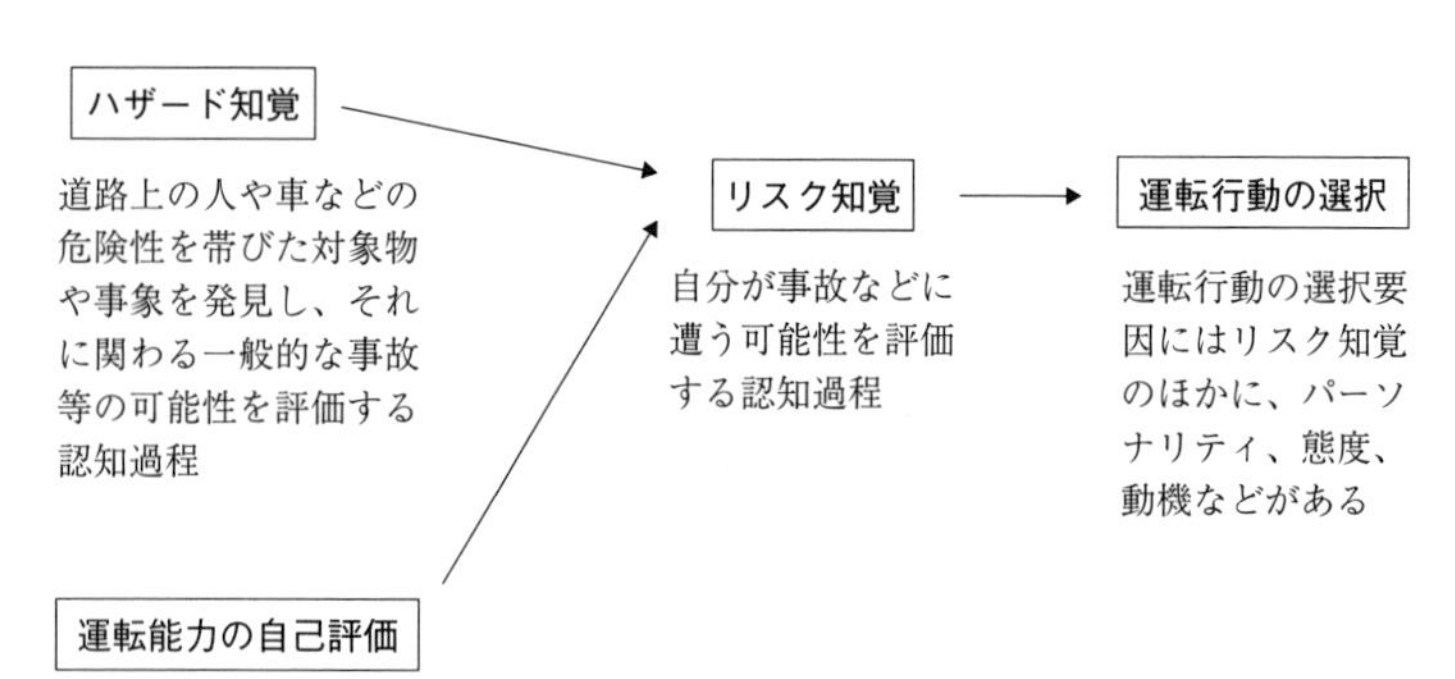

図 3-4　リスク知覚（事故危険性の知覚）に影響する運転能力の自己評価

因は何かということが、焦点の一つであった。

この要因として考えられたのが、ハザード知覚と運転能力の自己評価であった（図3－4）。ハザード知覚は、ほかの車や歩行者、道路の状況、信号や標識といった安全運転に影響する情報を見つけ出すことであり、自動車学校では危険予測という項目で教習生に教えられているものだ。ハザードと呼ばれるこういった危険対象物をまず発見できないと、交通事故の危険性の評価はできない。

問題は、ハザードを発見した後に、その潜在的な危険性を正しく評価（リスク知覚）できるかどうかである。そのためには運転経験に基づく知識が必要であるが、それと共にハザードに対処する自分の運転能力を正しく認識していることも必要だ。「これくらいの危険なら何もスピードをそれほど緩めることもないだろう」「この場面では飛び出しする車や歩行者がいても、ハンドルでかわせるだろう」などと自分の運転能力を過大に評価してしまうと、危険への対処が不十分となって想定外の事故につながってしまう。孫子の兵法にある「敵を知り、己を知れば百戦危うからず」は、車の運転にも通じる。

運転能力の過大評価

ドライバーの運転自己評価が甘い、つまり自信過剰であることを示す方法には、二つある。ほかのドライバーと比べて自分の運転を高く評価しているか（他者優越傾向）を調べる方法と、自分の運転能力を実際以上に高いと評価しているか（過大評価傾向）を調べる方法である。

他者優越傾向は、「あなたはほかの平均的なドライバーと比べて、どのくらい運転が上手（あるいは安全、遵法的）だと思いますか」という質問をして、それに対して「上手なほうだ」「やや上手なほうだ」「やや下手なほうだ」「下手なほうだ」といった選択肢を用意して、回答を求める方法で調べる。この方法では、回答者が平均的なドライバーである場合、集計すると「上手なほうだ」や「やや上手なほうだ」という回答のほうが、「下手なほうだ」や「やや下手なほうだ」という回答より多ければ、その人たちは自信過剰傾向にあるとみなす。

以前、こうした研究を集めてレビューしてみた結果、「ほかの人と比べて運転が上手か」といった研究では国内外の一一個の研究のすべてで、ドライバーは自分の運転を平均的なドライバーより上手と評価していた[18]。この傾向には文化差が見られ、欧米では五〇パーセントから九〇パーセントの人が上手なほうと答え、日本人はそれほど法外な自己評価を示さなかった。興味深いのは、一般に男性のほうが女性より上手なほうだ、安全なほうだと答える割合が高いが、特に日本人の女性の

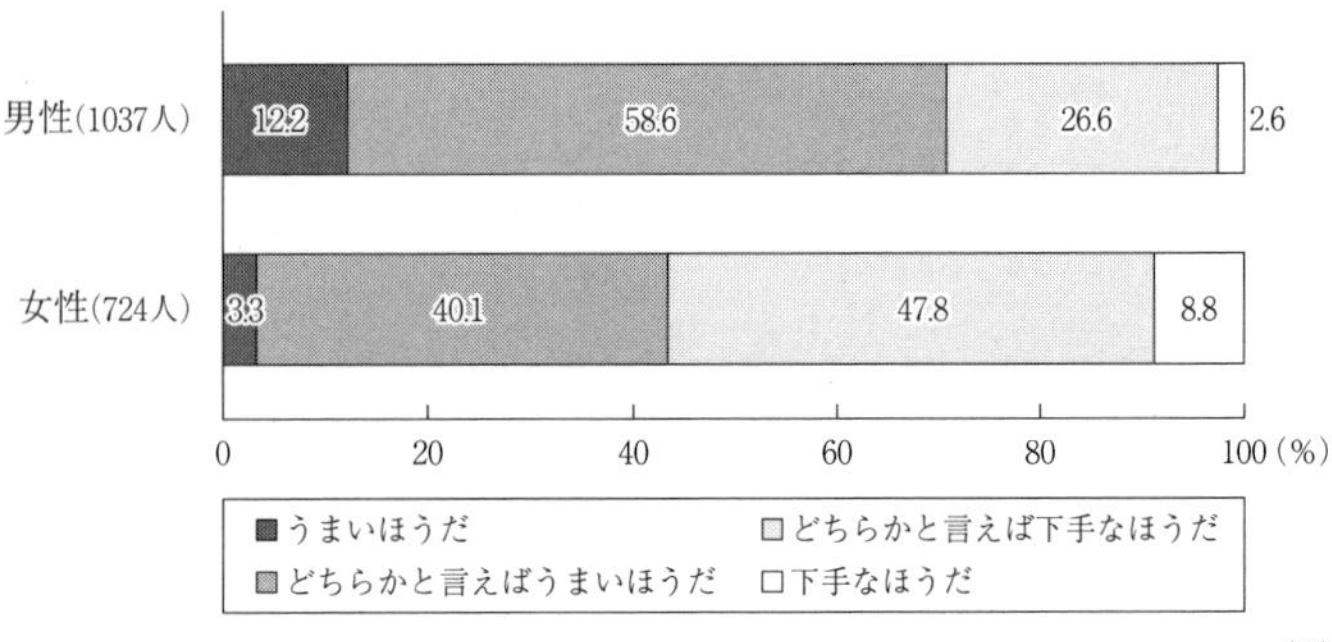

図 3-5　男女別にみた「経験の割には運転がうまいと思うか」の自己評価[19]

場合は自信過剰な傾向が見られない点である[19]（図3－5）。実際に運転に苦手意識を持っている女性が多いのも事実であるが、「私はうまい」といった出すぎた表現はしないほうがよいという意識も働いていると考えられる。

自分の運転能力を実際以上に過大に評価しているかを調べる方法は、最初の方法と比べると少し複雑である。それは、運転能力を自己評価させるだけでなく、その人の実際の運転能力を測定・評価する必要があるからだ。自分の運転能力を高く評価するというだけでは過大評価とは言えない。自己評価よりさらに実際の運転能力が高いこともあるからだ。この方法は、調べるのに手間がかかるが、その人個人の自信過剰傾向を調べることができるという長所がある。

この方法で問題となるのは、自己評価に対応した運転能力を、どう測定するかである。日本でよく用いられるのは、運転免許の技能試験や高齢者講習の運転技能検査の要領で行う、教習所の所内コースを使った技能測定である。教習指導員が同乗して、速度、コース取り、合図、一時停止、信号遵守、安全確認などの基本的な運転技能を観察する。この中には、方向転換という操作技能を調べる項目もあるが、多くは技能というより、法規を守った運転をしているかを調べている。また、教習所のコースにはほかの車両や歩行者などがほとんどいないので、ほかの車や歩行者がいた時の対処行動の仕方や能力は調べることができない。

欧米の研究では、自己評価が高ければ専門家の評価も高くなるという関係が少し見られる（弱い相関関係がある）ものの、やはりドライバーのほうが専門家より自分の運転能力を高く評価しがちであった[20]。日本の研究を見ると、若者や中年ではそれほどの過大評価が見られないが、高齢になると過大評価が目立つようになる。

高齢ドライバーの自己評価

高齢ドライバーの運転能力の自己評価の特徴は、客観的に運転能力が低下してきているのに、自己評価は依然として高いまま、という点にある。つまり、高齢ドライバーはほかの年代より自分の運転能力を過大評価（過信）している。

蓮花らは、青森、愛知、熊本の三カ所の教習所で、中年層（二八～五四歳）三六人、準高齢者（五五～六四歳）一二一人、前期高齢者（六五～七四歳）六三人、および後期高齢者（七五歳以上）三六人を対象に、指導員が同乗して所内コースを走行してもらうという実験を行った[21]。ドライバーは、走行実験に先立って、左折、右折、見通しの悪い交差点、進路変更など七つの運転場面での日

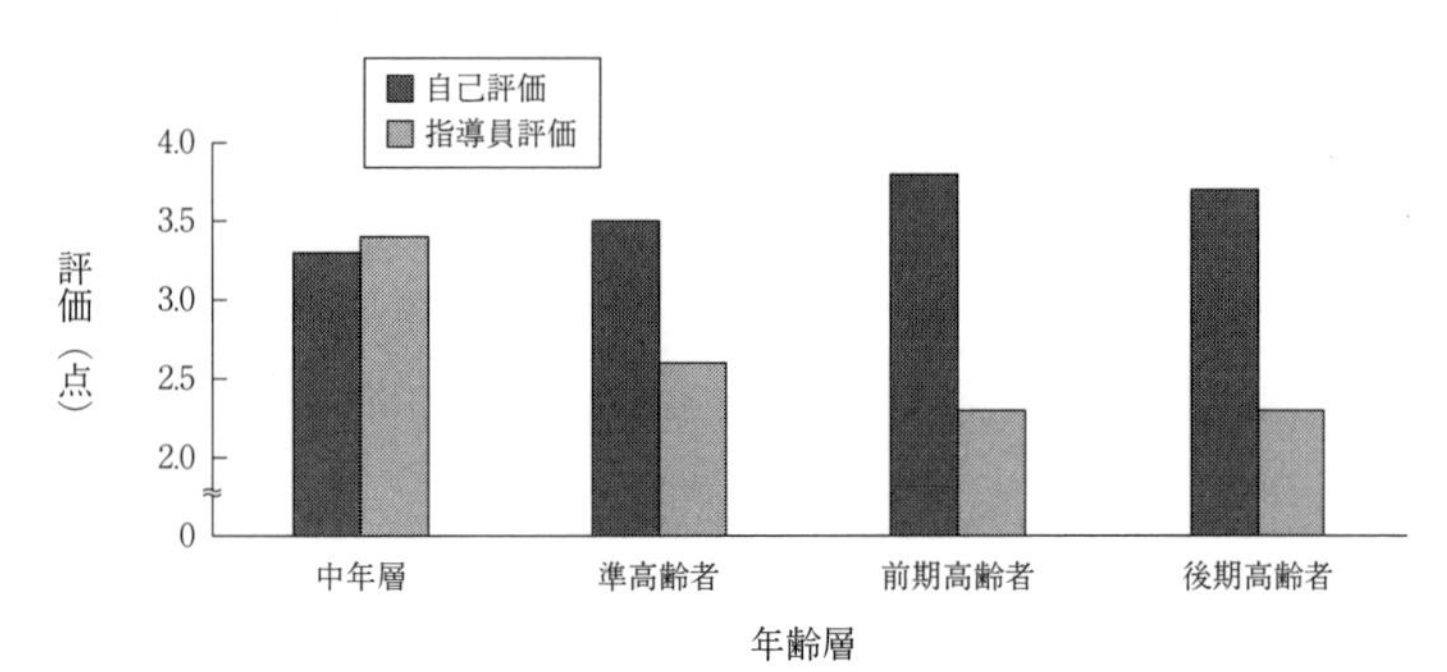

図 3-6　加齢に伴う自己評価の上昇と指導員評価の低下（過大評価傾向の増加）[21]

頃の運転ぶりを思い起こし、「いつもきちんとしている…4点」「だいたいしている…3点」「ときどきしている…2点」「しないことが多い…1点」のいずれに当てはまるか評価した（自己評価）。同乗した指導員は、前述の七つの運転場面での運転ぶりを、同じ評価基準でコース走行後に評価した（指導員評価）。結果は図3-6のようになった。中年から高齢期にかけて、指導員の評価は四点満点で三・四からだんだんと下がっていく一方なのに対し、自己評価は逆に三・三から三・八へと上昇していった。

高齢ドライバーの自己評価の問題点のもう一つは、単に自己評価が甘いというほかに、高齢者グループの中で自分が上手・安全なほうなのかどうかを、正しく認識できていないという点だ。高齢者講習が始まり、高齢ドライバーの運転技能の指導員評価が実施されるようになって、指導員の技能診断結果と高齢ドライバーの日頃の運転に対する自己評価との関係についての調査がいくつか実施されてきた。その調査結果によれば、指導員の技能診断結果（指導員評価）と高齢ドライバーの自己評価

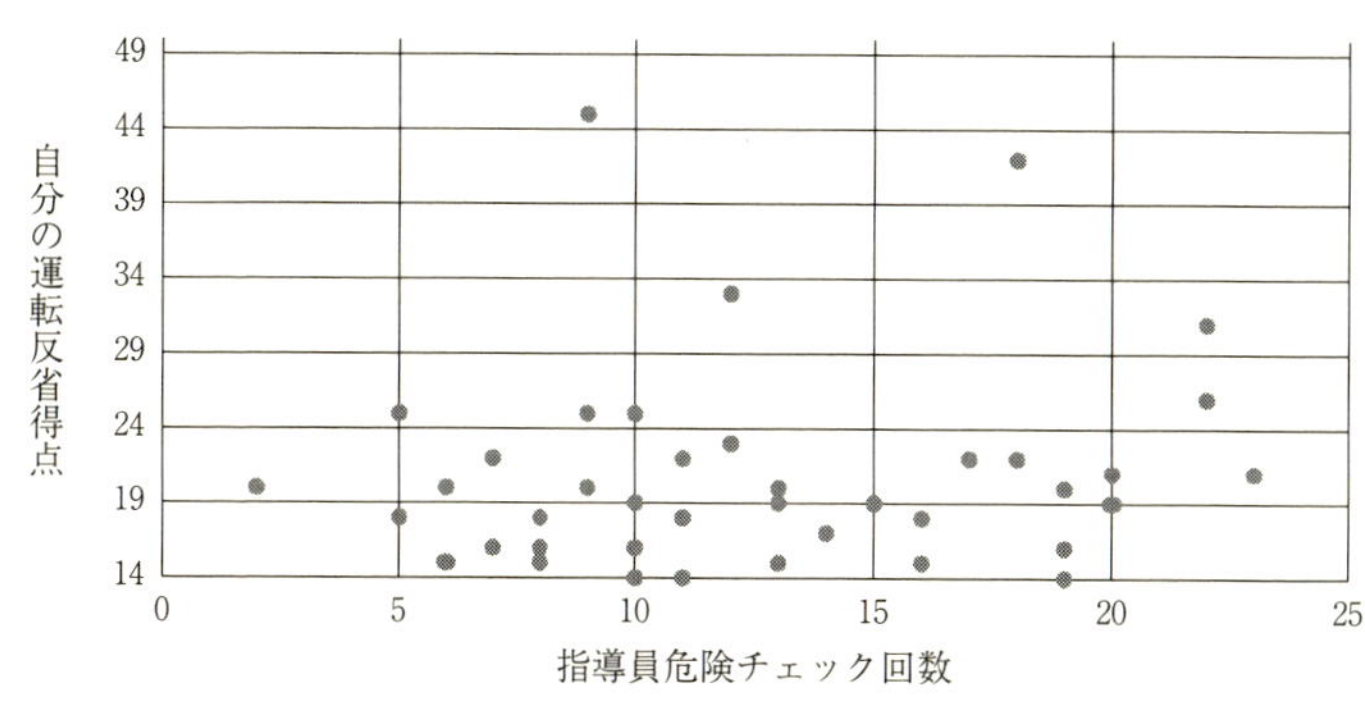

図 3-7　高齢ドライバーでは指導員評価と自己評価は無関係[22]

とには何の関係性も見られなかった。つまり、客観的に法規に従った運転を正しくするドライバーも、法規どおりの運転をしないドライバーも、自分の運転に対して同じような評価をしていたのだ。

図３－７はその結果の一例である[22]。指導員は教習所の所内コースで、高齢ドライバー四三人の運転を同乗して観察し、右折時の合図、一時停止の状況、発進時の安全確認など四六項目について、法規どおりでない運転をしたかどうかをチェックした。横軸は、その危険チェック回数を示す。一人の平均チェック回数は一三回であった。縦軸は、運転後の運転反省得点である。高齢ドライバーは運転後に、右左折時の確実な合図や一時停止交差点での完全な停止など一四項目について、正しく実行できたかどうかを四段階で自己評価し、その総得点を運転反省得点とした。すべての項目で正しく実行したと答えると運転反省得点は一四点となり、概ね実行したと答えると二八点、やや不十分だったと反省すると四二点、すべて不十分だったと反省すると五六点になる。平均は、正し

く実行したと概ね実行したの中間にあたる二一点であった。

指導員評価が高い（チェック回数が少ない）一方で、自分の運転は不安全だと思う（運転反省得点が高い）高齢ドライバーは、図3-7の左上に位置するはずである。こうした人は安全余裕をたくさん取った安全運転が期待されるが、図3-7を見るかぎりそういった高齢ドライバーは一人か二人しかいない。一方、その逆の図3-7の右下に位置する、指導員評価が低い不安全なドライバーなのに自分では大丈夫・安全だと思っている高齢ドライバーは、ざっと十人は下らない。この人たちは過大評価が著しいため、違反や事故を起こしやすいだろう。

高齢ドライバーの自己評価が下がらない理由

運転への過信は若者や中年にも見られるが、高齢者では特にその傾向が強いのはなぜだろうか。まず、年齢を問わず高い自己評価や過信が見られやすい理由について考えてみよう。その理由の一つは、運転は、背の高さや足の速さや勉強の得意・不得意と異なって、目に見えたり、数字で表されたりすることが少ない。自分の運転がうまいか安全かは自分では判断しにくいし、人からその点について指摘されフィードバックされる機会はほとんどない。運転の中でも、シートベルトをしているか、交差点で一時停止をしているかなどは比較的自覚できる項目である。しかし、安全確認とか走行位置などは自覚できないので、実際に安全確認が不十分だったり、左折する時に左に寄せなかったりする人でも、自分は安全に運転していると思いがちだ。[22][23][24]

年齢を問わず上手な運転や安全な運転は好ましい。特に、運転が生きがいだという人は、自分の運転が下手だ、危険だと思いたくない。それほど運転を重視していない人でも、運転の下手さや不安全さは命に関わることなので、それを認めたくないだろう。つまり、仮に自分の運転は下手だと思っても、聞かれれば上手だと回答しがちなのだ。これも自己評価が高くなる要因となる。

特に高齢者に過信傾向が強い理由は何だろうか。理由の一つは、加齢のパラドックスとか幸福（ウェルビーイング）の逆説と呼ばれる、高齢者特有の心理状態である。これは加齢に伴い老いが進行すると、能力や健康などが損なわれるにもかかわらず、高齢者の心理的、身体的な幸福感は維持されたり、かえって上昇したりするという現象のことをいう。

二〇一四年に亡くなった作家で芸術家の赤瀬川原平の著書に、『老人力』[25]がある。この言葉は、一九九八年の流行語トップテンに選ばれた。老人力は老いをプラス面から眺めた時の言い方で、赤瀬川は「ハマの大魔神」や「凡人・軍人・変人（小渕は凡人、梶山は軍人、小泉は変人）」とともに一九九八年の流行語トップテンに選ばれた。

次のように述べている。「挫折の効用は何かというと、力の限界がわかってくること。若いときは何でも出来ると思っているけど、挫折をめぐって自分の力の限界が見えてくる。……でも自分は生きている。……人間はやはり有機体であって、どんな小さなことでも楽しみがないとやっていけない。……自分の力の限界が見えた後になって、そういう楽しみが切実に感じられてくる」（一〇四〜一〇五頁）。こういった心情になると、何気ない日常の中に幸福感が生じるのだろう。

運転場面で考えてみると、若い時のようにスピードが出せなくなったし、長く運転ができなくな

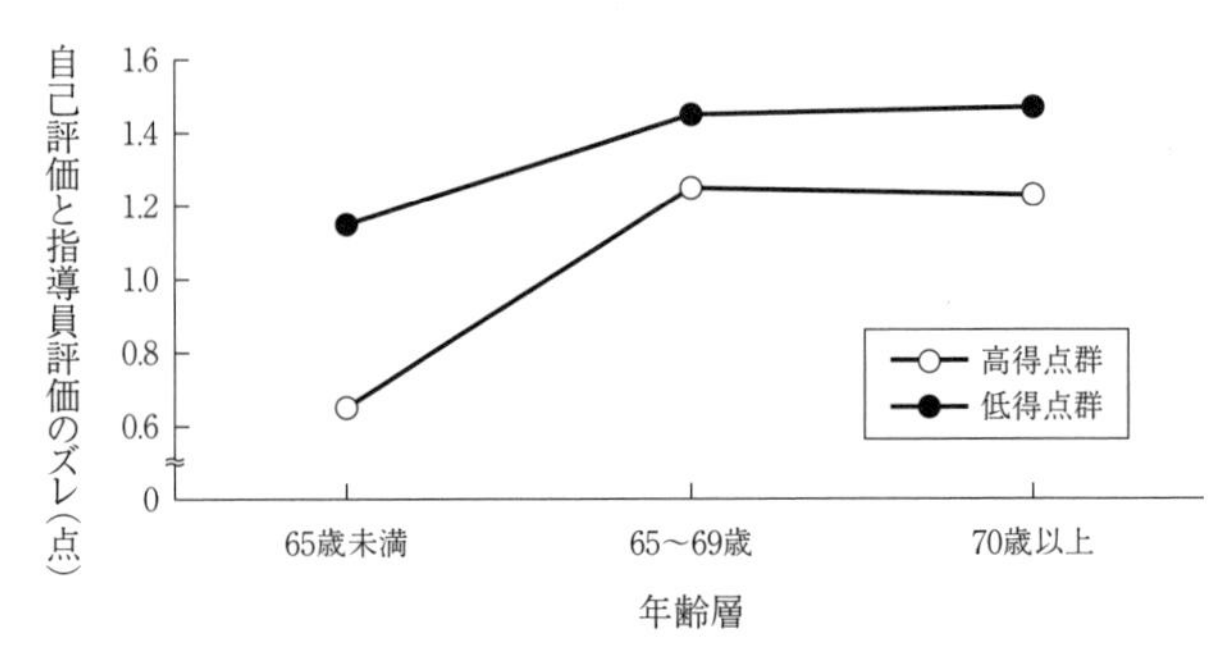

図3-8　年齢層別・単語遅延記憶課題の得点別にみた自己評価と指導員評価のズレ[26]

った。しかし、ゆっくりと近所を運転している分には、何の支障もなく運転を楽しめるという心境だ。運転の自己評価が下がらないのも、加齢のパラドックスの一つと考えられる。なぜこういった現象が生じるかについては、第3節で説明したい。

高齢ドライバーの自己評価が下がらない理由の二番めは、認知機能の低下である。これについては、実証的な研究があるので紹介しよう。太田らは、自己評価と指導員評価のズレは、加齢のほかに認知機能の低下によって大きくなるのではないかと考え、アメリカの認知症に関する全国組織であるＣＥＲＡＤの単語遅延記憶課題を高齢ドライバーに実施した[26]。この課題は、初期のアルツハイマー型認知症の診断に使われるもので、十語からなる単語リストを、五分後に思い出して再生してもらう検査である。その結果、自己評価と指導員評価のズレで示される過信の大きさは加齢に伴って増加する一方で、同じ年齢層でも単語を六個以下しか思い出せなかった低得点群のほうがズレ（過信傾向）が大きかった（図３‐８）。

アルツハイマー型認知症は、もの忘れがはじめに目立つというが、症状が進むと状況をまちがって認識する（失認）ようになる。自分の運転能力の把握も困難になるのだろう。

3　補償運転

老年学とサクセスフル・エイジング

仕事を退き、健康面に不安が出てきて、お金も以前よりは自由に使えないとなると、高齢期には何を生きがいにして生活していったらよいだろうか。筆者自身について言えば、平凡だが定年後にすることは読書、散歩、旅行、囲碁といった今の趣味に時間を費やすことしか思い当たらない。

高齢期をどのように幸せに過ごしていったらよいかというテーマは、高齢者個人の問題でもあるし、社会の問題でもある。学問としては、老年学（ジェロントロジー）という、医学、社会学、心理学、福祉学など多くの分野が結集した学際的な分野が出てきた。学会としては、日本老年医学会、日本老年社会科学会、日本基礎老化学会、日本老年歯科医学会、日本老年精神医学会、日本ケアマネジメント学会、日本老年看護学会の七学会で構成されている、日本老年学会がある。二〇一五年の六月に、パシフィコ横浜で開催されたその学会に私も初めて参加してみたが、「散歩と脳血流との関係についての基礎研究（日本基礎老化学会）」「脂質異常症の最新知見（日本老年医学会ランチョンセミナー）」など、ふだんは心理学や交通安全に関わる学会にしか出席していない私にとっては目新しい話題がいくつかあって、学会に初めて参加した若い頃の興奮を再び味わうことができた。

老年学の中でも、心理学や社会学のメインテーマは、高齢者の老後の役割や適応の問題である。老年期には、健康、経済的基盤、社会的つながり、生きる目的などを喪失しやすい。しかし、こうした負の出来事にも適応して幸福な人生を送ることを、サクセスフル・エイジング（幸福な老い）と呼び、その実現のための研究が行われてきた。

幸福な老いの条件とは何かという研究結果をまとめると、健康であること、社会的な活動をしていること、家族や友人との対人関係が良いこと、金銭面の心配が少ないことという、高齢者以外にも当てはまる結果であった[27]。ただし、若者や中年では、健康で、社会的な活動をしている（仕事をしている）のは大多数に当てはまるが、高齢になると該当者が少なくなり、しかもこれらが重要となってくるのだ。

幸福な老いは、今述べてきたような客観的なものさしが条件にはなるが、それだけでは測れない。幸せや生きがいなどは、個人の主観的な感情だからだ。そのため、主観的幸福感の測定が盛んに行われるようになった。そこで得られた知見の一つが、「加齢（幸福）のパラドックス」である。高齢者は、身体が衰えたり、持病を抱えたり、大切な人を失ったり、仕事がなくなり収入が減ったりしているはずなのに、主観的な幸福感は下がらないというのだ。

高齢期の心理的適応

高齢者は幸福な老いや主観的幸福感をどのようにして得ているのか、あるいはどう生きていけばそういった幸せが得られるかについての理論的研究も実施されてきた。こうした心理的適応の理論には、大きく二つの流れがある。一つは離脱理論で、もう一つは活動理論である。

離脱理論が唱えるのは、いわば隠居的な生き方である。高齢期には、定年や引退というように、社会からの要請や自身の健康問題などから、社会的な活動や自身の私的活動が縮小していく。それを受け入れて生活することは、自然なことで、好ましい適応のあり方だと考える。

一方、活動理論が唱えるのは、いわばアンチエイジング的な生き方である。退職後も、今までの仕事に代わるほかの仕事や社会的な活動に参加し、できるだけ中年期と同じくらい社会と関わりを持って生活することが、好ましい適応のあり方だと考える。

この二つの生き方のどちらを選ぶかは、個々の高齢者の境遇や好みによって異なるだろう。あるいは、同じ個人でも、高齢前期では活動理論に合った生き方をし、次第に離脱理論に合った生き方に変わっていくのかもしれない。いずれの生き方にせよ、境遇が悪くても幸せを感じるという「幸福のパラドックス」は高齢者に見られるようである。それはなぜだろうか。この説明として、いくつかの理論が提唱されている。

その理論の代表が、一九八〇年代にドイツのバルテスによって提唱された「補償を伴う選択的最適化（ＳＯＣ）」モデルである。[28] バルテスは、人の生涯にわたる発達を、成長と衰退の混在したダイナミックスとして捉えた、発達心理学者である。

バルテスによれば、年をとると、生理的な機能の低下や社会的役割が減少していくが、それに適応して生きていくためには、活動の領域や範囲をしぼって（選択S）、最大の力が発揮されるように手段や環境を整えて（最適化O）、引き続き望む結果が得られるように今までとは別のやり方を工夫して行動する（補償C）、ことが重要であるという。会社の経営戦略の一つに、会社が得意とする事業分野を選び、そこに経営資源を集中的に投下する戦略（選択と集中）があるが、それに補償という戦略を加えたものと考えるとわかりやすいかもしれない。

具体例としてバルテスは、二〇世紀を代表するピアニストのルビンシュタインが、八十歳になっても名演奏ができる秘訣を挙げている[29]。テレビのインタビューに対して、ルビンシュタインはこう答えたという。「私は以前より少ない曲を弾き（選択）、こういった曲を弾くために練習を以前に増して行い（最適化）、演奏スピードが落ちてきたので、速く弾くパートの前には意識的にゆっくりと弾くことで、そのパートの演奏速度が速いように見せるといった印象操作をする（補償）のです」。

もう一つ、適応理論を紹介しよう。それは、カーステンセン（一九九一年）の「社会情動的選択理論（SST）」である[30]。この理論によれば、高齢者が社会や他人とつながる動機づけとなるのは、情報を獲得したり、自分とは何かというアイデンティティを発達させたり維持したり、情動を調整したりすることである。中でも、肯定的感情を最大にし否定的な感情を最小にする情動調整は、高齢期に重要であるという。そのため、高齢者は、肯定的感情を得やすい家族や昔からの友人といった身近な人間関係の維持を望む一方で、肯定的な感情が得にくい新たな人間関係を発展させないという。また、対人場面に限らず、何かを選択する際には肯定的感情が得られやすいものを選ぶため、主観的幸福感が維持されるという。

最後に、老人力と関係がありそうなスウェーデンの社会学者トーンスタムが唱えた「老年的超越理論」についても言及したい[31]。これは離脱理論的考え方で、高齢期になると、社会とのきずなの縮小や健康不安に合った価値観や行動が身につくという。その例として、孤独への要求、地位やお金に対する執着の低下、自分の身体機能や容姿への執着の低下、これまでの人生の受容、過去との一体化、生命や宇宙の神秘への感受性の高まり、死への恐れの低下を挙げている。こう並べて見ると、老子・荘子や西行・兼好などの隠遁思想や、禅宗などの仏教の教えに通じるものがある。

補償運転

高齢期の生き方は、運転にも反映されているはずである。高齢者の適応をよく説明していると考えられるSOC理論を、高齢ドライバーの運転に応用してみよう。そうすると、危険を避けるためにどのような時にどのような場所で運転するかを選択する（選択）、運転能力が発揮できるように心身や環境を整える（最適化）、老いに伴う運転技能低下を補うような運転方法をとる（補償）ことが、高齢ドライバーの安全運転につながるだろう。ただし、補償運転という時には、この中の補償戦略だけでなく、選択や最適化も含めて用いられることが多い。

こうした選択、最適化、補償に合うような運転が補償運転である。これは、言い換えると、老いに伴う運転技能低下に適応して、運転そのものを少なくしたり、危険そうな状況下での運転をひかえたり、安全を優先させたりする運転である。心理学の用語を用いて、「自己調整」運転ということもある。定義は研究者によって少しずつ異なり、それに応じて補償運転を測定する尺度（ものさし）が作成されている。筆者も、日本交通心理学会のメンバーと共にその尺度を作った（表3-1の補償運転チェック）[32]。○がついたaとbの数を足したものが、補償運転得点となる。一五個の項目は適当に作成したものではなく、高齢者講習に来た二九六人の高齢ドライバーに面接して聞いた結果に基づいている。面接による質問の流れはこうだ。

最初に、「最近、どういう時に特に年をとったと感じますか。若い時と比べてどのあたりが特に変化してきたと思いますか」という老性自覚の質問をした。疲れやすくなった（五一人）、視力が低下した（三一人）、記憶力が低下した（二七人）、足が弱くなった（二四人）、動作が鈍くなった（二十人）、体力が低下した（一六人）、体のどこかが痛い（一五人）など、様々な老いに伴う心身機能の低下が報告された。皆、老いをどこかで感じているようで、それがないと答えたのは十人だけであった。ここで注目されるのは、心身機能の中でも、高度な判断機能の低下を自覚して述べた高齢者は、八人と少なかった点だ。体は衰えても頭はしっかりとしていると思っている人が多かったということだ。

次に、「運転していて気にかかったり、不安を感じたり、ストレスを感じたりしている点、ある

表3-1　補償運転尺度（『高齢ドライバーのための安全運転ワークブック』(32)より）

補償運転チェック

・あなたは下の1～15のような運転をしていますか？
少なくとも数年前からそうしている場合は、aに○をつけて下さい。
最近そうしている場合は、bに○をつけて下さい。
あまりしていない場合は、cに○をつけて下さい。

		数年前からしている	最近そうしている	あまりしていない
1	余裕を持った運転計画を立てる。	a	b	c
2	体調を整えてから運転する。	a	b	c
3	車の点検をする。	a	b	c
4	夜間の運転をひかえる。	a	b	c
5	長距離の運転をひかえる。	a	b	c
6	雨の日の運転をひかえる。	a	b	c
7	以前よりスピードを出さない運転をする。	a	b	c
8	制限速度を守って運転する。	a	b	c
9	後ろから車がきたら脇によけて先に行かせる。	a	b	c
10	狭い道で対向車がきたら停止して待つ。	a	b	c
11	危ない車や自転車には近づかないようにする。	a	b	c
12	わき見をしないで運転する。	a	b	c
13	ラジオ等を聞かずに運転する。	a	b	c
14	考え事をしないで運転する。	a	b	c
15	イライラしたり、あせったりせずに運転する。	a	b	c

aとbにつけた○の数が補償運転得点となる。

いは何か困っている点を教えてください」と、運転中の不安や支障について質問した。一番多かったのは、後続車が車間をつめてくる、割り込んでくる、合図を出さない、車の流れに合わせて速度を出さないといけないといった、他の車や歩行者に起因する不安やストレスで、延べ一〇一人の回答があった。次いで、夜間、雨天、交通量の多さ、知らない道といった、道路交通環境に起因する不安やストレスが多かった（六三人）。視力低下、疲労、病気、体調不良、認知や判断の誤りといった、自分の心身機能低下に起因する不安やストレスを挙げた人は、五八人と全体の五分の一にすぎなかった。最初の質問でほとんどの高齢者が老いを自覚していたのに対し、それが運転に支障すると答えた人は五分の一と少なかったのである。もっとも、ほかの車や道路交通環境に起因する不安やストレスには、多分に心身機能の低下がその背景にありそうだ。

補償運転の種類と実態

以上の二つの質問を受けて、質問3では補償運転について質問した。「前の二つの質問でお答えになった困った問題点に対して、あなたは安全運転をするためにどう対処していますか。気を配ったり、心がけたり、工夫したりしていること、あるいは安全運転のコツについてお聞かせください」という質問だ。補償運転をしないと答えたのは二一人だけで、一人平均して二つくらいの回答があった。それを分類した結果が、表3-2だ。

補償運転は、運転前の対処と運転中の対処の二つに分けることができた。運転前の対処で多かった回答は、夜間は運転しない、長距離運転をしないといった運転の制限であった。これは、危険を避けるためにどのような時にどのような場所で運転するかを選択するという戦略（選択）に相当する。運転場面を選択することは制限することでもあるので、ここでは制限という言葉を用いた。運転前の対処にはほかに、体調を整える、早めに出発、余裕を持った運転計画といった準備があった。これは、運転能力が発揮できるように心身や環境を整える戦略（最適化）に相当する。運転中の対

表3-2　面接調査による補償運転の分類[32]

補償運転の分類		人数
1　運転前の対処	1.1　運転の制限	102
	1.2　運転前の準備	29
2　運転中の対処	2.1　スピードを出さない	131
	2.2　しっかり見る・確認する	61
	2.3　安全への心がけ	44
	2.4　車や歩行者に近づかない	39
	2.5　車間距離を十分にとる	18
	2.6　一時停止をしっかりする	16
	2.7　その他の安全志向運転	47

296人の高齢ドライバーが対象。人数は延べ人数。

処では、スピードを出さない、しっかり見る・確認するといった安全志向の運転が挙げられた。これは、老いに伴う運転技能低下を補うような運転方法（補償）に相当する。

こうして面接調査で得られた補償運転の中から、回答者が多かったものを三一個選んで、仮の補償運転尺度を作成した。次の年に、高齢者講習参加者二九二人と教習所主催の企業運転者講習参加者三〇九人に対してこれを実施して、表3－1に見られる一五項目の補償運転尺度を作成したのである。ちなみに質問1～3は運転準備、質問4～6は運転制限、質問7と8は速度抑制、質問9～11は避難運転、質問12～15は注意集中と名づけられる補償運転項目である。

筆者ら日本交通心理学会のメンバーは、こうした調査をもとに『高齢ドライバーのための安全運転ワークブック』の試作版を作成して、これを全国三四教習所の三一三二人の高齢者講習受講者に実施した。[32][33][34] 主な調査項目は、危険運転をしているかを調べる一五項目と、補償運転をしているかを調べる一五項目であった。高齢ドライバーは補償運転をどのくらい

表3-3　高齢ドライバー(69歳以上3132人)の補償運転の分類と実行者率[32][34]

分類		項目	実行者率（%）
運転前	運転準備	余裕を持った運転計画を立てる。	69
		体調を整えてから運転する。	61
		車の点検をする。	58
	運転制限	長距離の運転をひかえる。	72
		夜間の運転をひかえる。	68
		雨の日の運転をひかえる。	53
運転中	速度抑制	制限速度を守って運転する。	84
		以前よりスピードを出さない運転をする。	84
	避難運転	危ない車や自転車には近づかないようにする。	89
		狭い道で対向車がきたら停止して待つ。	81
		後ろから車がきたら脇によけて先に行かせる。	65
	注意集中	イライラしたり、あせったりせずに運転する。	80
		考え事をしないで運転する。	74
		ラジオ等を聞かずに運転する。	61
		わき見をしないで運転する。	60

実行しているかを調べた結果、表3－3に示すように、すべての補償運転項目について、五三～八九パーセントの高齢ドライバーは、補償運転をしていることがわかった[32][34]。

表3－3に示された補償運転の頻度は、諸外国での同様な調査結果と比べると多い。たとえば夜間の運転をひかえる補償運転は、研究によって八～八〇パーセントであり、悪天候下の運転をひかえる補償運転は二～六〇パーセントであった。それでも大体どの国でも夜間運転、悪天候下での運転、高速道路の運転の順に運転を制限する人の割合が高かった。

補償運転をよくする人

補償運転は、老いによって運転能力が低下することに対する適応戦略であるから、

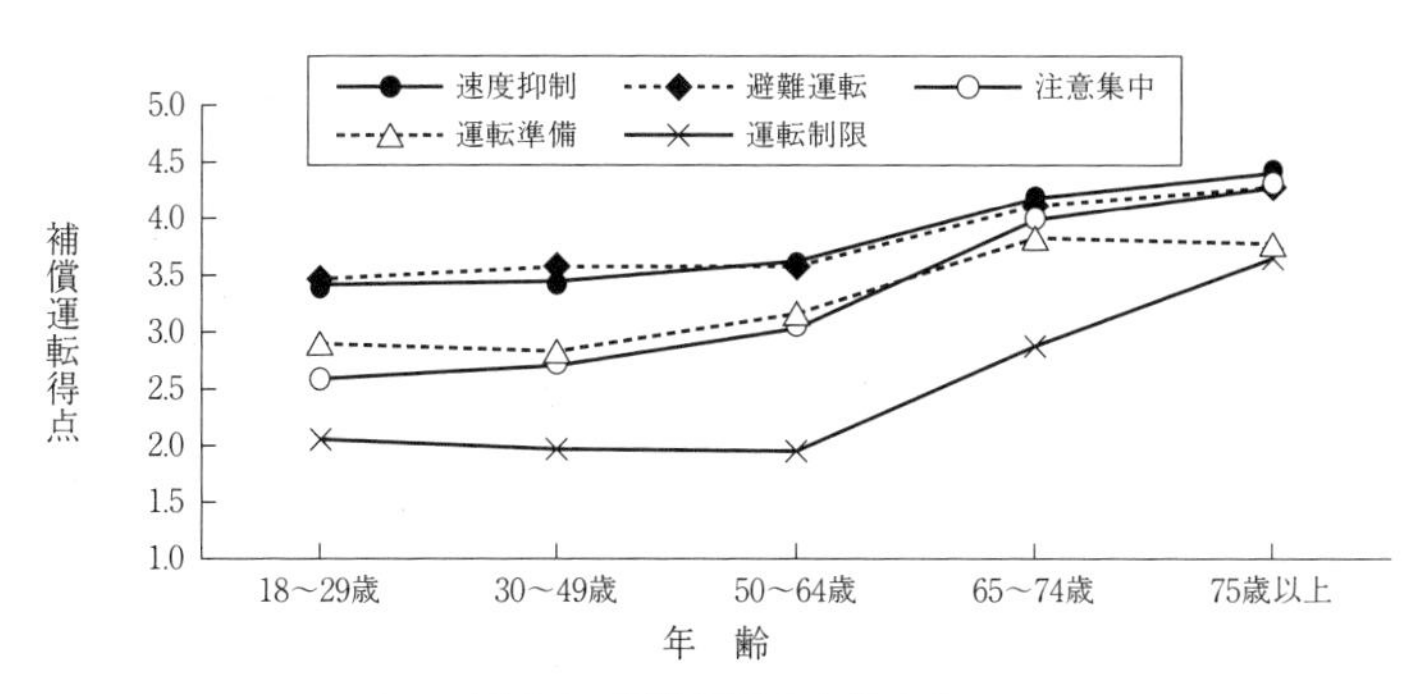

図3-9　補償運転の年齢変化

当然、若者や中年に比べて高齢者のほうがそういった運転をするはずである。これを調べた結果が図3－9である。横軸は年齢で、各年齢層とも百人くらいを調べた。縦軸は五種類の補償運転の頻度を示す得点で、1点はほとんど補償運転をしない、2点はたまにする、3点は時々する、4点はしばしばする、5点はいつもする、を意味する。これを見ると若者でも補償運転を時々しているようだ。しかし、六五歳を超えると補償運転をする人の頻度は急に増え、しばしばするようになる。

補償運転の種類ごとに見ると、速度抑制や避難運転という防衛運転的な運転方略は一番ポピュラーで、若者でも行っていて、加齢にしたがって次第に増えていく。それに対して、注意集中や運転制限は、若い時にはそれほどしないが、高齢になると急に増えていく。「わき見をしないで運転する」「ラジオ等を聞かずに運転する」といった注意集中運転や、「夜間の運転をひかえる」「雨の日の運転をひかえる」といった運転制限は、最も補償運転らしい補償運転だ。

女性は男性より補償運転をしているという。高齢女性に限らず、もともと女性は走行距離が少ないこともあるだろうし、運転不安も高いことがその理由だ[35]。また、運転制限の中でも高齢女性のほうが知らないところを運転しない傾向が強いのは、一般的に女性は方向感覚などの空間認知が得意でないことによるという。以前、『話を聞かない男、地図が読めない女[36]』という本が話題になった。そこにはこんな話が出ていた。まだカーナビがなかった時代、夫は助手席の妻に地図を渡して、行き先を教えてもらいながら運転していた。妻は、進行方向に地図上の道を合わせないと、どこを車が走っているのかわからないため、よく地図を上下斜めにしていたが、なかなか行く道を示せない。それにいらだった夫が、「地図をくるくる回すのはやめろ」と怒ってケンカになるという話だ。たしかに、言語能力は女性のほうが優れている一方で、空間知覚能力は男性のほうが優れている、という研究結果は多い。

老いによる運転能力の低下には、心身機能の低下や病気がその背景にあることから、こういった要因も補償運転に強く影響している。中でも視覚機能の低下は、夜間や雨の日の運転を抑制すると言われている。夜間視力やコントラスト感度が低下すると、夜間や雨の日の運転に不安を覚えるからだ。

老いによる運転技能低下を自覚しないことには、補償運転は始まらない。ただし、自覚といってもはっきりと意識できるものばかりではなく、運転不安や運転に対する不快感といった感情的なぼんやりしたものかもしれない。多くの研究は、客観的な運転技能の低下ではなく、主観的に運転技能が低下したと思っている人、自分の運転技能を低く評価している人、運転に自信のない人、運転を楽しめない人のほうが補償運転をすると述べている。筆者らの実験でも、指導員の客観的な運転評価が低かった人より、走行後に運転コースが難しかったと自己評価した人のほうが、ワークブックで調べた補償運転得点が高かった[22]。

ところが、第2節で述べたように、多くの高齢ドライバーは自信過剰で、自分の運転を上手だと勘違いしている。そのため、補償運転をすべき人が十分に補償運転をしていないというのが現状である。

補償運転の限界

補償運転は推奨されるべきであるが、補償運転を心がければ安全が確保できるとは限らない。老いがさらに進展すると、運転制限や運転準備といった補償運転はまだ可能であるが、速度抑制や注意集中や避難運転は、さらなる技能低下によってできなくなるからだ。ふつうは低速での運転は自他の安全に寄与するが、いつでもどこでも速度を出さない運転はかえって危険である。注意集中は老いによって少なくなった注意資源を必要とし、余分なところに注意しないという抑制能力も加齢に伴って低下していく。また、避難運転をするには周囲の交通状況を読む力を要するので、老いがその障害となる。

補償運転、特に夜間や雨の日や交通量の多い場所など、危険な交通状況下での運転を制限したり、運転そのものをひかえたりすると、運転技能の低下がさらに加速するのではないかという問題もある。若者や中年でも、走行距離が少ないグループのほうが、多いグループより走行距離あたりの事故の件数は多い。運転しない限りは事故に遭わないが、久しぶりに運転すると事故の危険性が高くなるのが一因だ。

4　交通違反とその抑制

運転技能と運転スタイルのバランス

実際の運転に影響するのはまず運転技能であるが、その技能内でどう運転するかということも大切である。どう運転するか、つまり、選択された運転の方法、あるいは長年の間に身についた運転習慣やクセのことを、交通心理学では運転スタイルと呼んでいる。不安全な態度を反映した運転スタイルもあれば、もちろんその逆の、安全を重視した運転スタイルもある。

実際の運転は、その人の運転技能と運転スタイルが合わさった産物と言える。もっと言えば、運転スタイルのほうが重要かもしれない。レーシングドライバー（プロではないがクラブに所属）のほうが、一般ドライバーより事故も違反も多いという研究もある[37]。年齢との関係で言えば、若いドライバーは、運転技能が高くても、不安全な運転スタイルで安全余裕の少ない運転をすれば、事故になりやすいのだ。中年になると、運転技能も運転スタイルも良好になり、事故は少なくなる。それでは高齢ドライバーの場合は、このバランスはどうなるのだろうか。一般的には、老いに伴って運転技能が次第に低下する一方で、補償運転などによる安全運転志向が出てくる。そのため、それほど危険な運転にはならないのかもしれない。

運転技能が低くても、安全を志向した運転によって安全余裕の大きい運転をすれば事故にはなりにくいといった説明は、以前にもした。このことを別の側面から述べたものに、ケスキネンの運転行動の階層モデルがある[38]（図3-10）。これは、運転というと、ハンドルやブレーキの操作や、ほかの車や交通の状況を読んでスムーズに走行していくという運転技能を思い浮かべがちであるが、その上位には、安全な走行プランを立てたり、他車や同乗者に配慮したりする段階があり、そのまた上位には、車や運転の意味づけを考えたり、自分の感情や体調をコントロールしたりするという、一見すると実際の運転とは関係ないような段階があるという考え方である。

「生活目標と生きるための力」と名づけられた最後の段階は、アジア由来のフィン族の面影を残すフィンランド人のケスキネンが、従来の三階層モデルに付け加えたものである。車の運転には、その人の生き方が反映されているという考え方で、寺の和尚さんが地元で交通安全の講話をする日本でも、すんなりと受け入れられる運転観だ。

運転には四つの側面があるという点のほかに、このモデルではそれを階層化している点がおもしろい。上のレベルの運転がその下のレベルの運転に影響を及ぼすという考え方だ。どういった運転操作をするか（レベル1）は、速度や車間距離といった交通状況への適応（レベル2）に影響され、それはまた安全を志向した態度（レベル3）に左右され、その態度は人生観や生き方（レベル4）

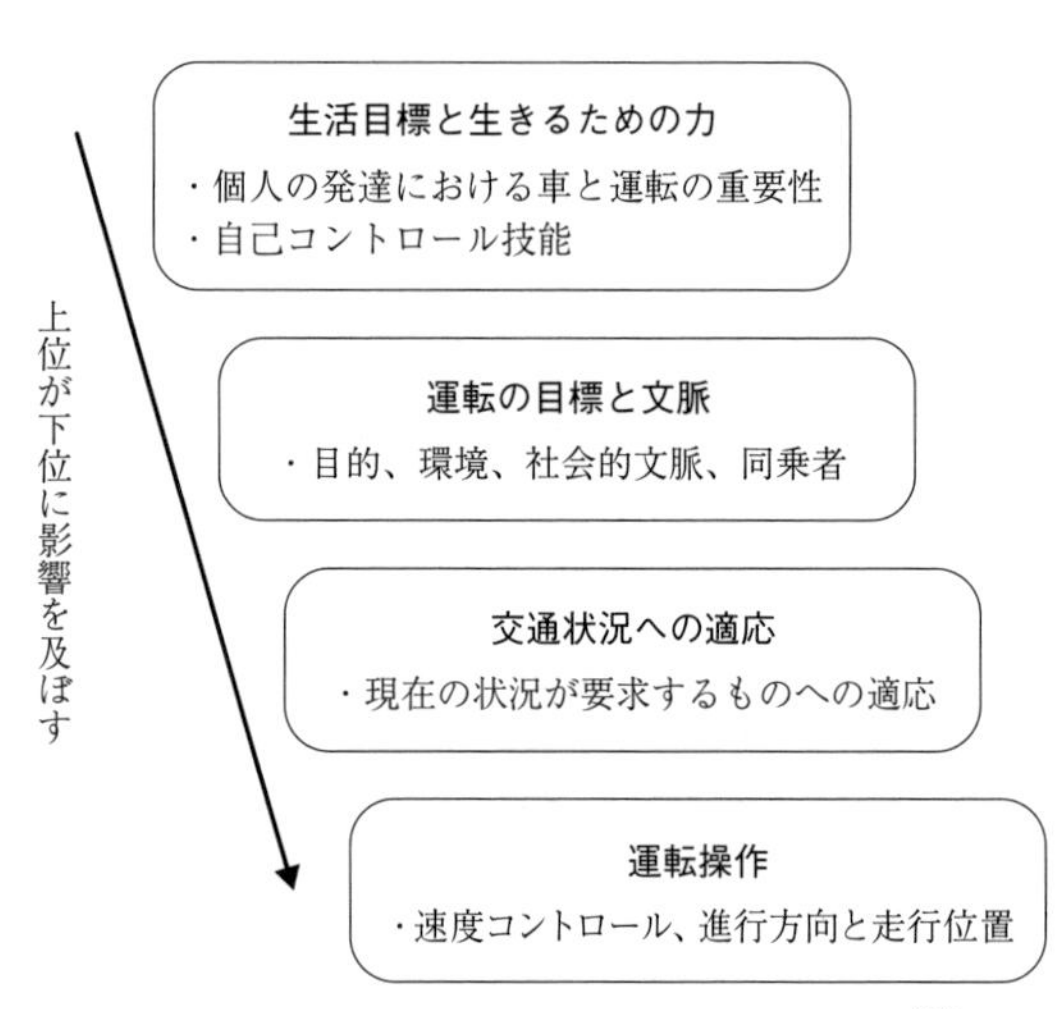

図 3-10　運転行動の階層モデル（ケスキネンのモデル[38]を改変）

に影響されるというのだ。

高齢ドライバーは、レベル1や2に相当する運転技能は低下ぎみだが、レベル3や4は安全運転を志向したものであり、運転技能低下を補う安全な運転スタイルで運転していると言えるだろう。

危険運転は交通違反に表れる

高齢ドライバーの安全度は、中年ドライバーに比べてどうなのだろうか。その議論をする前に、危険な運転に大きく影響する、ヒューマンエラーと交通違反について考えてみよう。

実際の運転行動は運転技能と運転スタイルに影響される。しかし、運転技能や運転スタイルは簡単に目に見えるものではない。ある人の運転が安全なのか危険なのかは何によって判定されるのだろうか。現在、この判定・診断は、教習所の指導員などの専門家による運転評価が一般的な方法で

表 3-4　運転行動評価表の例

番号	観察項目	観察結果（□にチェック）
1	運転姿勢	□やや悪い　□悪い
2	加速	□やや悪い　□悪い
⋮	⋮	⋮
6	カーブや曲がり角の走行	□速度不適　□コース取り不適 □ハンドル操作不適
7	一時停止交差点	□標識見落とし　□不完全停止 □停止位置不適　□安全確認不十分
⋮	⋮	⋮

ある。教習所での免許取得時の技能試験や、高齢者講習での運転技能検査のようなものだ。ある基準を設けて、その基準となった運転をしていない場合に、そこに現れた問題運転行動をチェックするといった評価である（表３－４）。

こうした運転技能検査では、文字どおり運転技能を検査していて、運転スタイルまでは検査していない。運転技能だけでも運転の専門家でないと検査できないし、運転スタイルまで調べようとすると、よほどの専門家でないと難しいのだろう。技能診断の第一人者と言われた元科学警察研究所技官の貝沼によると、「技能診断は、運転者が認知し、判断した結果としての車の動きを、その場の状況との兼ね合いで読み取るものである。……運転時の性格特徴・運転態度的なものの診断は、たとえば何となく強気に押し通すようだとか、わがままで相手の動きを封じようとしているかのようだとか、その瞬間に頭にひらめくもので、迷わずに記録する必要がある」という[39]。

表３－４に示されるような危険な運転をなぜしてしまうの

かを説明するのが、ヒューマンエラーと違反である。エラーは、意図しないうっかりミスであり、背景には人の情報処理を代表する認知的側面の誤りが関与している。アクセルとブレーキを踏みまちがう、右折すべきところを直進する、赤信号を見落として交差点を通過する、停止しようとしたところ急停止になってしまうなど、運転しているとこういったエラーは付きものだ。違反は交通ルールを守らないことで、多くの場合は意図的で、背景には不良な態度や規範意識が関係している。

ドライバーの側からすると、エラーと違反は異なった心理から発生する。しかし、共に危険運転を代表する行動であり、同じような運転スタイルに見えるし、ある危険な運転行動がエラーによるものか、意図的な違反であるのかは区別しにくい。ある車が速度を超えて走っていても、制限速度標識の見落としか、速度違反を承知の運転なのかは不明なのだ。また、アクセルとブレーキを踏みまちがうのはブレーキ操作不適という違反になるし、赤信号を見落として交差点を通過するのは信号無視という違反であるというように、エラーに起因していても運転行動としては違反として観察されることが多い。そこで、危険な運転行動として交通違反を取り上げ、高齢ドライバーの安全度について考えたい。

高齢者に特徴的な交通違反

交通違反は、事故の原因となったり、他の人の迷惑になったりする運転の代表である。それを抑止するために交通指導取締りが行われていて、ドライバーの十人に一人は一年間に何らかの違反キップを切られている。中でも、速度違反、駐停車違反、一時停止違反が最も多く、違反の半数近くを占めている[40]。

高齢ドライバーの違反には特徴が見られるだろうか。十年以上前のデータであるが、一時不停止や信号無視や通行禁止違反の割合が、ほかの年代のドライバーと比べて高齢者に多かった。逆に、速度違反や駐車違反の割合は少なかった[41]。取締り場所や時間、取締りの難しさや費用といった交通警察官側の事情があったり、取締りへの注意力といったドライバー側の要因があったりする点は考慮しないといけないが、違反取締りのデータは、路上の危険なあるいは迷惑な運転を反映していると考えられる。一時不停止や信号無視や通行禁止違反が多いことから、高齢ドライバーは標識や信号を見落としやすい傾向がうかがわれる。最近、ニュースでよく話題になる高速道路の逆走は、通行禁止違反の一つで、周りの状況をよく見て運転しなかったことが誤進入につながっている。

交通違反のデータには違反取締りのほかに、事故時の違反データがある。それによると、一時不停止や信号無視や優先通行妨害の違反者割合は、ほかの年代のドライバーと比べて高齢者に多かった。逆に、脇見運転や速度違反の割合は少なかった[42]。こう見ると、高齢者に多い事故時の違反と取締られた時の違反はよく似ている。高齢ドライバーの事故防止のためには、ふだんから交通違反、特に一時不停止や信号無視をしないように運転をすることが必要だ。

高齢者は違反を起こしやすいか

この問題は、研究方法によって答えが異なる点が興味深い。まず、走行実験から見てみよう。第1節で紹介したように、教習所の所内や路上のコースで高齢ドライバーとそうでないドライバーの運転技能を比較すると、高齢者のほうが成績は良くない。高齢者は、一時停止や安全確認といった基本的な交通ルールを守った運転をあまりしていないという結果であった。違反しないように運転しているのに違反をしてしまうのは、老いによる運転技能低下によると考えられた。視覚や注意の機能が低下すると、一時停止標識や信号を見逃したり、状況を先読みできないことからブレーキやハンドルの操作や安全確認が遅れたりするのだ。

次に、観察調査の結果を見よう。そもそも、道路を走行するドライバーの年齢層を若者、中年、高齢者に分けることが難しく、また数少ない高齢ドライバーの観察者数を確保するには長時間の観察が必要なことから、この種の観察調査は少ない。その結果を集約してみると、路上での観察調査の結果は、実験の結果とは異なった。

まず、シートベルト着用率について見よう。日本では、毎年一〇月に、警察庁とＪＡＦとの合同による「シートベルト着用状況全国調査」が実施されている[43]。観察対象とする車は三六万台（二〇一五年調査）だという。調査項目は、乗員（運転者、助手席同乗者、後部座席同乗者）、道路（一般道路、高速道路）、および地域（市区町村、都道府県）別の着用状況であり、東京都の一般道での運転者のシートベルト着用率は、九八・八パーセントといった集計結果が発表される。しかし、調査項目に年齢がないために、惜しいかな高齢ドライバーの着用率のデータがない。

アメリカでは、年齢層別の全国調査が行われていて、ドライバーと前席同乗者を込みにした着用率を公表している。それによると、二五～六九歳と、七十歳以上の着用率は、共に八八パーセントで同じであった[44]。イギリスでは、交通省が携帯電話使用調査と共に、シートベルト着用調査を全国六〇カ所の道路で実施しており、最近では二〇〇九年と二〇一四年に実施された。それによれば、六十歳以上の高齢者の着用率は九六・五パーセントと他の年代より高かったが、その差は二パーセントに満たなかった[45]。

一時停止と安全確認の観察調査結果を見てみよう。これは、筆者がまだ科学警察研究所にいた頃に、隣の研究室が行った調査である。東京、千葉、埼玉の計三六カ所の信号機のない交差点で、ドライバーの運転行動を観察した[46]。どの交差点も見通しの悪い十字交差点で、一時停止規制のある流入部とない流入部をセットにして観察し、交差道路の車などによって運転行動が影響された場合は観察から省いている。まず、一時停止規制のある流入部でのドライバーの一時停止行動の結果を見ると、一時停止をしたドライバーの割合は高齢者が七六パーセント、非高齢者が七〇パーセントと高齢者の一時停止率のほうが少し高かった。一時停止規制のある流入部での安全確認については、左右の両方向を安全確認したドライバーの割合は、共に約八五パーセントと差は見られなかった。

一般的な速度超過運転は高齢者に少ないことは言うまでもない。以上、観察調査から言えることは、高齢ドライバーの違反は、非高齢ドライバーと同じか少ないようだ。これは実験とは異なる結

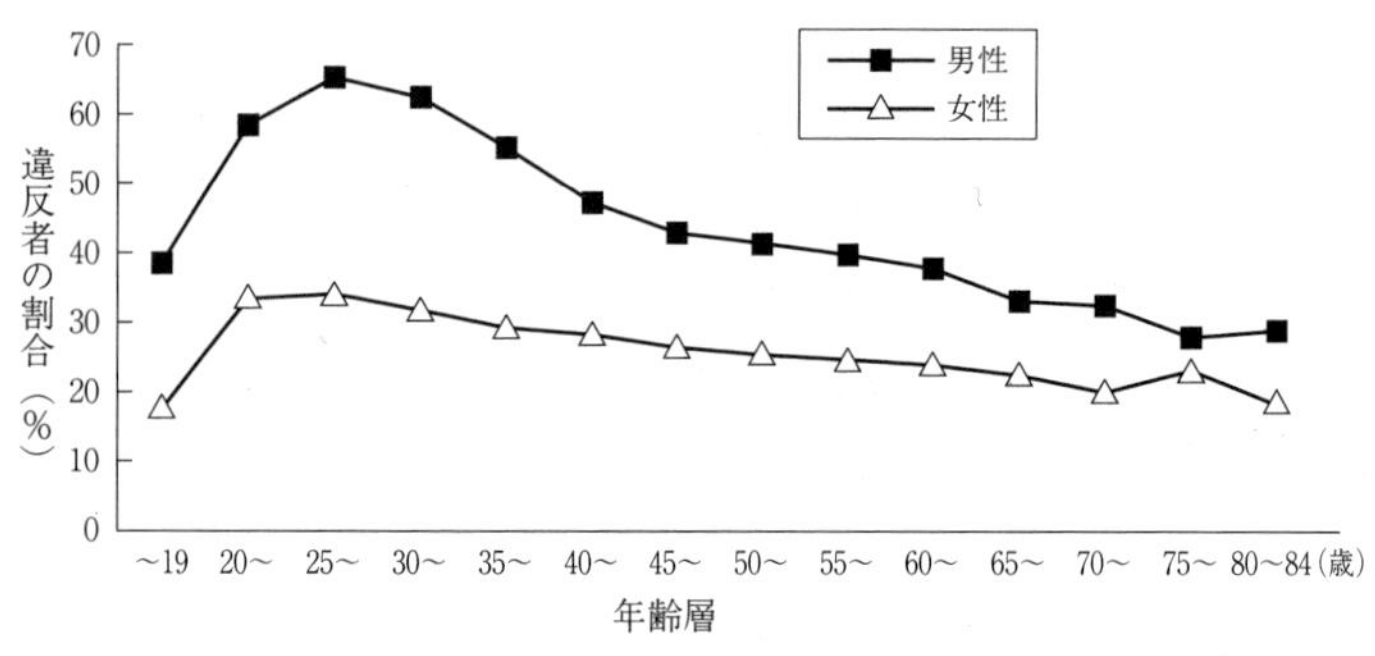

図 3-11　性別・年齢層別にみた過去 5 年間の違反者の割合[47]

果だ。

最後に、取締りで検挙された違反について、高齢者と非高齢者を比較してみよう。図3－11は男女別、年齢層別にドライバーに占める違反者の割合を示したグラフである。違反者であるかどうかは、過去五年間に事故を伴わない違反検挙歴があったかによって調べた(47)。

図3－11より、男女ともに二十代をピークに、ドライバーに占める違反者の割合は次第に減少していく。非高齢者と比較して、高齢者の違反者割合のほうが少ないと言える。ただし、注意すべき点は、高齢になると一人あたりの年間走行距離が減ったり、ペーパードライバーが増えたりするので、違反者の割合も少なくなるという点だ。仮に走行距離が同じなら、高齢者の違反者のほうが多くなるかもしれない。この点については、次に詳しく述べる。

違反の多さが研究方法によって異なる理由

高齢ドライバーの違反は、走行実験の場合には中年ドライバーより多く、路上での観察調査では中年ドライバーと同じかやや少なく、違反取締りデータでは中年ドライバーより少なかった。研究の方法によってこれだけ結果が異なるのもめずらしい。どうしてこうも異なる結果が生じたのだろうか。

まず、路上での観察のほうが、違反取締りデータより高齢ドライバーの違反が多いという点について考えてみよう。この理由は明白である。路上での観察では、高齢ドライバーの違反傾向を測定している。百人あたり何人が一時停止をしたかという一時停止率などの指標で、高齢者と中年のドライバーの違反傾向を比較しているのだ。高齢ドライバーは、人数が少ない上に、路上で運転している時間も少ないので違反件数は少ないが、それは違反する人の割合に影響しない。路上での観察は、路上に出て運転しているドライバー一人あたりの違反の多さを調べているのだ。

それに対して、違反取締りデータは、違反傾向が強ければ件数が増える一方、走行している時間や距離が長くなっても件数が増える。高齢ドライバーの年間走行距離は、中年の二分の一から三分の二と言われるので、その分だけ、同じ違反傾向であっても一人あたりの違反件数や違反者の割合は、中年ドライバーより少なくなるのだ。

次に、走行実験のほうが、路上での観察調査より高齢ドライバーの違反が多い結果となる理由について考えてみよう。路上での観察調査では、ドライバーに気づかれない場所から観察・測定するので、ふだんの運転が反映されている。それに対して、走行実験の場合、多くのドライバーは、自分の運転が人から見られたり、テストされたりしているという意識を持つだろう。走行実験では中年ドライバーの違反のほうが少ないのは、そういった意識を中年ドライバーのほうが持ちやすく、またそれが違反抑制の運転（よそ行き運転）として実際に反映されやすいことを示している。

高齢ドライバーは、自分の運転が人から見られたり、テストされたりしているという意識を持ちにくいという点は、にわかには同意しにくいかもしれない。運転技能の低下をある程度は自覚している高齢ドライバーのほうが、張りきって走行実験に臨みそうだからだ。もし悪い運転だと診断されれば、運転をやめるよう言われるのではないかという不安もあるだろう。しかし、高齢になると、意識して実験に臨んでも、緊張して運転しているうちに、つい実験状況であることを忘れてふだんの運転が出てしまうかもしれない。あるいは、悪しき運転習慣が強く身についてしまって、ふだんの運転が正しい運転であると考えて違反運転をしてしまう可能性もある。これは、次に説明するシチュエーション・アウェアネスの能力が低下するからである。

現在、周囲で何が起こっているのかを知ることは、これから何をすべきかを決める上で、まず必要となる情報である。事故を扱う人間工学の分野では、これをシチュエーション・アウェアネス（SA、状況認識）と呼んで、事故の原因やプロセスを知るための重要な概念とみなしている。運転は「認知―判断―操作」の連続であると、自動車教習所で教わった人は多いだろう。警察の交通事故統計の中の事故要因は、認知と判断と操作のどの段階でエラーが生じたかを調べている。このうちの認知に相当するのが、状況認識である。以前に解説したハザード知覚（人や車や信号などの危険対象を見つけること）やリスク知覚（自分が事故に遭う可能性を評価すること）も、状況認識の代表である。

状況認識の能力が老いによって低下することを示す劇的な例が、認知症である。もちろん単なる老いと認知症とは異なるが、高齢者の四人に一人は軽度認知障害と言われる今日、高齢ドライバーの中に状況認識能力が弱くなった人がいても不思議ではない。医学の分野では、認知症患者に見られるような状況認識能力の低下を、見当識障害と呼んでいる。高齢者講習の講習予備検査でまず検査されるのが、「今の年、月、日、曜日、時刻」を聞く質問であるのは、認知症の初期にはまず時間や季節、次いで場所や人の基本的な状況を把握することができなくなるからである。

かつて、明石家さんまが出演するテレビ番組の人気コーナーに、「ご長寿早押しクイズ」があった。司会が「大晦日に食べるソバのことを何というでしょうか」と尋ねると、八十代のおじいちゃんが「赤いきつねと緑のたぬき」と答え、続いて隣のおじいちゃんが「赤いきつねとみだらなたぬき」と、あらぬほうへ答えが脱線していくといったコーナーだ。このコーナーは人気を博したが、高齢者イジメではないかという批判もあった。

高齢者講習での運転技能検査などの走行実験で見られる状況認識の低下はもちろんこれほどではない。しかし、高齢者講習の場で交通法規に従った運転をするものだという状況認識があいまいになって、ついふだんの運転をしてしまう高齢者もいるだろう。

習慣化した違反とその抑制

走行実験では、まちがった運転とは思わずにふだんどおりの運転をしたところ、実はそれが違反運転であったという高齢ドライバーも多い。高齢ドライバーの同乗観察実験を行った後で、「ふだん通りの運転をしましたか」あるいは「ふだんより安全な運転をしましたか」と聞いたところ、半数以上の高齢者が「ふだんどおりの運転をした」と答えて驚いたことがある。同じ質問を中年ドライバーにすれば、その多くは「ふだんより安全な運転をした」と答えただろう。その実験でもう一つ興味深かったのは、「ふだんどおりの運転をした」と答えた人のほうが、「ふだんより安全な運転をした」と答えた人より、運転に問題ありという指導員チェック数が多かった点だ（一三・三個対一〇・九個）。つまり、安全で正しいと思い込んでいるふだんどおりの運転に、問題があったのだ。高齢ドライバーも中年ドライバーも同じように違反を習慣的にしているが、高齢ドライバーのほうが意図せずに違反を犯しているようである。

観察されているという状況認識があって、よそ行きの安全運転に変えて運転しようと考える高齢ドライバーももちろんいる。しかし、一時停止標識があっても、見通しが良く左右から車が来ていない時には一時停止を全くしない習慣が身についた人の中には、直前まで法規に沿った安全運転をしようと思っていたのに、つい習慣的にアクセルを踏んでしまったり、いつも通りに停止線を越えて止まってしまったりするドライバーもいるだろう。こうしたエラーが高齢ドライバーに多くなるのは、高齢期になると前頭葉が司る認知機能が低下して、ふだんの優位な行動を抑制してその場にふさわしい適切な行動に変えることが困難になるからだと言われる[48][49]。

次の二文字の色を答えてみよう。

白　黒

「シロ、クロ」とつい答えてしまった人はいないだろうか。ふつうは文字の色など気にせずに漢字を読むので、うっかりまちがえてしまうのだ。これは高齢者の抑制機能低下を示すストループ課題で、もう少し正式な実験では、ある色の名前を様々な色で示し（たとえば「赤」を青色のフォントで示す）、その文字の色（この場合は〝あお〟）を答えさせ、回答までの時間と回答結果を調べる。誰でもすぐに答えられる課題に見えるが、実は、青色のフォントで示されようが、ふつうは「赤」を〝あか〟と読むので、それをフォントの色に注目して〝あお〟と答えるのには少し時間がかかるのだ。高齢になるとこの反応時間が長くなり、誤りが生じやすいという。

高齢ドライバーに見られる、習慣化した違反を抑制する機能や状況認識能力の低下は、日々の路上での運転にも影響しそうだ。中年ドライバーと高齢ドライバーの違反傾向は同じであっても、中年の場合はある程度安全を確認した上での違反であるのに対して、高齢者の場合は安全そうに見えれば、あるいは今まで何度も通っていて安全な場所だと知っていれば、それ以上の注意を払わずに違反運転をしてしまう傾向が見られるのだ。つまり、同じ違反をしたとしても高齢ドライバーの違反のほうが危険だと考えられる。

4章　高齢ドライバーの事故

1　高齢ドライバーは事故を起こしやすいか

高齢ドライバーの事故は急増しているか

高速道路を逆走して対向車と衝突する、ブレーキを踏むつもりがアクセルを踏んでコンビニ店内に突っ込む、心臓発作で歩道に乗り上げ通行人を死亡させるなど、最近になって高齢ドライバーによる悲惨な事故がテレビや新聞で多く報道されるようになってきた。

こうした考えられないような事故を高齢ドライバーが引き起こしているのは事実であるが、実際に高齢ドライバーが起こす事故は増えてきているのだろうか。図4－1をみてほしい。これは、人身事故と死亡事故について、高齢ドライバーが起こした事故件数の過去三十年間の推移を示したものである。

この図から、人身事故も死亡事故もこの十年間はほぼ横ばいであることが明らかだ。逆走事故も

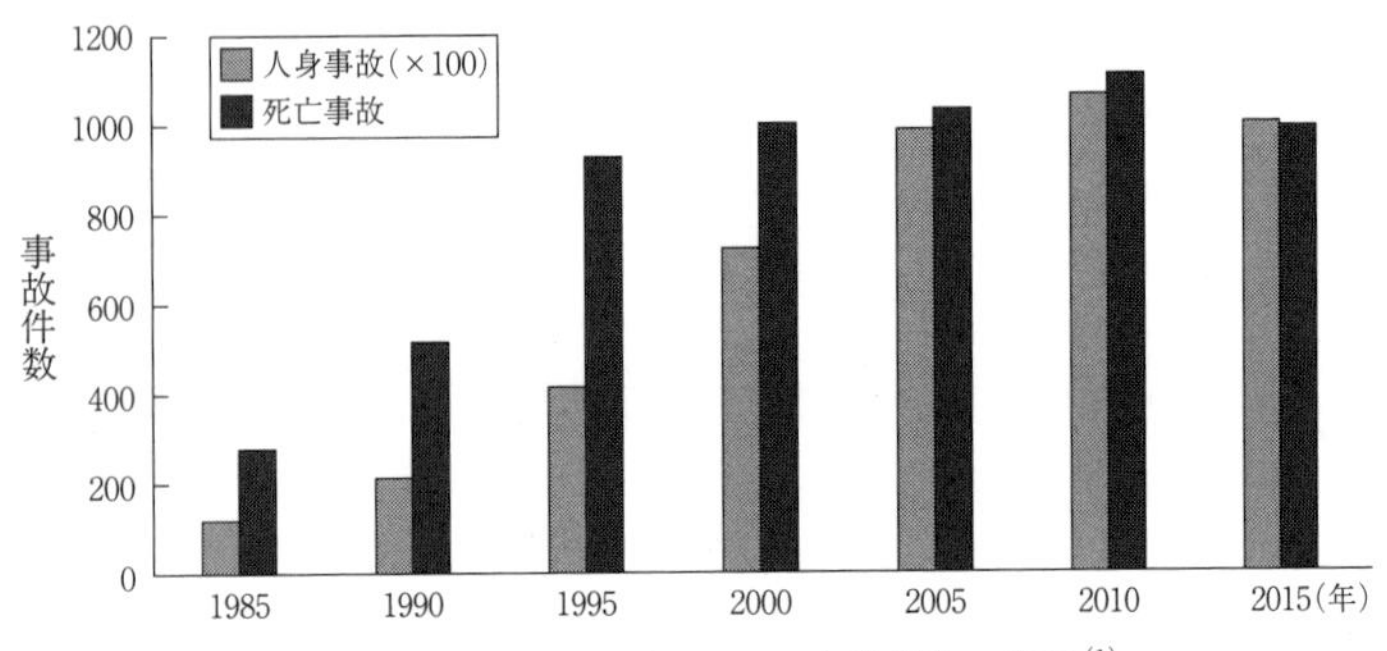

図 4-1　高齢ドライバーによる事故件数の推移[1]

高齢ドライバー（65歳以上）が原付以上の車両を運転して第一当事者となった人身事故と死亡事故の件数を示す。実際の人身事故件数は縦軸の100倍である。

ペダル踏み間違い事故も急病・発作事故もそれほどは増えていない。たとえば、ブレーキとアクセルを踏み間違えて死亡事故を起こした高齢ドライバーは、二〇一二年の二五件から二〇一五年には五十件と増えてはいるが、千件の事故のごく一部にすぎない[2]。また、高速道路会社六社の集計によると、逆走によって事故が発生したり、その車両を確保したりした事案は、二〇一一〜一四年の四年間、毎年二百件前後で変わらない[3]。

事故が急増しているという印象

なぜ、高齢ドライバーの事故は急増しているという印象を、マスコミや私たちは持っているのだろうか。その背景には、今まで経験したことのない超高齢化社会を迎える私たち日本人の不安がある。日本社会では高齢化に伴って、労働人口の減少、地域の活力やにぎわいの減少、国や地方の借金の増加、認知症患者の急増、下流老人の増加など、負の側面が強調されてきている。こうした社会を揺るがす

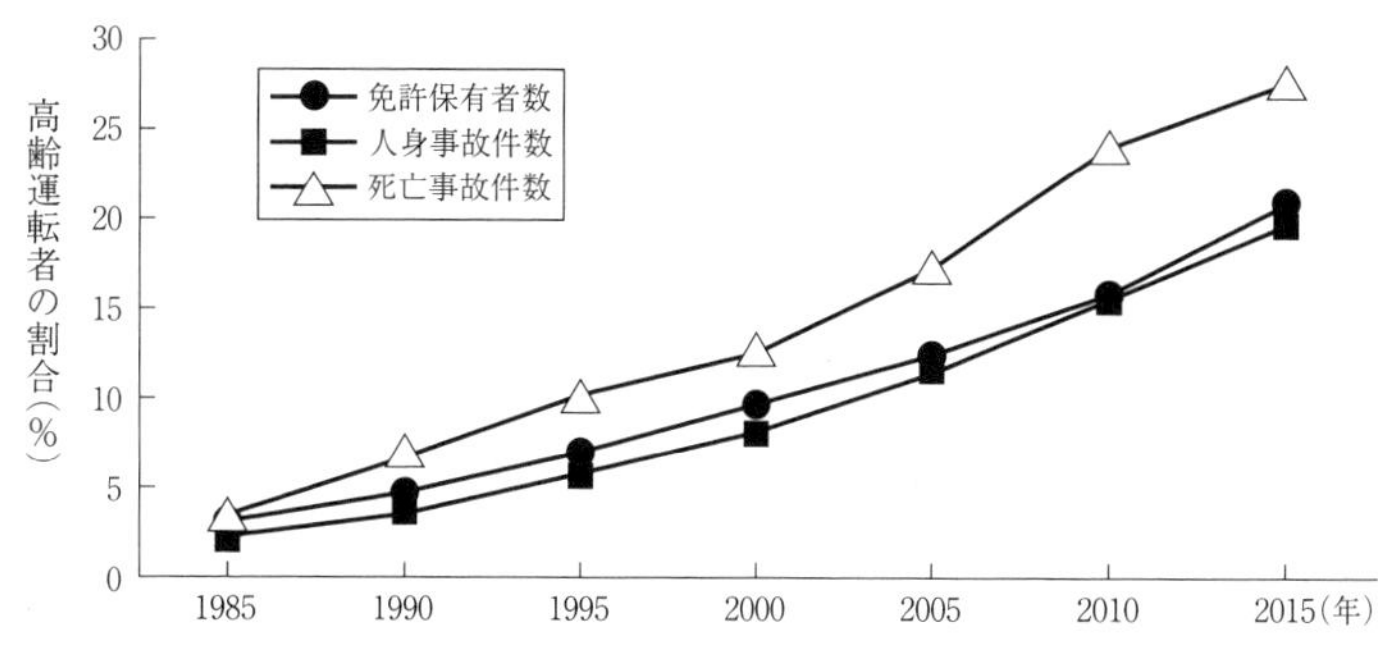

図4-2　免許保有者と事故件数（第一当事者）に占める高齢ドライバーの割合の推移(1)

高齢化は、自動車交通にも反映しているはずであり、交通事故にまでそれが及んでいると敏感になっているのだ。いわば、不安の自己増殖だ。

背景要因はほかにもある。幸いなことに、交通事故死者数はこの二十年間ほぼ一貫して減少を続けてきた。第二次ベビーブームで生まれた団塊ジュニアが大学を卒業した頃の一九九五年に一万人いた死者は、二〇一五年には四千人に減少したのだ。ただし、最近の減少幅は小さく、二〇二〇年までに交通事故死者数を二五〇〇人以下とする政府目標は、絶望的になった。この目標の前に立ちはだかったのが、第一次ベビーブームである一九四七～四九年の間に出生した団塊の世代で、二〇一五年に全員が高齢者（六五歳）の仲間入りをした。これが事故急増の不安を一層強めている。

図４－１からは、高齢ドライバーのインパクトは伝わりにくい。そこで行政やマスコミは、図４－２を好んで使う。

図４－２からは、高齢ドライバーの存在感というか脅威は一目瞭然だ。一九九五年からの二十年間で、高齢ドライバー

の起こした人身事故の割合は五パーセントから二〇パーセントに増え、死亡事故も一〇パーセントから二八パーセントに増加した。この間、交通事故全体の件数は七六万件から五四万件に、死者は一万六八四人から四一一七人に減少している中での増加ぶりだ。高齢ドライバーは急増し、それに応じて事故の分担率も急増して、この世代が交通事故減少の動きにブレーキをかけている。

高齢ドライバーは危険か

二つの図から、高齢ドライバーの事故はそれほど増加していないが、もっと減るはずの交通事故の件数や死者数の減少の動きを、高齢ドライバーの急増が阻害していることがわかった。つまり、社会の高齢化とそれに呼応した交通社会の高齢化問題である。高齢ドライバーの「脅威」は、人数の増加にあるということだ。それでは個人でみると、若い年代のドライバーと比べて高齢ドライバーは危険と言えるのだろうか。

国と国、県と県、男性と女性といったようにグループ間の事故の危険性を比較する時には、人口あたり、あるいは運転免許保有者数あたりの死者数や事故件数がよく用いられる。年齢による事故危険性の違いを、運転免許保有者数あたりの人身事故件数と死亡事故件数で比較してみよう[(4)(5)]（図4－3）。

図4－3より、免許人口あたりの事故件数は三十代から六十代が少なく、七十歳を超えると少し多くなり、七五歳を超えると急に増加することが明らかである。前期高齢者のうちはあまり中年と

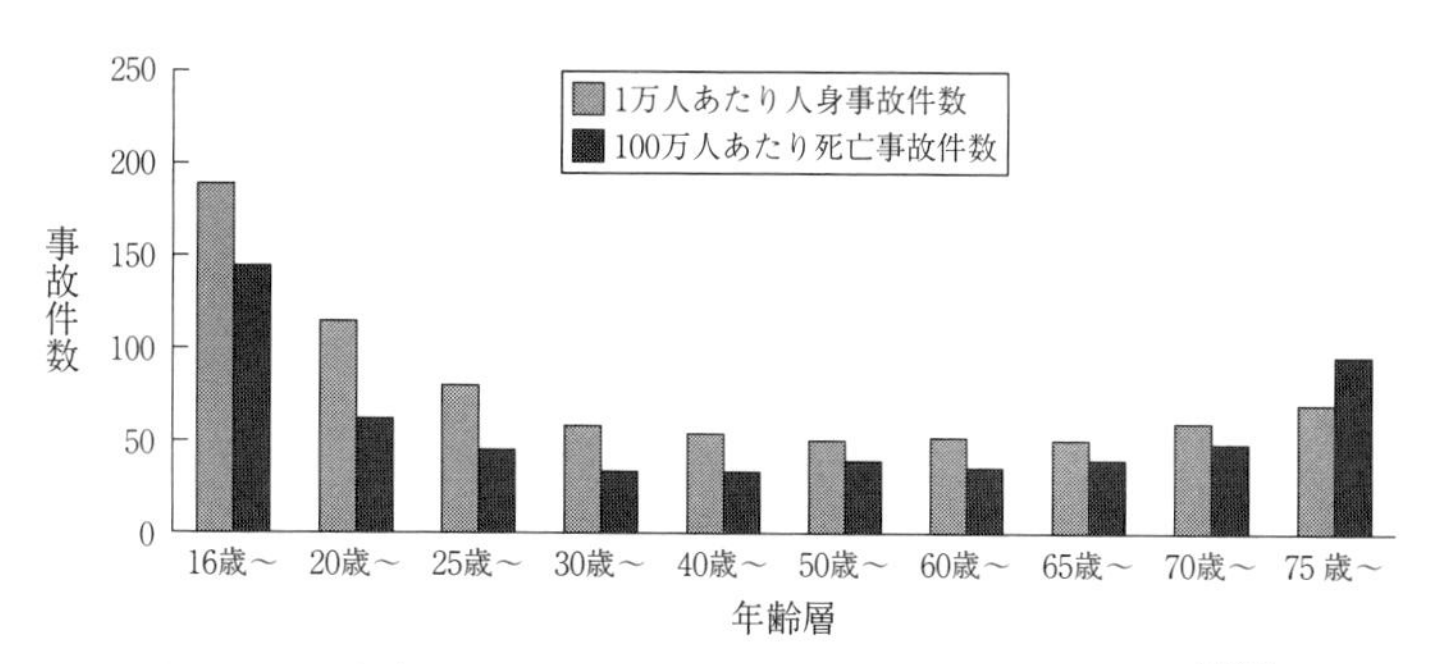

図 4-3　運転者の年齢層別にみた免許人口あたりの事故件数[(4)(5)]

原付以上運転者（第一当事者）の年齢層別免許保有者あたりの人身事故件数と死亡事故件数を示す。事故件数は2015年中、免許保有者数は2015年12月末の値。

変わらず、後期高齢者になると事故、特に死亡事故が多くなる。しかし、それでも人身事故は二十代より少ない。一人ひとりでみると、高齢ドライバーは一年間に事故を起こす回数が多いというわけではないが、死亡事故を起こす回数は多いと言えそうだ。

今後の高齢ドライバーの一層の増加は、人身事故件数の増加にそのまま反映されるが、死亡事故の増加にはもっと大きく寄与するだろう。特に、今後数年のうちに後期高齢者のほうが前期高齢者より人口が多くなって、後期高齢者のドライバーもますます増えることから、交通事故死者数の一層の減少は望めそうにない。歩行者も考えると、車のドライバー以上に高齢者の歩行中の死亡事故は多いので、全体の交通事故死者数はますます減りそうにない。少子高齢化という日本社会の構造的変化は、交通事故にも多大な影響を与えているのだ。

ところで、年齢構成の異なる地域間や時代間で病気等による死亡状況の比較をするのに、基準となる人口構成を仮定し

（昭和六〇（一九八五）年モデル人口）、それと年齢構成が同じだと仮定して算出する死亡率がよく用いられる。この年齢調整死亡率を交通事故死者に適用すると、十万人あたり死者数は二〇一五年現在で三・二人であるが、基準人口を仮定した場合は二・三人であった。やはり、少子高齢化が交通事故死者数を増加させたようだ。

まとめると、後期高齢者になると死亡事故を起こす人の割合が増え、それが交通事故死者数の増加に影響している点から、七五歳以上になると高齢ドライバーは危険になると言えそうだ。

高齢ドライバーの走行距離あたり事故件数

グループ間の事故の危険性を比較する方法にはほかに、走行距離あたりの死者数や事故件数を比較する方法がある。図4－3から、高齢者はそれほど事故を起こさないことがわかったとしても、それは走行距離が少ないためかもしれないのだ。

年齢層ごとにドライバーの走行距離を調べるのは手間がかかる。アメリカでは数年に一度、全国家庭移動調査（NHTS）が実施され、指定された一日の移動行動を電話で調査している[6]。その中に車の移動に関わる質問があって、家族の誰がいつ、どこへ、どんな車で、誰を乗せて、何の用で、どのくらいの時間や距離を要して移動したかを調べている。家族のメンバーについては、性別や年齢のほかに、職業や学歴や収入までも調べている。こうした調査によって、子どもの徒歩通学時の事故危険性や低所得家庭の移動困難性などが調べられるが、高齢ドライバーの走行距離

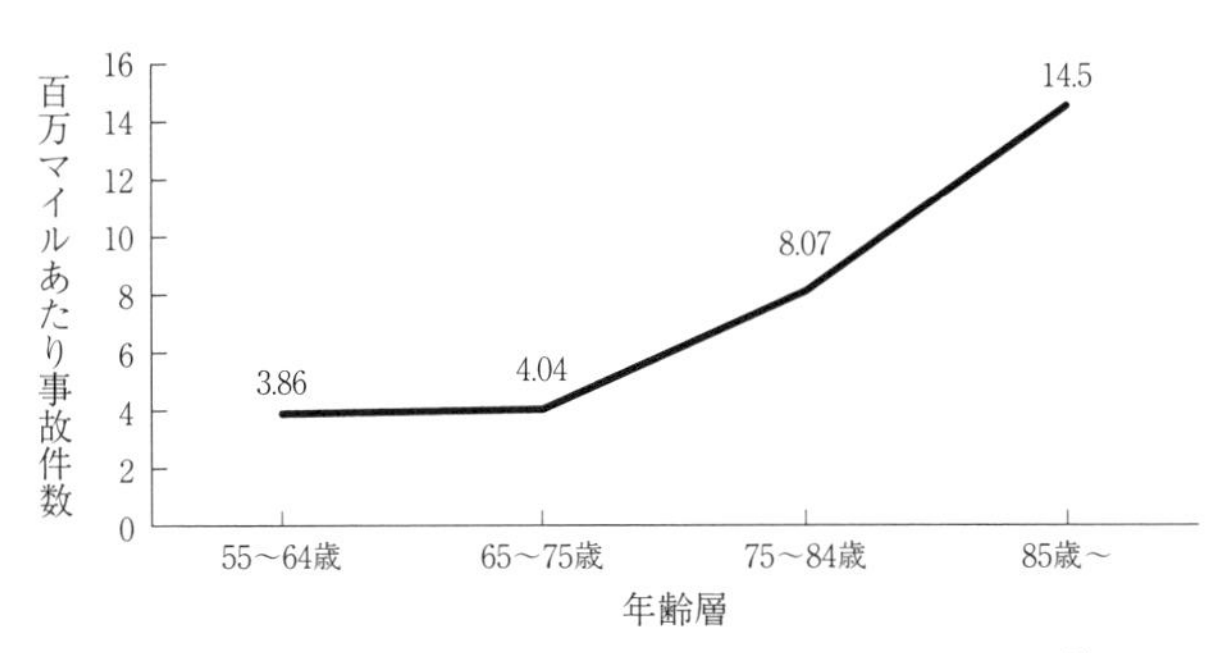

図4-4　中高年ドライバーの走行距離あたり事故件数[7]

あたりの事故件数もこの調査がもとになっている。

こうした移動調査によれば、五十代に比べて七十代の年間走行距離は半減する。[6][7] 事故件数が同じでも走行距離が半分なら、走行距離あたりの事故は二倍になる。これを示したものが図4－4で、走行距離あたりの事故は七五歳を境に急上昇する。[7] 図4－3の運転者一人あたりの年間事故件数と比べると、その上昇は顕著だ。死亡事故だけに限ると、加齢に伴う事故率の上昇はもっと急であろう。この事故には人身事故だけでなく物損事故も含まれている。

日本では、性別や年齢層別の年間走行距離は、学術的な研究を除くと、次の三つの大規模調査によって調査可能である。ただし、図4－4のような分析ができるようには公表されていない。国土交通省が五年に一度実施している、道路交通センサスのオーナーインタビューOD調査はその一つで、車の型式やナンバーが記された自動車検査登録ファイルから抽出した車の使用者に対して、九月から一一月の平日と休日を指定し、その日の車の利用の有無、出発地と目的地、運転者、乗車人員、移動目的などと共に移動距離を調べている。国土交通省の全国都市交通特性調査でも、住民基本台帳をもとに同様の調査を行っている。こうした調査から、移動一回あたりの走行距離は男性のほうが女性より長いこと、男性では加齢に伴ってその走行距離が減少するが、女性の場合は中年と高齢者で変化がないことが示されている[(8)]。しかし、肝心の年齢層ごとの年間走行距離は不明だ。

日本自動車工業会が実施している乗用車市場動向調査でも、四輪自動車保有者の走行距離が調べられている。それによると、五十代運転者の月間走行距離の平均は四〇六キロ、六十歳以上運転者は三四三キロと差が少なかった。年間走行距離に換算すると、五十代運転者の走行距離は五千キロに満たず、平均とされる一万キロの半分しかない。これは、五十代に比べると六五歳以上では走行距離が二分の一から三分の二となるという日本の学術的な調査研究の結果[(9)]とは異なる結果だ。

これらの日本のデータをまとめると、先述のアメリカと同様に、高齢になると走行距離は減っていく。したがって、加齢に伴う走行距離あたりの事故件数の増加は図4-3に示す以上に大きく、おそらく図4-4のアメリカの結果のようになるだろう。高齢ドライバーを、七四歳以下と七五歳以上に分けてその危険性を評価すると、次のようにまとめられる。

・高齢ドライバーといっても七五歳未満は中年ドライバーと変わらず、さほど危険とは言えない。

・七五歳以上の高齢ドライバーは、人身事故、特に死亡事故を起こす危険性が高く、危険なドライバーと呼んでよい。

ところで、走行距離あたりの事故件数という指標にも問題がいくつかある。一つは、走行距離が少ない人は市街地の危ない道路を運転し、走行距離が長い人は幹線道路や高速道路といった安全な道路を運転しがちではないかという点である。もう一つは、走行距離が少ない人は、運転の機会が少ないために運転技能が低下するのではないかという点だ。こういった指摘が正しければ、同じようなドライバーであっても、走行距離が短い人のほうが走行距離あたりの事故件数は多くなる可能性がある。高齢ドライバーの走行距離あたりの事故が多い理由は、このローマイレージ・バイアスによるもので、彼らは事故を起こしやすくはないのだと一部の研究者は主張している[10]。しかし、そういったバイアスがあるにせよ、心身機能低下のほうが事故の危険性の増大に強く影響することに変わりない。

死亡するのは高齢ドライバー

高齢ドライバーは、特に死亡事故を起こしやすい。ただし、その理由は高齢になると死亡事故になるほどの危険な運転をしがちだからではない。人身事故が増えても、事故時の速度が低いために死亡事故になりにくいはずである。それでも死亡事故が多いということは、高齢ドライバーは事故に遭うと死にやすいということになる。

図4-5は、死亡したのは自分か相手か（歩行者、自分の同乗者、相手ドライバーや同乗者など）に分けて、非高齢ドライバーと高齢ドライバーの免許保有者十万人あたりの死亡事故率を比較した図である。これより、自分が死亡した事故率は高齢ドライバーのほうが非高齢ドライバーより二倍以上多い一方で、相手が死亡した事故率は両者であまり変わらないことがわかる。高齢ドライ

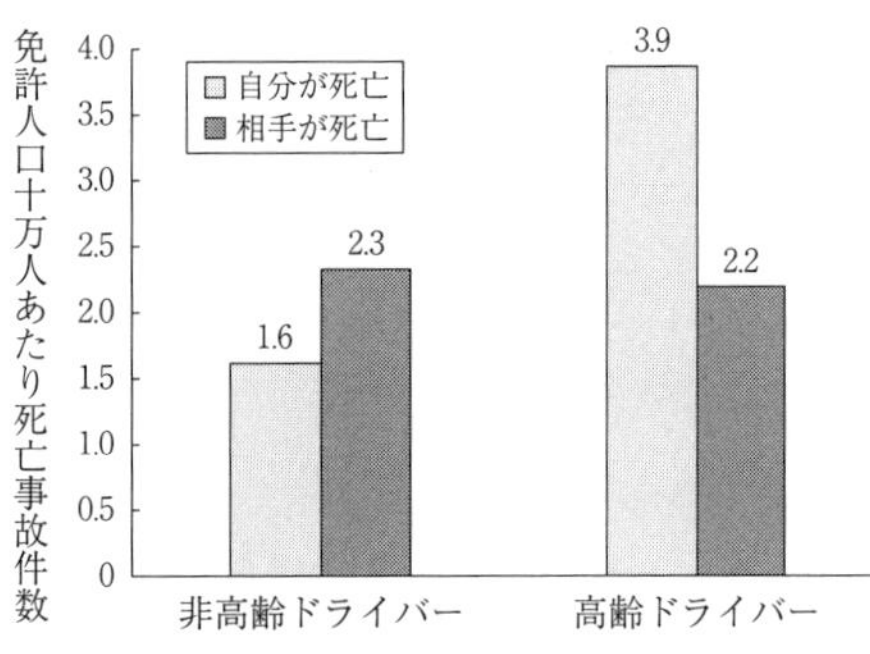

図 4-5　非高齢／高齢ドライバーの死亡者別免許人口あたり死亡事故件数の比較[11]

バーが死亡事故を起こしやすい理由は、やはり、事故を起こすと自分が死亡しやすいからである。

高齢ドライバーが死亡事故を起こして自分が死んでしまうのは、高齢者ゆえの体の弱さにある。体が弱いと、同じような衝突でも若い人に比べて死にやすいのである。この事実は自明かもしれないが、年齢や性別が異なると同じような衝突で死亡する確率がどう異なるかが明らかになったのは、比較的最近のことである。アメリカのジェネラルモーターズの主席研究員であったエバンスが、一九八八年に「ダブルペア比較法」というシンプルだが画期的な方法でこれを調べた[12][13]。

エバンスといえば、シンガポールのマンダリンホテルで一九九五年に開かれた、事故と交通医学国際会議（IAATM）が思い起こされる。筆者にとって初めての海外での学会発表で、著名な研究者であるエバンス[13]と直に話ができたからである。エバンスは温厚な中年紳士で、著書の『交通安全とドライバー』を読み感激したこと、その本を翻訳する動きが日本であることを伝えると、ニッコリと笑ってくれた。今もって残念なのは、この本と続編の『交通安全[14]』が翻訳されていないことだ。

体の弱さと死亡しやすさ

エバンスの方法を簡単に説明しよう。たとえば、二十歳に比べて三十歳のドライバーはどのくらい死にやすいかを調べるために、二つのペアの死亡事故を比較する。一つのペアは、ドライバーが三十歳で前席同乗者が二五歳、もう一つのペアは、ドライバーが二十歳で前席同乗者が二五歳の事故とする。各ペアの事故でどちらが死んだかその人数を調べ、同じ年齢の前席同乗者（二五歳）に比べて、年齢が異なるドライバーの死にやすさがどのくらい異なるかを調べる。この時のドライバーの死にやすさをR1とR2とする。そうするとR1／R2は、三十歳のドライバーは二十歳のドライバーに比べてどのくらい死にやすいかを相対的に示す値になる。この計算を前席同乗者がほかの年代の人である場合にも行って、その平均を三十歳ドライバーの二十歳ドライバーと比較しての死亡リスクとする。

こうした計算によって、エバンスは同じ衝突であった場合に、乗員の年齢が二十歳から一歳増すごとに、死亡リスクが一定の割合で増加することを示した。その結果、同じ衝突であっても、七十歳の死亡リスクは二十歳の三倍と計算された。死亡リスクは二十歳の時点では女性のほうが男性より少しだけ高いが、増加割合は男性が二・三パーセント、女性が二・〇パーセントと、男性リスクの増加率のほうが高かった。そのため、中年までは女性の死亡リスクのほうが高かったが、六十歳を超える頃になると男性の死亡リスクと同じくらいになった[12]（図4-6）。

加齢による体の弱さが衝突時の死亡リスクを高めるという調査の最新結果も、ほぼエバンスの結果と同様であった[15]。それによると、二十歳を超えると、一歳ごとに死亡リスクが平均で三・一パーセント増える。ただし、その割合は高齢になると少し加速し、男性ドライバーでは、二一〜三十歳では二・九パーセントであったのが、六四〜七四歳では三・四パーセントになった。男女差をみると、平均では女性の死亡リスクのほうが一七パーセント高いが、六十歳を超えると逆転して男性の死亡リスクのほうが高くなる。女性のほうが長生きであるように、高齢になると女性のほうが体も強くなるためだ。

最近では、シートベルトやエアバッグの装着率が高くなったり、衝撃を緩和する壊れ方をするように車のボンネット部分が改良されたり、乗員スペースが変形しないように設計されたりして、衝突時の安全性が高くなった。そのためエバンスの時代に比べると、加齢による死亡リスクの増加にも変化があるかもしれない。しかし、実際は以前と比べてほとんど加齢効果はあまり変わらなかっ

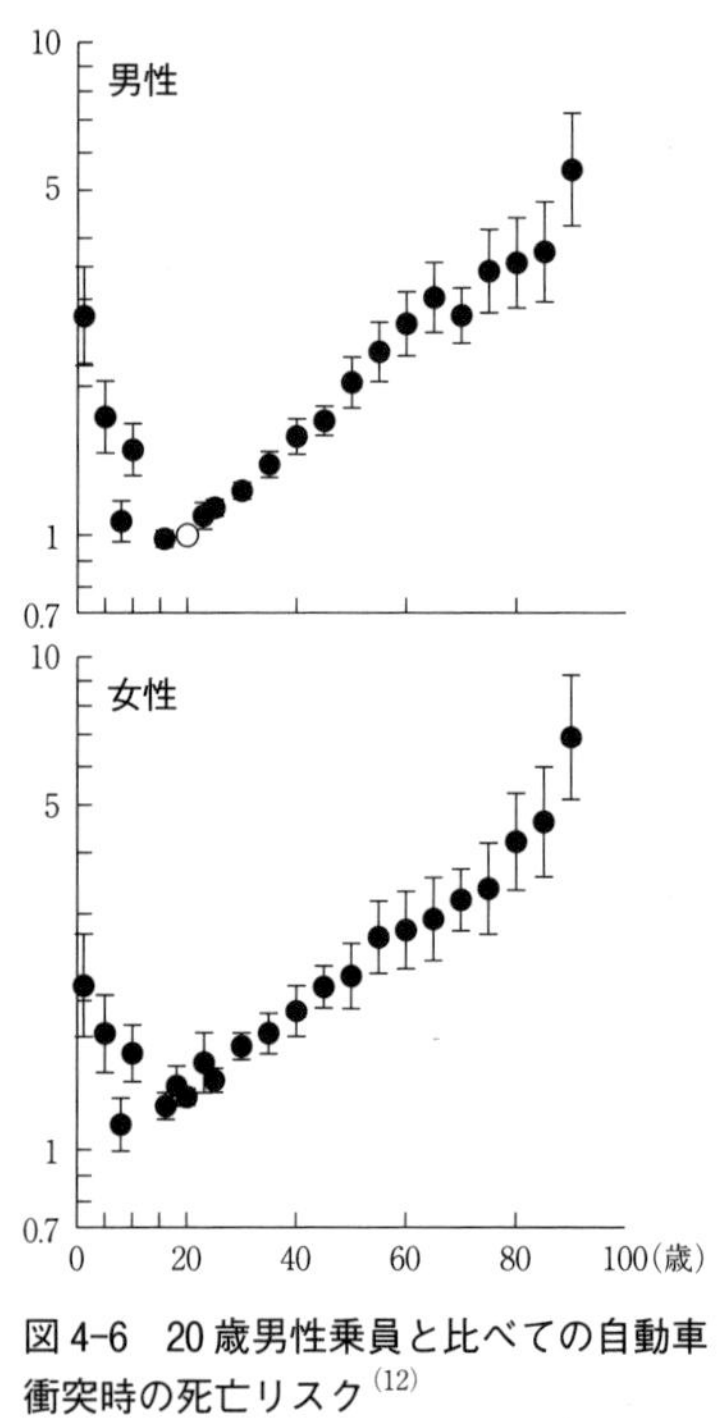

図 4-6　20 歳男性乗員と比べての自動車衝突時の死亡リスク[12]

同じ物理的衝突をした場合の死亡リスクを示す。

た[15]。一歳ごとの死亡リスクの増加は最近のほうが少し高いが、エバンスが研究していた頃と比べて現在のほうがシートベルトの着用率が増加しているためかもしれない。シートベルトは高齢者にとって胸に力が加わって肋骨骨折をもたらしやすく、若い世代に比べると死亡リスクの減少に寄与しないと言われる。それでも最新のエアバッグは高齢者にとって一層効果的であること[15]から、今後は加齢に伴う死亡リスクの増加は小さくなるかもしれない。

高齢ドライバーが起こしやすい事故

高齢者の事故がクローズアップされて以来、高齢ドライバーが起こしやすい事故の分析結果がいくつか報告されてきた。それをまとめると、他の年代に比べて高齢ドライバーは、

・注意や情報処理能力に問題があるため、交差点での事故、特に出合い頭事故や右折時の事故が多い。
・情報処理の遅れや誤りがハンドル等の操作の遅れや誤りをもたらすため、また動作が円滑でなくなるため、車両単独事故やバック時の事故が多い。
・視覚機能が低下しているため、歩行者や自転車など目立ちにくい相手との事故が多い。
・状況に応じて優先関係が変わることに対応しきれないため、優先妨害や歩行者妨害や安全不確認といった違反による事故が多い。
・病気にかかりやすいため、脳血管障害や認知症といったような病気に起因する事故が多い。

・自宅から狭い範囲を運転することが多いため、市区町村道、幅員が狭い道路・交差点、歩車道区分がしていない道路での事故が多い。
・補償運転によって危険な状況を避けうる場合には、危険な状況下での事故（夜間、雨・雪など）は少ない。

と言われている。

2　一時不停止と安全不確認（出合い頭事故）

高齢ドライバーに特徴的な事故を取り上げて、その種の事故が特に高齢ドライバーに多い理由を探ってみよう。まず取り上げるのは出合い頭事故である。

出合い頭事故

出合い頭事故は、相手の車や自転車などと出合って衝突する事故である。車がほかの車などと出合うのは主に交差点であり、道路脇の店から道路に出ようとする時にも、このタイプの事故が発生する[16]（図4-7）。

信号交差点よりも信号機のない一時停止交差点などで多く発生するのは、交差点が小さくて見逃しやすいことや、一時停止標識が信号より発見しにくいこと、交差道路からの交通が少ないと思って、一時停止や安全確認がおろそかになりやすいからである。事故発生時の車の動きを見ると、半数が直進時、三〇パーセントが発進時、二〇パーセントが右左折中であった[17]。事故を起こした車の半数は一時停止をしなかったようである。

車両の組み合わせを見ると、四輪車同士の衝突が四一パーセントと一番多いが、四輪車と自転車の衝突も三七パーセントと多いのが特徴である[18]。

出合い頭事故は追突に次いで多い事故のタイプであるが、高齢ドライバーに限ると一番多いタイプの事故である[19]（図4－8）。以下では、出合い頭事故の三分の二を占める信号機のない交差点での事故、特に四輪車が起こした出合い頭事故を念頭において分析を進めよう。

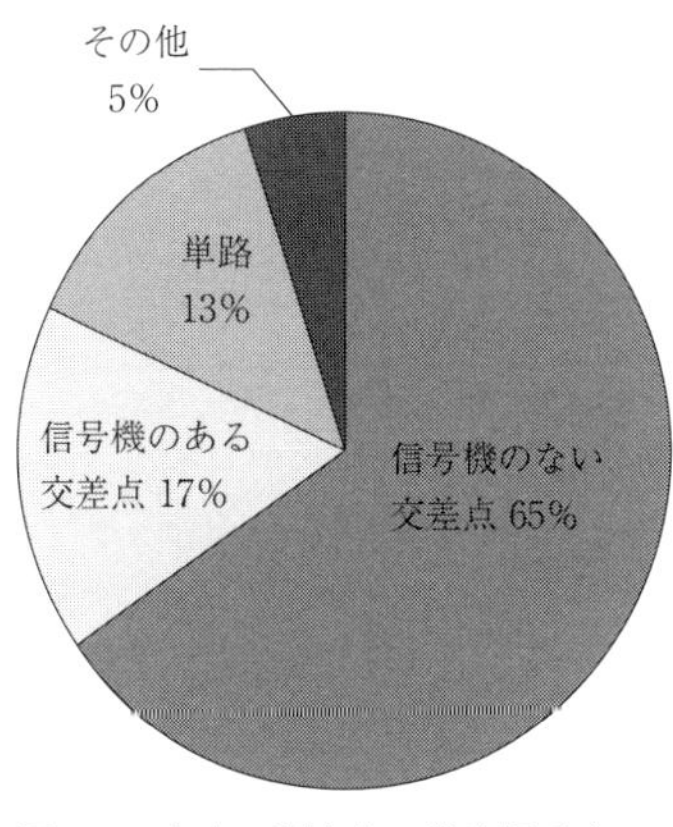

図 4-7　出合い頭事故の発生場所（2015年）[16]

出合い頭事故のパターン

出合い頭事故が高齢ドライバーに多い理由を調べるために、一時停止交差点で取るべき運転者の行動、事故時のエラー、その要因をフローチャートに示した（図4－9）。事故時のエラーは①〜⑤の五つある。①、②、③の各エラーは、交差車両があった場合には④に直結するエラーである。④の相手車両の発見の遅れは、出合い頭事故に限らず事故の四分の三を占めるほど、

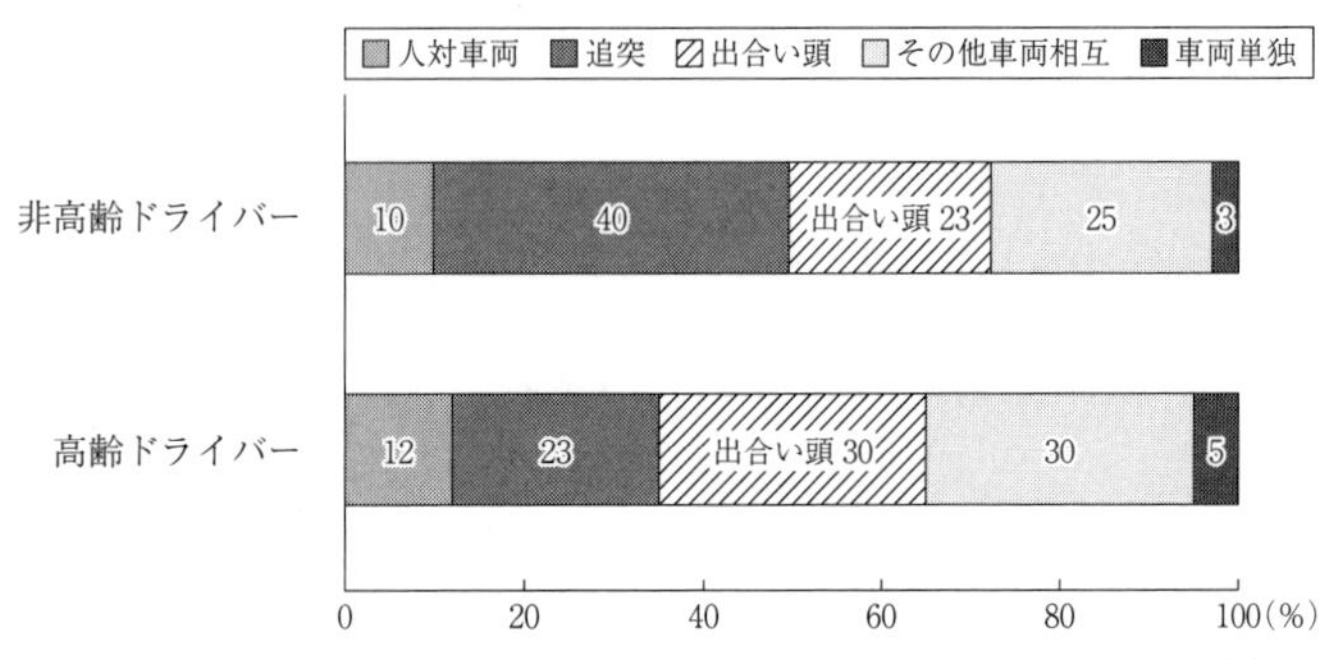

図 4-8　非高齢／高齢ドライバーの出合い頭事故の割合（2015 年）[19]

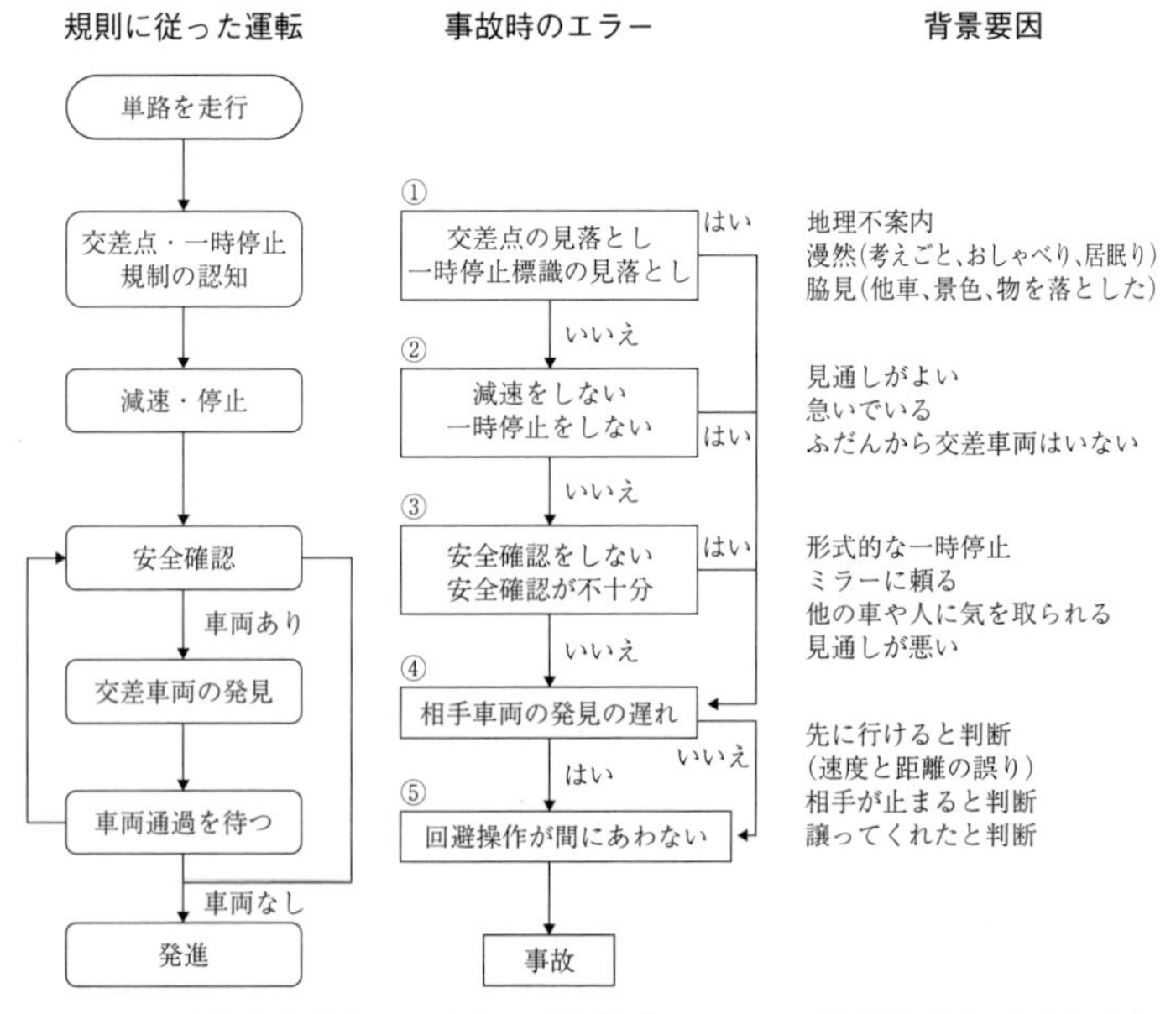

図 4-9　一時停止交差点での出合い頭事故時のエラーと背景要因（注(18)(20)を改変）

事故に結びつきやすいエラーである。ただし、相手車両を事故回避可能な時点で発見しても、背景要因に示したような誤った判断をドライバーがすると、回避操作が間にあわなくなってしまって⑤事故となる。

交通事故総合分析センターで調査した事故事例を分析した結果によれば、信号機がない交差点での出合い頭事故は数個のパターンに分けられる。[18][20][21] 三つの研究で少し違いが見られるが、筆者なりにまとめると、図4-9の①~④に対応する次の四つになろう。

① 交差点・一時停止標識見落とし型
② 一時停止標識無視型
③ 安全確認不十分型
④ 行動予測誤り型

まず、①交差点や一時停止標識の見落とし型とは、交差点が前方にあることを見落としてそのままの速度で通過してしまうエラー、あるいは交差点は認識しても自分の側に一時停止規制がかかっていることを見落として交差点を通過してしまうエラーによって生じる事故パターンである。この背景には地理不案内、考え事や脇見をしての運転がある。四輪車同士の出合い頭事故では、このパターンが四分の一を占める（二二四件中六五件[18]、一〇四件中二八件[21]）。

②一時停止標識無視型は、一時停止標識がある交差点と知りながら、見通しが良い、交通が閑散としている、今まで交差車両にあったことがないなどの理由から、標識を無視して、減速や一時停

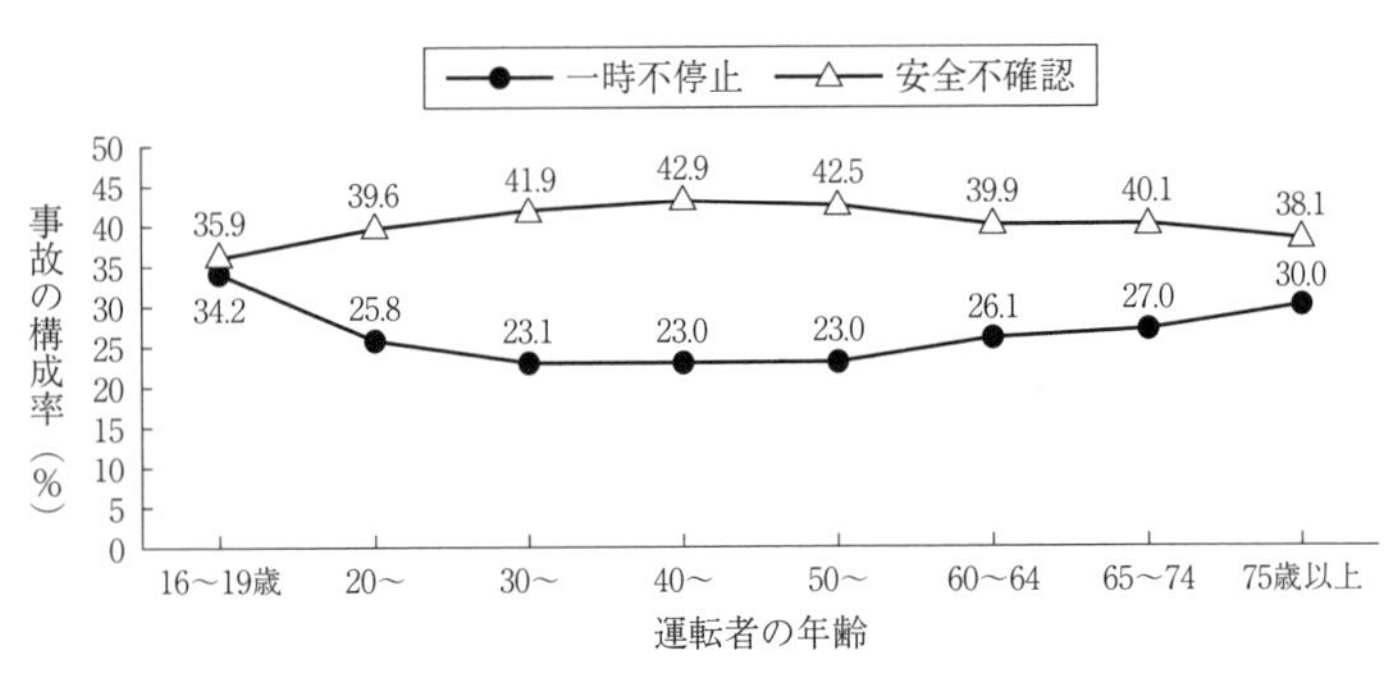

図 4-10　出合い頭事故時の法令違反の年齢差（四輪運転者が第一当事者、無信号交差点、2015 年）(17)

止をしないで交差点を通過して、事故にあうパターンである。

③安全確認不十分型は、一時停止標識を確認し一時停止をしたもののそれが形式的で、安全確認もおざなりに進行したり、ほかの車や歩行者などに気をとられて相手車両の確認が不十分であったり、また、見通しの悪い交差点に不用意に進入したりした結果、交差車両と衝突する事故のパターンで、出合い頭事故の中では見落とし型と並んで多い。

④行動予測誤り型は、相手車両を避けうる位置で発見したにもかかわらず、先に行けるとか相手が譲るといった誤った判断によって生じる事故パターンである。

事故パターンの年齢差

高齢者にはどのパターンの事故が多いだろうか。それを知る手がかりとして、出合い頭事故時の法令違反、運転者の事故要因、行動類型、危険認知速度、ライト点灯状況が、ドライバーの年齢によってどう異なるかを、交通事故総合分析センターの交通事故集計ツールで分析してみた(17)。

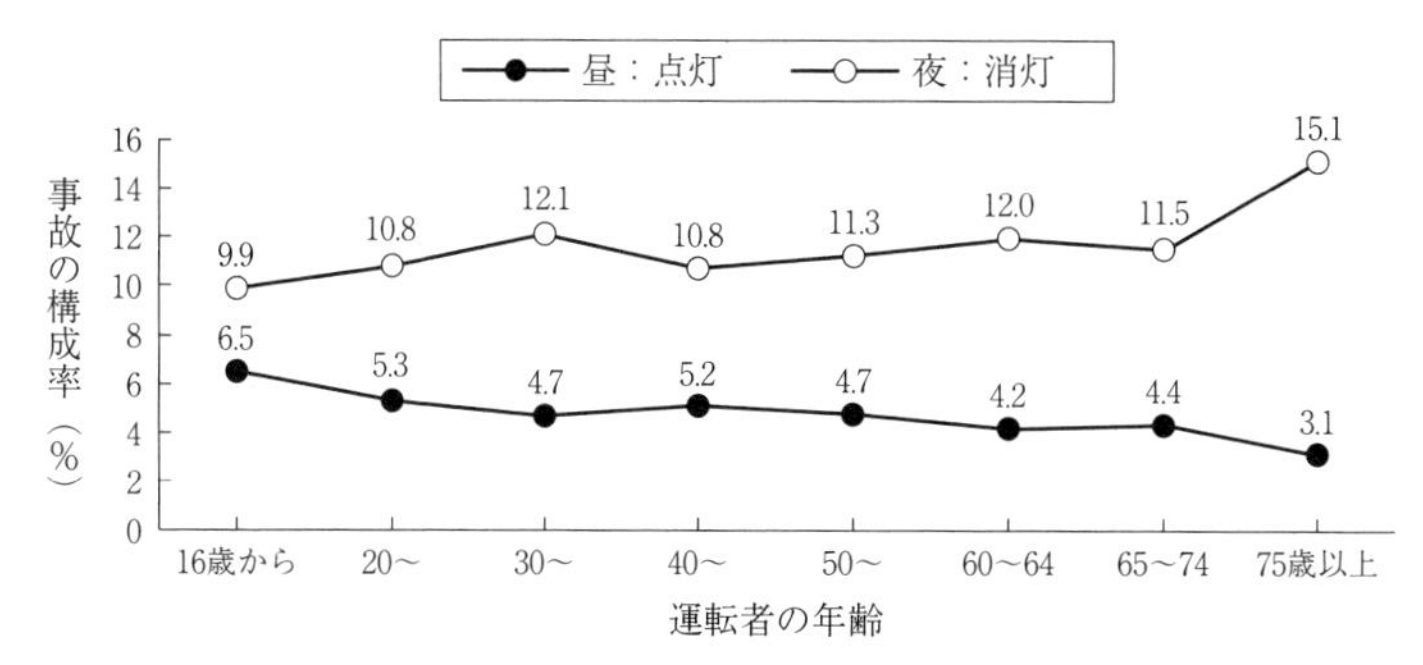

図 4-11　出合い頭事故時のライト点灯状況の年齢差（四輪運転者が第一当事者、無信号交差点、2015 年）[17]

交通事故集計ツールは、会員になるとウェブ上で簡単な操作でクロス集計ができる優れものである。シルバー会員、ゴールド会員、プラチナ会員とあって、筆者は年会費五万円を払ってゴールド会員になっている。二〇万円の会費を支払うプラチナ会員と異なり、第二当事者についての集計や死傷者数についての集計はできないが、第一当事者の事故件数についてのクロス集計だけでも結構分析できる。交通事故統計データの公開は、一九九二年に交通事故総合分析センターが設立された時からの課題であり、その解決策の一つが会員制度によるデータ提供である。

交通事故集計ツールでの分析の結果、事故時の法令違反に年齢差が見られた。中年から高齢になるにしたがって、一時不停止が次第に増え、逆に安全不確認が次第に減っていった（図4－10）。先の事故パターンで言えば、高齢になると①の標識見落とし型や②の無視型が増えていくということだ。

運転者の事故要因とは、運転者の情報処理エラーの観点から見た事故原因のことである。これは発見の遅れ、判断の誤りなど、操作上の誤りからなる。これを調べると、発見の遅れが九〇パーセントを占め、このうち一時停止交差点という安全を確認して進行すべき場所で、確認が不十分であったために相手を発見できなかったという③のエラーがどの年齢でも一番多く、八〇パーセントを占めた。パターン①に含まれる漫然運転や脇見というエラーは、割合は少ないものの高齢になると増える傾向が見られた。

行動類型は、先に述べたように直進時と発進時がどの年齢でも多かった。危険を認知した時の速度は、十代と二十代の速度が高いほかは、中年と高齢者で違いは見られなかった。ほかの事故の場合は高齢者の危険認知速度のほうが低いのだが、出合い頭事故で差がないのは、図4-10に示すように、一時停止をしない割合が高齢ドライバーのほうがかえって高いからであろう。

ライト点灯状況には、興味深い年齢差が見られた。夜間にライトを点灯しないで出合い頭事故を起こした運転者は、高齢ドライバーに多かったのだ（図4-11）。暗さに対する不安感は高齢者のほうが感じやすいことから、高齢ドライバーのほうが薄暗い状況下での点灯率は高いはずである。高齢者は、非高齢者より明るい場所で読書しているという調査結果もある。[22] それでも明るさが不十分らしく、読むのに要する時間は高齢群のほうが長かったという。これと同じことがライト点灯にも当てはまるだろう。高齢者で夜間に点灯せずに運転する人は少ないが、不点灯のまま運転した場合には事故の危険性が一層高まるということだ。あるいは、車のバッテリーが弱かった時代の知識を一部の高齢ドライバーはまだ持っていて、早めの点灯をしないということもあるかもしれない。

高齢ドライバーの出合い頭事故事例

出合い頭事故の各パターンの中から、高齢ドライバーが起こした事故事例を見てみよう。

▼事例1　交差点・一時停止標識の見落とし（地理不案内）

七二歳の男性Aさんは、金曜日の朝、人を迎えに行くために、一人で乗用車を運転して家を出た。途中、幹線道路からはずれたガソリンスタンドで給油した後、いつも走行している幹線道路に戻ろうと、右側の幹線道路上に見え隠れする車を気にしながら運転していた。

その脇道はAさんにとって初めて通行する道であり、注意が幹線道路に行っていたため、歩道の植栽で見通しの悪い一時停止交差点で、一時停止や安全確認をすることなく時速三〇キロで進入してしまった。その時、左から軽貨物が来ており、その車を認知する間もなく出合い頭に衝突した。

---

①のパターンの見落とし事故は、年齢を問わず地理不案内のドライバーに多い。事故事例分析によれば、このパターンの四輪車同士の出合い頭事故二八件のうち、非優先側のドライバーが初めて通行する道路で起きた事故は一〇件あった[21]。一般的に、初めて通行する道路で事故を起こす割合は、事故全体の一割以下であるから、一〇件は多いと言ってよい。

自宅周辺の運転が多い高齢ドライバーは、慣れた道を運転するので、この種のパターンの出合い頭事故は起こしそうにないかもしれない。しかし、Aさんのように、遠出して地理不案内の道路を通ることもある。ところで、この事故はまだカーナビが普及する前に発生したものだ。今ではこうした地理不案内の事故は減っていると思うが、代わりにカーナビの画面を見ていたために、前の車に接近しすぎたり、信号や標識を見落としたりすることに起因する事故が増えている。[23]

▼事例2　交差点・一時停止標識の見落とし（知っていたが漫然運転）

八四歳の男性Bさんは、木曜日の午後、田園地帯の見通しの良い一車線道路を一人で運転中、時々通る一時停止標識のある交差点にさしかかった。

前日の夜は眠れないほどの心配事があって、それを引き続き考えながら運転していたため、そこが一時停止すべき場所であるという意識もなく、時速四〇キロで交差点に進入してしまった。右から来た乗用車に気づいたのは事故直前で、そのまま左側部に出合い頭に衝突した。

Bさんは、八年前に緑内障と白内障の手術をしていたが、現在でも視野が狭く、斜め前方は顔を動かさないと見えないとのことだった。

注意力が低下した高齢ドライバーは、慣れた道を運転していても、考えごとなどの漫然運転や脇見運転によって、そこが一時停止交差点であることを忘れてしまうおそれがある。特に心配事を考えながらの運転は、高齢者でなくても危険だ。加えてこの事故の場合は、ドライバーがかなりの高齢で、視野に問題がありながら、四メートルに満たない狭い道路を時速四〇キロで走行していた。

▼事例3　一時停止標識無視

七一歳の男性Cさんは、四月の朝、高校に入学した孫娘を後席に乗せ、学校まで送る途中であった。二車線道路を走行中、一時停止標識のある見通しのあまり良くない交差点に差しかかり、標識を認知したものの、その後減速状態からかえって加速して交差点に進入した。その時、左から時速五〇キロで走行してきた乗用車があり、出合い頭に衝突した。

Cさんはこの交差点を時々通行していて、交通量が少ないことを経験しており、ふだんからここでは一時停止をしていなかったという。

前方に交差点があり、そこには標識があって一時停止規制がかかっていることを認知したとしても、一時停止の必要はないだろう、減速すれば十分だろう、確認さえすれば減速することもないだろうと考えて、交差点に進入するドライバーもいる。この一時停止をしなくても大丈夫だろうと思う運転は、運転能力や心身機能の低下の問題ではなく、習慣の問題である。いったん「交通が閑散で安全そうな交差点では一時停止しなくてもよい」と思う運転が習慣化されると、そういった交差点にさしかかると、無意識のうちに一時停止しなくなってしまうのだ。もちろん安全運転が一番重要であるから、一時停止すべき状況が出現すれば習慣に反して一時停止するはずであるが、そういった危険を察知する能力は高齢になると衰えてくる。まして急いでいたり、考え事をして運転していたりすると、習慣を抑制するチェック機能が働かずに、習慣通りの運転になってしまう[24]（図4－12）。

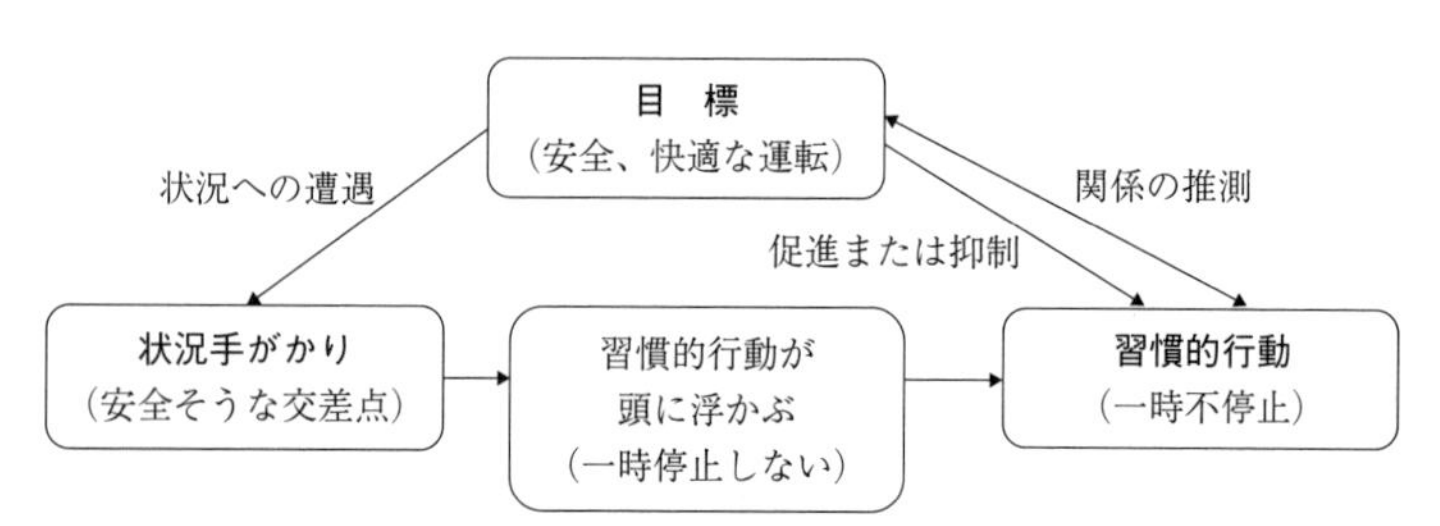

図 4-12　目標と習慣的行動のモデル（注(24)を改変）

図4-12のモデルは、習慣的行動の一般モデルであり、一時停止をしないといった習慣化された交通違反にも適用可能だ。図の中の関係の推測というのは、習慣的行動は目標と一致していると推測されがちであることを示す。しかし、いったん習慣的行動が確立すると、当初の目標とは関係なく、行動が状況や手がかりによって引き起こされることが多いという。「本当はしたくないのだが、ついしてしまう」ということだ。

▼事例4　安全確認不十分（見通しの悪い交差点での形式的一時停止）――

七十歳の男性Dさんは、薄曇りの六月の午後、妻を後席に乗せて車で家を出て、しばらくして毎日通行する一時停止標識のある交差点にさしかかり、一時停止した。この交差点はDさんから見ると上り勾配になっていて、停止線で止まっても、ガードレールが左側にあってさらに交差道路側にまで続いているため、左からやって来る車が見えにくかった。

しかし、Dさんは一時停止後、左右に目を転じただけで発進・加速したために、ブレーキをかける間もなく、左から進行してきた乗用車と出合い頭に衝突した。相手の車の色はガードレールと同じ白であった。

事例4では、一時停止はした。しかし、一時停止しなくても大丈夫だろうという気持ちで停止したためか、瞬間的に停止しただけで、安全確認する間もなく交差点に進入してしまった。瞬間的な停止であっても一時停止したと言い張るドライバーは多いが、それだとしっかりと左右の安全が確認できない。また、見通しの良いところで瞬間停止して、左右から来る車に気づいたとしても、回避する余裕はない。まして、本事例の交差点は見通しがあまり良くなく、停止線で一時停止し左右確認しても車が見えにくかった。それなのに、一時停止が目的であるかのように発進してしまい、安全確認を忘れていた。こういった見通しの悪い交差点では、停止線でまず止まり、次いで見えるところでまた止まるという二段階停止をしたり、せめて左右の安全が確認できるところまで徐行で進入し、そこで確実に一時停止したりすべきであった。もちろん一時停止するのは安全確認のためである。

一般に、同乗者が一人いると事故の危険性が減少する[25][26]。それは、同乗者を意識して安全運転をするからであり、同乗者が助手の役目をして安全確認をしてくれるからである。本件の場合は、後席左に乗車していた妻は、その役割を果たせなかった。

▼事例5　安全確認不十分（ほかの車に気をとられて）

七七歳の女性Eさんは、四月の晴れた正午前、軽乗用車を一人で運転して、毎日のように通行する二車線道路にさしかかり、そのT字交差点を右折しようとした。

手前でいったん停止し、まず左から進行して来た五、六台の車をやり過ごし、次いで右から歩いて来た歩行者二人を認めてやり過ごした。その後、左から車が来ないか気を取られ、右への安全確認を怠って発進し右折したため、右から進行してきた貨物車を発見すると同時に、出合い頭に衝突した。

右を確認した後、左から来る車に注意が集中し、車が来ないとわかると、今とばかりに右への安全確認を省略して発進したことによる事故である。このタイプの事故は、歩行者が道路を横断する時の事故にもよく見られる。確認した方向から車が来ないことに安心してしまい、次にすべき行為を省略してしまう、完了後のミスと呼ばれるヒューマンエラーだ。こうしたエラーは若い人にもあるが、高齢になると注意の切り替えや注意配分の能力が低下するため、一層多くなる。

▼事例6　相手車両の行動予測誤り

七一歳の男性Fさんは、一月の晴れた昼、仕事で乗用ワゴンを運転して、時々通行する二車線の県道にさしかかった。この交差点は、十字型でない変則交差点で、Fさんは一時停止後、左右の確認をして、低速で県道を横断し、反対側の狭い道路へ進入しようとした。

センターライン付近まで進行した時に、左後方から時速六〇キロで進行してきた普通貨物車を三〇メートル先に発見したが、自分が先に通過できるかどうか迷っているうちに、何もできずにそのまま進行して衝突した。

直接の事故原因は、先に通過できるか迷ったまま回避行動を取らなかったことであるが、横断前の安全確認が不十分であったことと、幹線道路を横断する速度が低すぎたことが、高速で左方から進行して来た車と衝突した原因だ。この事故はいかにも心身機能が低下した高齢ドライバーの事故らしい。

以上、出合い頭事故の各パターンの中から、高齢ドライバーが起こした事故事例を見てきた。最後の事例6を除けば、高齢ドライバーに特有の事故というわけではないことに注意しよう。しかし、出合い頭事故自体は高齢ドライバーに特徴的な事故である。高齢ドライバーの心身機能低下や病気が、この種の事故に潜むヒューマンエラーを起こしやすくするからである。

3　歩行者の見落とし（歩行者事故）

高齢者の歩行者事故と言えば、高齢歩行者がまず頭に浮かぶ。四千人の交通事故死者のうち、千人が高齢歩行者だからだ。しかし、ここでは高齢ドライバーは歩行者事故を起こしやすい、どんな歩行者事故を起こしやすいのか、それはなぜかという話をしたい。

歩行者事故の特徴

歩行者事故は、文字どおり歩行者が車や自転車などと衝突する事故である。そのため、負傷したり死亡したりするのはほとんど歩行者である。そのせいもあって、歩行者側の過失が一番重い（第一当事者）と判断される歩行者事故は三パーセントにすぎない。事故事例調査によれば、事故の少なくとも半数は歩行者側に原因があるとされるが、弱者保護の観点から「悪いのはドライバー」と考えるのだ。歩行者が赤信号で横断を開始した場合でも、そこが住宅街で歩行者が子どもや高齢者の場合には、裁判では歩行者とドライバーの過失は半々となるらしい。ドライバーからすればそんな無茶なということになるが、公道を車で走るということにはそれだけの責任が伴うということだ。

無防備な歩行者が被害にあうことから、歩行者事故は重大な事故になりやすい。人身事故に占める死亡事故の割合を死亡事故率というが、事故全体の死亡事故率が一パーセントに満たないのに対して、歩行者事故は三パーセントと四倍近く高い。事故にあう歩行者には子どもや高齢者が多く、歩行者事故全体の半数を占め[27]、人口あたりでも他の年代より歩行中死傷者数が多い。

ほかの事故に比べ、歩行者事故は夜間に多く発生する（図4-13）。時間帯では、午後四時から八時までの夕方の四時間に、歩行者事故の三分の一が発生している[17]。なぜ歩行者事故は夜間、特に夕方に発生しやすいのだろうか。ドライバーと歩行者のそれぞれの視点から考えてみよう。

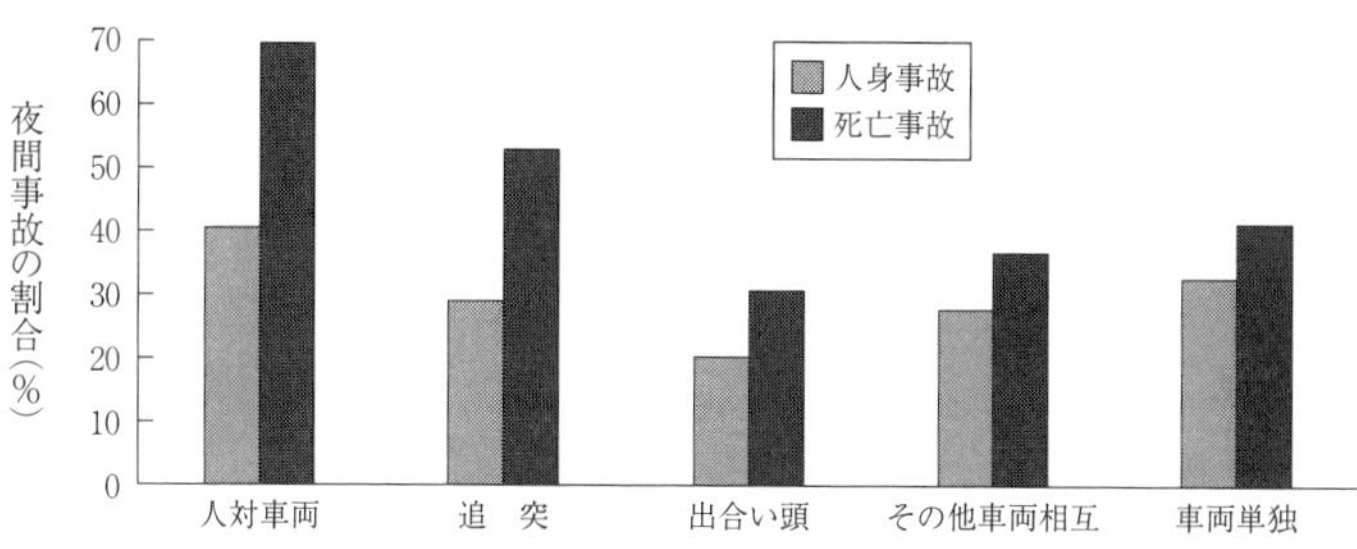

図4-13　事故類型別の夜間事故割合（2015年）[27]

夜間に歩行者事故が起きやすい理由

ドライバーにとって、夜間は暗さや疲れから、歩行者事故に限らず事故を起こしやすい。中でも歩行者事故が多いのは、暗いと特に歩行者は見えにくいからである。車と比べて歩行者は小さいし、車の左右から進行してくることが多いからだ。

歩行者が小さい存在であることは昼も同様であるが、暗い中で小さなものを発見するのはより難しい。また、夜間は単に暗いだけでなく、ところどころに明るいところがある。照明灯の下や車のライトの照射範囲が明るく目立つ分だけ、暗いところにいる人はさらに発見しにくい。

歩行者事故の六割は、道路横断中に発生する。ドライバーから見て左右から出現する歩行者は発見しにくいのだ。飛び出し型の左からの横断と、横断後半型の右からの横断では、どちらが危険だろうか。道路が広くなると右からの横断事故が増えるし、昼夜で比較すると夜間は車のライトの照射範囲の外から歩行者が横断してくる、つまり右から横断してくる事故が多くなる[28]。横断歩行者を早く発見するためには、速度を抑えて走行することのほかに、ライトを上向

図 4-14　通常運転時（左）と白内障ゴーグル装着時（右）の見え方[32]

きにして照射範囲を伸ばすことが重要だ。しかし、歩行者事故の事例を見ると、昼より夜のほうが速度が速く、ライトを下向きにして走行している車が多かった[29]。

歩行者からみても、夜間の車は見つけにくい。一つは、歩行者からみても車は左右から来るからだ。その車がライトを点灯していなかったり、下向きライトで走行してきたりすれば、なおさら見つけにくい。また、夕方、特に秋から冬にかけてのたそがれ時に、歩行者事故は多発する[30]。午後五時ごろは、通勤・通学や買物の帰りで歩行者が活動する時間帯だ。それに加えて、秋になると日が短くなって、あたりは急に薄暗くなる。昼間にトンネルに入った時など、明るいところから急に暗いところに入ると、眼が慣れるまでよく見えないことがある。これほど急激ではないが、日没前から日没後にかけては徐々にあたりは暗くなる。夕方の暗さに眼はすぐには順応できないため、危険性が増すのだ。さらに、暗くて視力は低下しているのに、われわれの脳はまだ見えていると思い込んでいるらしい。

夕方や夜間の見えにくさは、高齢者で特に深刻である。加齢に伴って、視力や視野といった視覚機能が低下するのに加えて、白内障といった眼の病気も増加する。白内障は、早い人では四十代から発症し、八十代になると大半がこの病気にかかるという[31][32]（図4－14）。

歩行者事故のパターン

二〇一五年に発生した歩行者事故は、五万五千件だった。このうち自動車が第一当事者であった事故は、四万六千件で八四パーセントを占めた[27]。この歩行者事故を対象として、事故はどこで発生したか、車と歩行者はどう行動していたかという観点から分類すると、次の六つに分けることができた[17]。この六つで、事故の三分の二近くを占めた。

①　信号交差点で車が右折、横断歩道を歩行者が横断中（七七六七件、一七パーセント）
②　無信号交差点で、横断歩道を歩行者が横断中（三三一四件、七パーセント）
③　無信号交差点で、横断歩道がないところを歩行者が横断中（四四六八件、一〇パーセント）
④　単路で、車が直進、横断歩道がないところを歩行者が横断中（三八〇一件、八パーセント）
⑤　単路で、車が直進、歩行者が対面通行あるいは背面通行中（三三六八件、七パーセント）

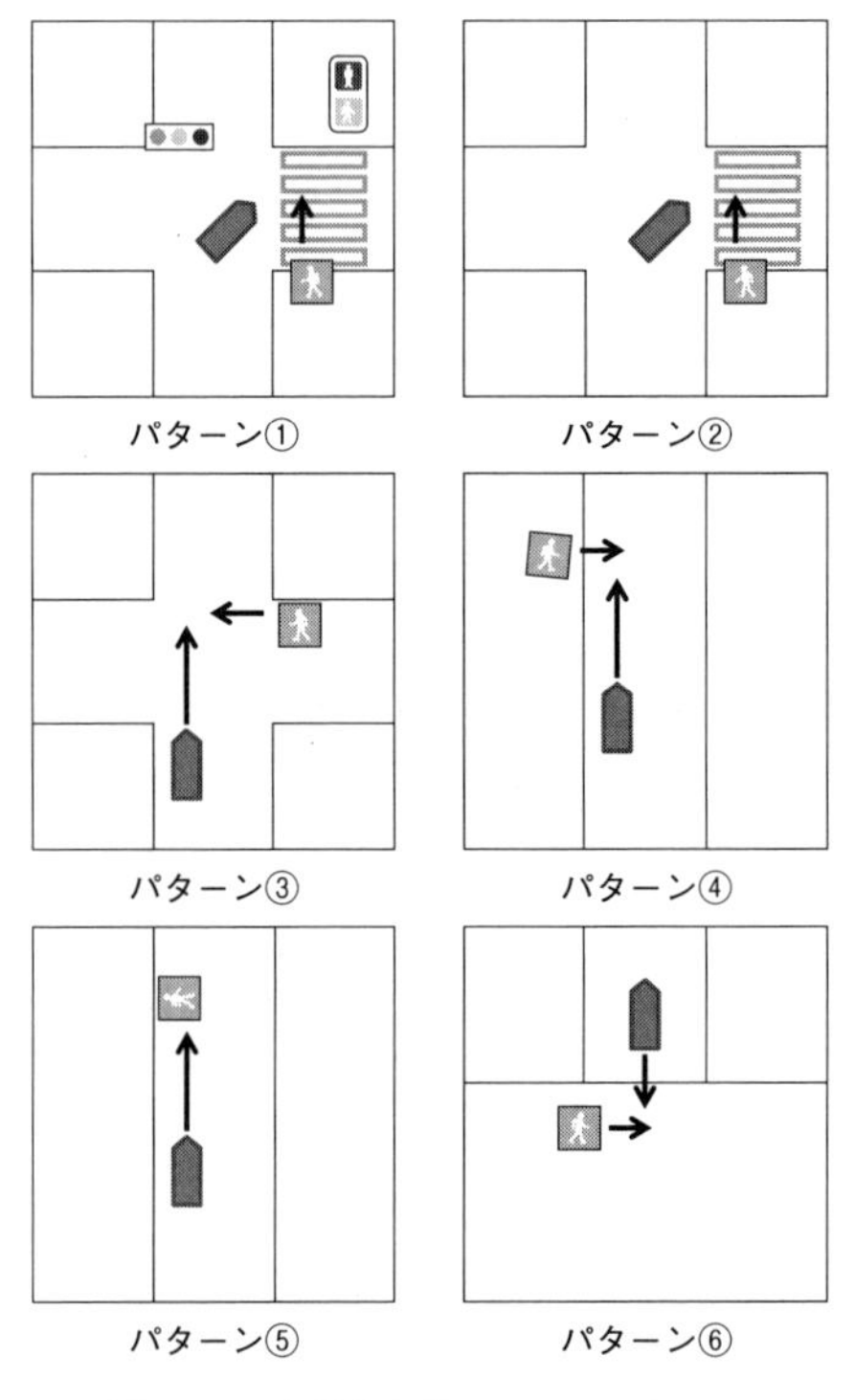

図 4-15　歩行者事故の六つのパターン

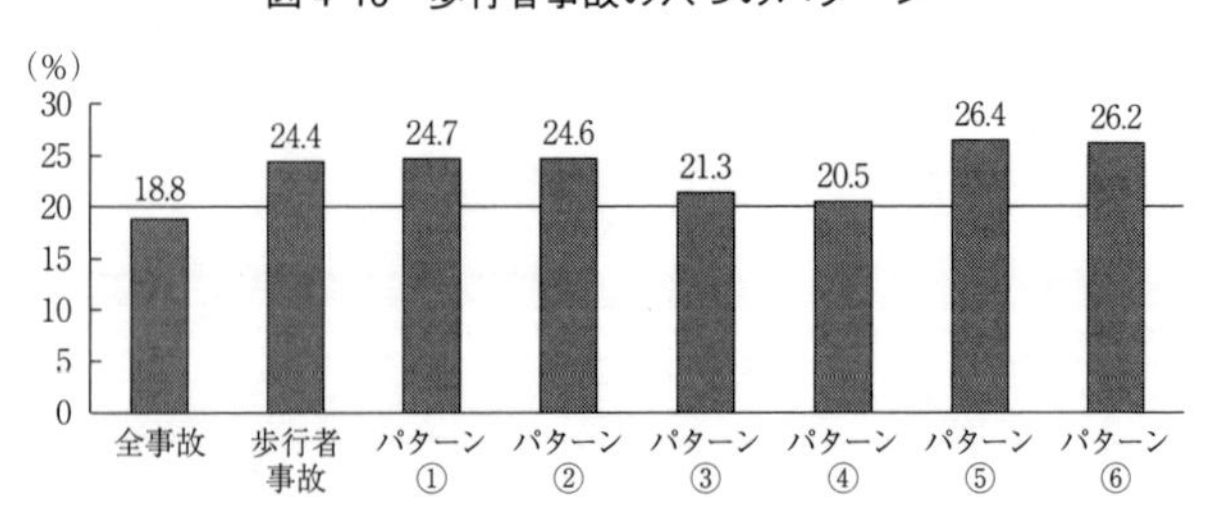

図 4-16　高齢ドライバーが起こした事故の割合 (17)

歩行者事故、特にパターン⑤⑥で高い。

⑥　駐車場等での歩行者事故（六二七八件、一三パーセント）

この六つのパターンの事故を図で示すと、図4-15のようになる。

ここからは事故パターンごとにその特徴を概観していく。また、六つのパターンの事故は、高齢ドライバーが起こした割合がほかの事故より高く、二〇パーセントを超えていた（図4-16）。それぞれのパターンに潜むどういった事故誘因が、特に高齢者にとって歩行者事故に結びつきやすいかをみていこう。具体的な事故のイメージがわくように、各パターンに当てはまる事故事例も紹介したい。

パターン①　信号交差点で車が右折、横断歩道を歩行者が横断中の事故

パターン①の事故は、最も多かった。信号交差点での歩行者事故の七割はこのパターンであった。車が右折した時に信号無視があったかどうかを調べると、ドライバー側の信号無視は七七六七件中わずかに一一件のみであった[17]。このパターンの事故のほとんどは、ドライバーも歩行者も共に信号が青の時に発生したと思われる。ドライバーの事故要因を調べると、ほとんどが安全不確認であったことから、右折時に対向直進車やほかの横断中の歩行者や自転車に注意が向いていたというより、単に歩行者を見落として事故を起こしたようだ。

右折する時は、対向から直進してくる車と、右折先を横断する歩行者や自転車に対して注意を払う必要がある。実は、右折四輪車にとっては、横断歩行者との事故より、対向してくる車や二輪

車・自転車との事故のほうが多い。右折時には、赤信号にならないうちに右折するという時間的なプレッシャーもある。安全確認をしながら、右折という操作も同時に行う必要がある。こうした短い時間の中で注意を配分して運転するのは、高齢者が最も苦手とするところだ。

▼事例7　信号交差点を右折中に右から来た横断歩行者と衝突

七一歳の男性Gさんは、一一月の小雨降る朝、友人宅を訪問するために、両側に歩道がある二車線道路を一人で運転し、四車線道路が交差する十字交差点を右折しようとしていた。信号が赤であったために停止線で停止し、青信号で右折を開始したが、対向車があったため、交差点中央部で再び停止して三、四台をやり過ごした。その後、対向直進車の有無を確認しながら右折を開始したが、急いでいたため、横断歩行者はいないと思い込んで右折した。しかし、その時、右から横断歩道を歩いてきた男性がいて、発見と同時に衝突した。

この事故の原因は、対向直進車方向への注意の偏りと、急いでいて横断歩行者への注意を怠ったことだ。右折する車の右側から来る歩行者は見つけにくいし、小雨が降っていたことも発見できなかった背景にある。この種の事故は、典型的な右折時の歩行者事故であり、ドライバーが高齢者でなくてもよく発生する。つまり、高齢ドライバーにとってはさらに危険な運転状況下での事故だ。

パターン②　無信号交差点で、横断歩道を歩行者が横断中の事故

パターン②の事故は、パターン③の「無信号交差点で、横断歩道がないところを歩行者が横断中」の事故と似ている。異なる点は、横断歩道がある場所で横断していたことであり、またパターン②の事故のほうが、軽傷、右折時、中規模交差点、市街地での事故であることが多い。信号機をつけるほどではないが横断歩行者が多い交差点には、横断歩道が設置される。そんな交差点でこのタイプの事故は発生する。

こういった交差点に進入する優先道路を走るドライバーにとっては、交差車両より自分が優先だという意識から、交差点で止まることをあまり想定していないし、ドライバーが一時停止規制のかかった非優先側の場合には、交差車両の動向をまず気にかける。そのため、横断歩行者は見落とされがちになる。一方、歩行者の中には、横断歩道があるところは歩行者優先という意識から、警戒感を持たずに横断する人もいる。パターン②の交差点は走行するのに気をつかう交差点だ。

▼事例8　信号機のない大きな交差点での横断歩道横断中の歩行者との事故

六七歳の男性Hさんは、朝九時頃、三週間前発症した椎間板ヘルニアのリハビリを済ませ、陶芸教室に向かうため、一人で片側二車線道路の第一車線を時速五〇キロで通行していた。交通はスムーズに流れていた。

陶芸教室はもう始まっていたので、助手席に置いたメモ用紙や薬の袋などを持ってすぐに降車できるように、そちらを見て片付けをしながら交差点内をそのままの速度で進んだ。進路前方に視線を戻すと、交差点をほぼ通過して横断歩道に差しかかるところであった。その時に初めて横断歩道の二、三メートル先を右から左に横断する歩行者が目に入った。とっさに急ブレーキを踏みながらハンドルを右に切ったが、間に合わなかった。

この事故は、郊外の幹線道路での横断歩行者事故で、パターン②の典型ではないが、よくある事故の一つだ。交差点を直進する際に、手前に横断歩道がある場合は比較的歩行者を発見しやすいが、この事故のように交差点の向こうに横断歩道がある場合は歩行者を発見しにくい。ドライバーにとっては、交差点を渡ったという安心感のようなものがあるからだ。この事例でも左右から車が来ないことを確認して、また周囲の交通が閑散としていたことから、視線を助手席の薬の袋などに移したと思われる。交差点で速度を落とさなかったのは、陶芸教室に早く着こうと急ぐ気持ちがあったからである。この事故は高齢ドライバーに特有というわけではないが、体幹が安定していてハンドルをもっと右に切れたら回避できたかもしれない。

パターン③　無信号交差点で、横断歩道がないところを歩行者が横断中の事故

パターン③は、六つのパターンの中では、パターン④と並んで高齢ドライバーの事故割合が比較的低い事故だ。信号機のない交差点で歩行者が横断という状況はパターン②と同じであるが、横断歩道がない場所なので、ドライバーの注意は交差道路から来る車に一層集中しやすい。そんな時に歩行者の道路横断があると、高齢ドライバーでなくとも回避しにくい。相対的に高齢者が第一当事者である割合が低いのはこのためだろう。ところで、交差点といっても十字交差点ではなく、幹線道路とそれに接続する狭い道が交差するような交差点も多い。ここでは、そうした交差点を直進した時と右折した時の横断歩行者事故を取り上げよう。

▼事例9　信号機も横断歩道もないT字交差点での子どもの飛び出し事故

七八歳の男性Iさんは、昼過ぎに妻を同乗させて、毎日通る片側一車線道路を時速四〇キロで直進していた。道路の左側前方の歩道に小さな子どもが二人と、その先に一人いるのを認め、低学年の小学生で少し危ないように思ったので、時速三五キロに減速して進行した。しかし、二人の子どもの横を通り過ぎた時、先にいた一人が車道に飛び出してきた。急ブレーキをかけたが、雨あがりで路面が湿っていたこともあって、間に合わず衝突した。子どもは七歳で、家に早く帰りたい気持ちがあったため、安全確認をしないで横断したという。

この事故は、よくある子どもの飛び出し事故だ。現場はT字交差点で子どもが飛び出した先に狭い道路があった。子どもとその先の道路がセットされているのだから、飛び出しを想定し、もっと速度を落とし、進路も右よりにして運転すべきであった。

▼事例10　交差する四車線道路を右折中の車と横断歩行者の事故

七六歳の男性Jさんは、昼前に一人で車で買物に出かけ、近所の変形十字路交差点入口で一時停止後、右折を開始した。交差道路は四車線で広く、合流のために左から進行してくる車はないかと左方のみに気をとられ、前方と右方に対する安全確認を怠り漫然と時速二〇キロで右折し、横断中のKさんに気づかず衝突した。

八四歳の女性Kさんは、収穫したジャガイモを自転車後部席に積んで、自転車を押しながら交差点を横断中に、右折しようとしているJさんの車を認めた。しかし、その後反対側の車線の左から来る車のほうに気をとられて、すぐに目を離してしまい、衝突するまでJさんの車に気がつかなかった。

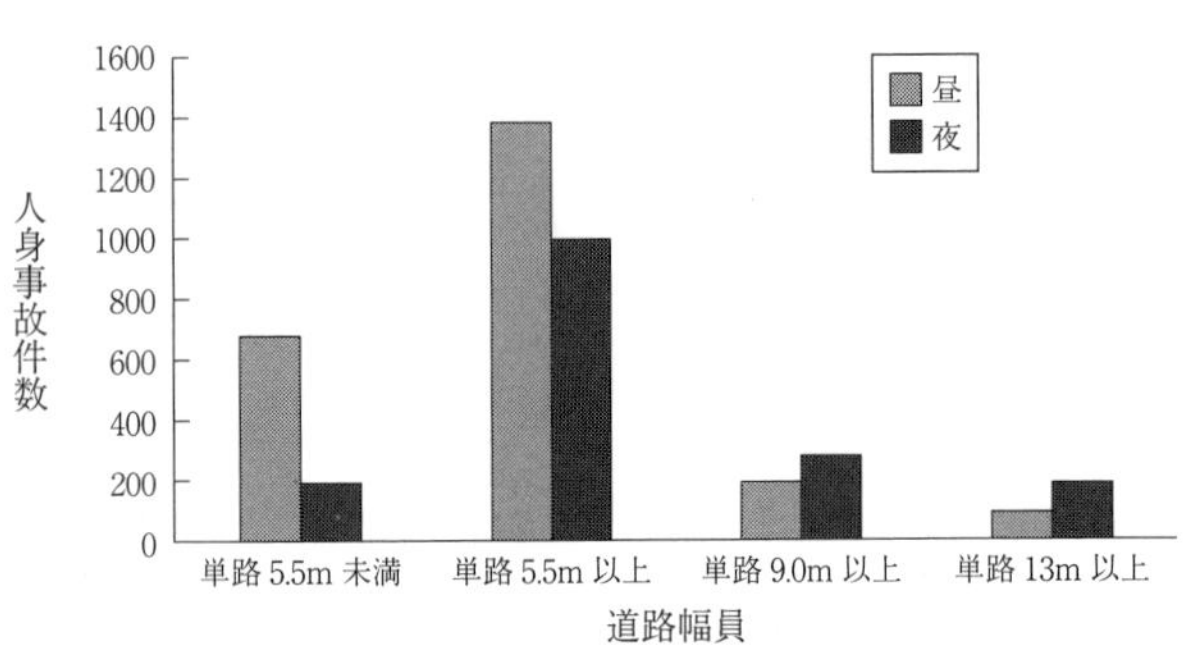

図 4-17　道路幅員別の昼と夜の事故発生件数（パターン④の歩行者事故）[17]

この事故は、四車線道路を右折している時に、交差道路の左からの交通に気を取られて、前方の小道から横断してきた歩行者を見落とした事故である。信号機がない広い道なので、道路中央部でいったん停止して左や前方の交通を確認するくらいの用心深さがあれば、事故にはならなかっただろう。

パターン④　単路で、車が直進、横断歩道がないところを歩行者が横断中の事故

パターン④の事故は、危ない歩行者事故の代表のようなイメージがあるが、実際は一割に満たなかった。このパターンの事故の特徴は、死亡・重傷事故が多いこと、幅員の狭い生活道路のようなところでは昼に発生する割合が高く、幅員が広い道路では夜間の割合が上がっていくことである[17]（図4-17）。

パターン④は、六つのパターン中、高齢者が第一当事者である割合が最も低い。単路での運転は最もポピュラーな運転で、運転中の負担は少ない。しかし、いったん横断歩行者が現れると、幹線道路での横断禁止場所横断や斜め横断、生活道路での子どもの飛び出しなど、高齢ドライバー以外のドライバーでも事故を回避しにくい。

▼事例11　渋滞車両の間から歩行者が横断してきた事故

六七歳の男性Lさんは、朝早く市役所に税の申告に行ったが、忘れ物があって自宅に戻るため、歩道のある片側一車線の道路を、時速三〇キロで一人で運転していた。右の対向車線上には、連続して渋滞車両があった。その時突然、渋滞車両の間から歩行者が横断してくるのを発見し、急ブレーキをかけたが間に合わずに衝突した。

歩行者のMさんは八二歳女性で、道路反対側の畑に農作業に行くところであった。

Lさんは毎日運転している、心身が健康な高齢ドライバーである。渋滞からの飛び出しを予想していなかった点は問題であるが、こういった事故は誰にでも起こりうる。右側に注意しつつ、できるだけ車線の左側を、速度を抑えて運転するしかないだろう。

▼事例12　生活道路での横断歩行者事故

七四歳男性のNさんは、一〇月の日没直後に、農作業を終えて自宅に戻ろうと幅員四メートルの一車線道路を運転していた。薄暗くなったのでライトを下向きに点灯し、時速三〇キロで走行していた。前方には、一緒に作業していた長男の車がいて、自宅に着くところであった。その車のほうに気を取られ、進路直前の安全確認が不十分であったため、突然目の前に右から横断してきた腰が曲がったOさんを発見した。Oさんは車の前部に衝突して道路上に転倒した。

八八歳女性のOさんは農作業の帰りで、付近が薄暗くなって小雨が降ってきたので、急いで自宅に帰ろうとしていた。一台の車が通り過ぎるのを待った後、その後ろからの車はないと思い横断を開始したが、後ろから来ていたNさんの車と衝突した。

直接の事故原因は、Nさんが前方の長男の車に気を取られて横断歩行者への安全確認をしなかったことであるが、夕暮れ時に小雨で視界の悪い中、狭い一車線道路をライトを上向きにせず、十分に減速しないで運転していたことが、横断歩行者のOさんを見落とした間接的原因だ。もちろん歩行者のOさんにも、安全を確認しないで横断した責任がある。農村部では、この事故のように高齢ドライバーと高齢歩行者の事故が発生しやすい。

パターン⑤　単路で、車が直進、歩行者が対面通行あるいは背面通行中の事故

パターン⑤の事故は、ほかの歩行者事故と比べると夜間に発生しやすいが、それでも昼間の事故のほうが多い。また、対面通行と背面通行を比較すると、背面通行の事故が一・五倍多い。右側を歩く対面通行と異なり、道路の左側を車を背にして歩くと、車が見えず、危険だからである。

このパターン⑤で注意すべき点は、前方に見える歩行者を発見し、その動静を見守ることだ。しかし、次の事例13でみるように、他のところに注意が行っていると発見が遅れることがある。また、歩行者を発見した後の注意の持続は、高齢ドライバーにとって容易ではない。そのため、このパターンの事故は、認知資源の乏しい高齢ドライバーが起こす割合が高い。また、このパターンの事故は、他のパターンの事故と異なり、高齢ドライバーが運転する機会の多い、幅員が五・五メートル以下の狭い道路で最も多く発生している。

▼事例13　狭い道で大型車が歩行者の後ろから衝突した事故

六八歳の男性Pさんは、大型貨物車のプロドライバーで、雨の夕方、大型貨物を運転して家に帰る途中であった。現場は狭い片側一車線道路で、外側線も含めても片側が三メートルしかなかった。この道路は毎日通っていて、狭く危険な道路であることは知っていたが、ライトを下向きにして時速四五キロで進行していた。衝突地点の手前に来た時、対向方向から大型車がやって来て、それとのすれ違いに気をとられ、左前方への安全確認がおろそかになっていた。

そのため、衝突直前に五メートル手前で左を背面歩行中のQさんを発見することになってしまい、Qさんは二〇メートル先まで飛ばされた。七九歳女性のQさんは、隣の家に行った帰りで、道路左側を歩行していた。自分が歩いていることに、後ろから来る車のドライバーは気づいていると思っていたという。

歩道のない狭い道路では、路側を歩いている歩行者や自転車に用心する必要がある。まして夕方で雨が降って視界が悪い時は、速度を抑え、ライトを上向きにして運転すべきだった。

パターン⑥　駐車場等での歩行者事故

駐車場等には店舗等の駐車場の他に、広場や空き地、サービスエリア、パーキングエリアなどが含まれる。こういった場所での事故の特徴は、軽傷事故が多いこと、歩行者が子どもの場合には駐車車両の陰からの飛び出しが多く、高齢者の場合には車がバックしている時の事故が六割を占めることである。[33]

パターン⑥は、パターン⑤と並んで高齢ドライバーが起こす割合の高い事故だ。特徴は、バック時と発進時の事故が半数以上を占めることである。バック時や発進時は、車の周囲の状況をよく確認してから車を動かす必要があるが、高齢ドライバーはこうした行為が苦手だ。パターン⑥の四分の三は、高齢ドライバーがよく遭遇する状況である、日中、買い物などの私用中に発生している。

▼事例14　車庫入れ中のペダル踏み間違い事故

八十歳男性Rさんは、午前中に外出先から自宅に戻り、門のところで同乗していた妻のSさんを降ろし、庭にある車庫に車を入れようとしていた。バックして入れようとしたが、二回切り返しただけではまっすぐに入れられなかったので、車体の向きをまっすぐにしようと前進した。しかし、門扉の手前まで来てしまい、停止しようとブレーキを踏もうとして、誤ってアクセルを踏んでしまった。そのため、一層加速した状態になって、前進してSさんと衝突し、同時に門扉とも衝突し、自宅前の道路反対側まで進んだところで停止した。

Sさんは、アコーディオンカーテン式の門扉を閉めようとしていたところであった。

ペダル踏み間違い事故は、追突事故や車両単独事故でみられるが、たまに人と衝突することもある。原因は、同じ踏むという動作をするアクセルとブレーキのペダルが、二つ並んでいるという構造にある。ふだんは間違わないが、あわてていたり焦っていたりして注意力が低下している時には、ブレーキを踏むつもりが、ふだんから操作回数の多いアクセルのほうを誤って踏んでしまうのだ。ペダル踏み間違い事故の最大の人的要因はあわて、パニックで、ほかに高齢（七五歳以上）、乗り慣れない車、などが多い(34)。事例14もRさんが最近購入した軽乗用車での事故であった。また、車庫になかなか入れられず、車体の向きをまっすぐにしようと焦って前進した時に発生した。

事故パターンから見た高齢ドライバーに歩行者事故が多い理由

以上の六パターンの歩行者事故は、前述のようにいずれも高齢ドライバーが第一当事者である割合が高く二〇パーセントを超える。それぞれのパターンに潜む事故誘因が、特に高齢者にとって事故に結びつきやすいということだ。

パターン間の比較をすると、パターン⑤と⑥が多く、逆にパターン③と④は比較的少なかった。高齢ドライバーの割合が多い事故パターンには、認知的な運転負担が大きい状況下であるために高齢ドライバーはエラーを起こしやすいという点のほかに、高齢ドライバーの運転機会が多い状況で起きているという側面がみられた。逆に、高齢ドライバーが少ないパターンには、想定外の横断など、高齢ドライバー以外のドライバーでも回避しにくい状況下での事故という共通点がみられた。

4　視覚情報処理の遅れと操作の誤り（車両単独事故）

車両単独事故

車両単独事故は、運転中の車や歩行者を巻き込むことなく、物と衝突するなどして事故車両のドライバーや同乗者が死傷する事故をいう。これには、防護柵や電柱や塀などの物と衝突したり、運転者のいない駐車車両と衝突したり、道路外に逸脱したり、道路上で転覆・転倒したり、車両が急停止して乗客などがケガをしたりする事故が該当する。

車両単独事故の多くは、車道をはみ出して防護柵や電柱などの工作物と衝突したり、道路外に逸脱して転落したりする。車道をはみ出す運転になってしまう理由を考えると、スピードが出すぎていてブレーキ／ハンドル操作が効かなかった、それほどスピードを出していなくてもカーブを見誤った、運転技能が未熟だった、お酒を飲んだり疲れたりしてぼんやりしていた、などが浮かぶ。

この事故イメージからすると、車両単独事故は若者特有の事故と思われるかもしれないが、車両相互事故と比べると高齢ドライバーに多い事故でもある[35]（図4-18）。まず車両単独事故の特徴を確認してから、高齢ドライバーの車両単独事故（以下、単独事故）をみていこう。

単独事故の特徴

単独事故の三分の二は、単路で発生する。特に、単路でもカーブしている地点で多く発生するのが特徴である。車両相互事故では、単路のカーブで発生する事故はわずか二パーセントであるが、単独事故では二〇パーセントに達する。[27] ドライバーが事故の危険を認知した時の速度を危険認知速度というが、これが高いことも単独事故の特徴だ[17]（図4-19）。意外に思われるかもしれないが、ふつう事故の半数以上は時速二〇キロ以下の速度の時に発生している。しかし、単独事故では低速での事故はそれほど多くない。それは、単独事故では低速運転となる右左折時や発進時の事故が、他の事故と比べると少ないからでもある。

どういった原因で単独事故を起こしたかを事故時の違反からみると、操作不適と漫然運転と脇見が多かった[36]（図4-20）。特に、操作不適は違反の半分近くを占めた。操作不適とはどういった運転なのだろうか。その内訳をみると、単独事故以外ではブレーキの踏みが弱かったり遅れたりして、また（ブレーキとアクセルの）ペダル踏み間違いをして追突事故などを起こすことが多い[37][38]。それに対して単独事故では、ハンドルの操作不適や急ブレーキが多い。ハンドルの操作不適というのは、ハンドルの切りすぎや切り不足、急ハンドルのことをいう。この時の危険認知速度は高く、深夜から早朝に、若い運転者に多く発生するのが特徴だ[34]。急ブレーキによる事故の多くは、単独事故を起こしやすい自動二輪や原付や自転車の転倒である。四輪車だけを考えるとペダル踏み間違いのほうが多い。

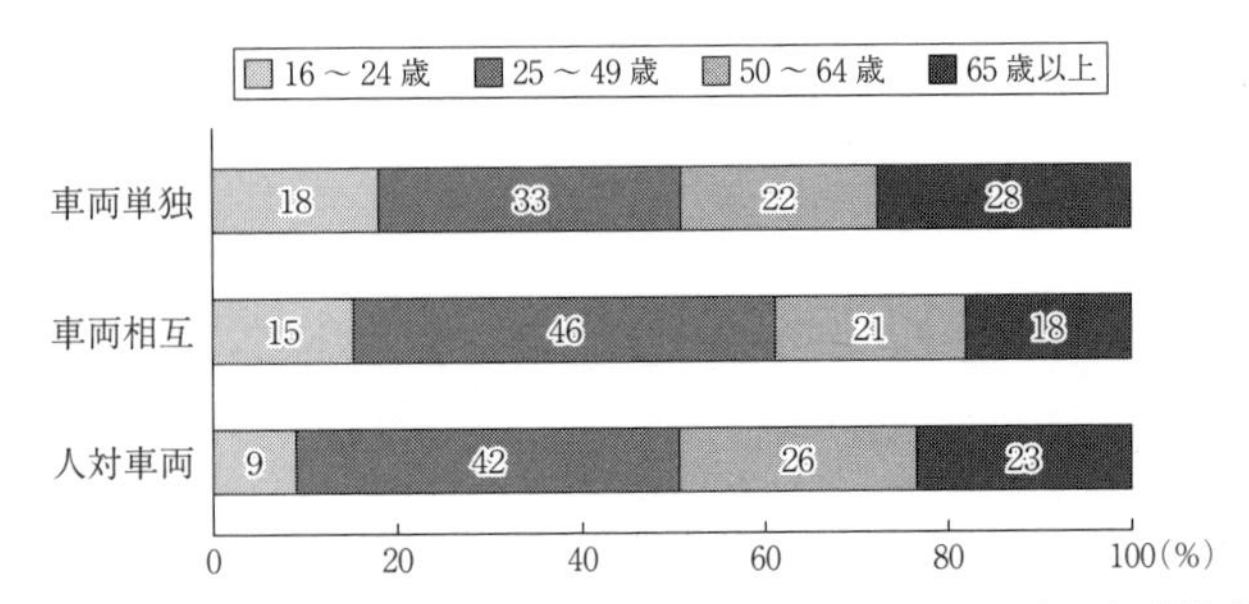

図 4-18　車両単独、車両相互、人対車両事故を起こした運転者の年齢構成[35]

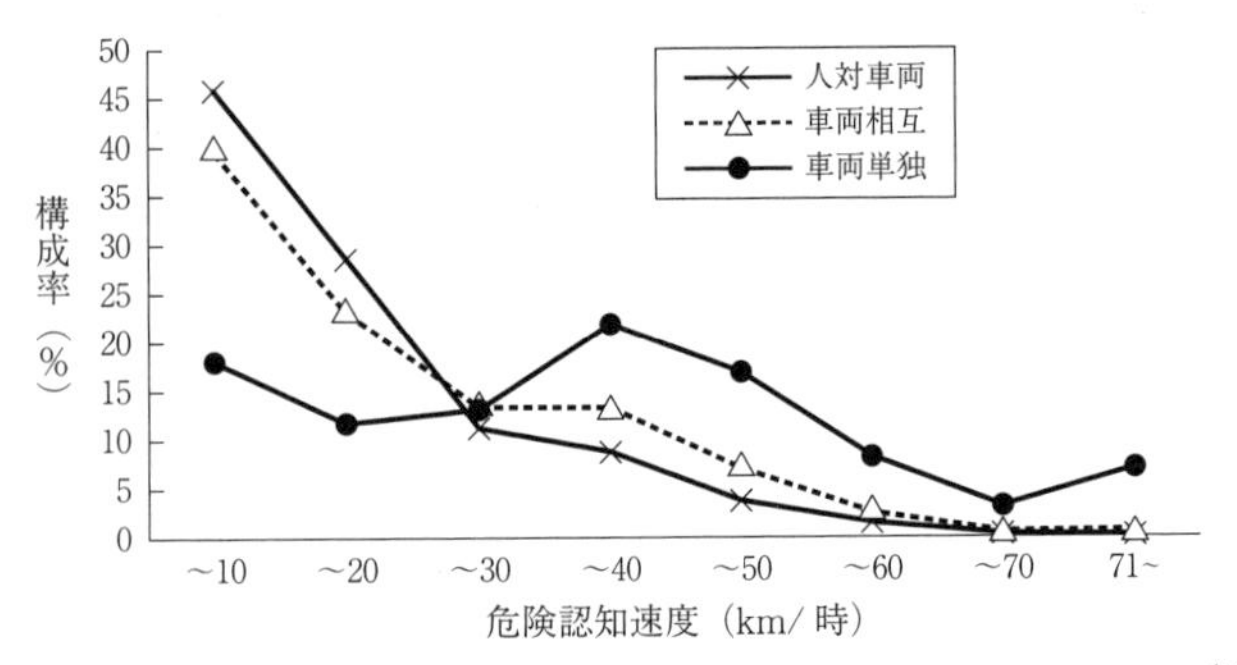

図 4-19　車両単独、車両相互、人対車両事故の危険認知速度（四輪車）[17]

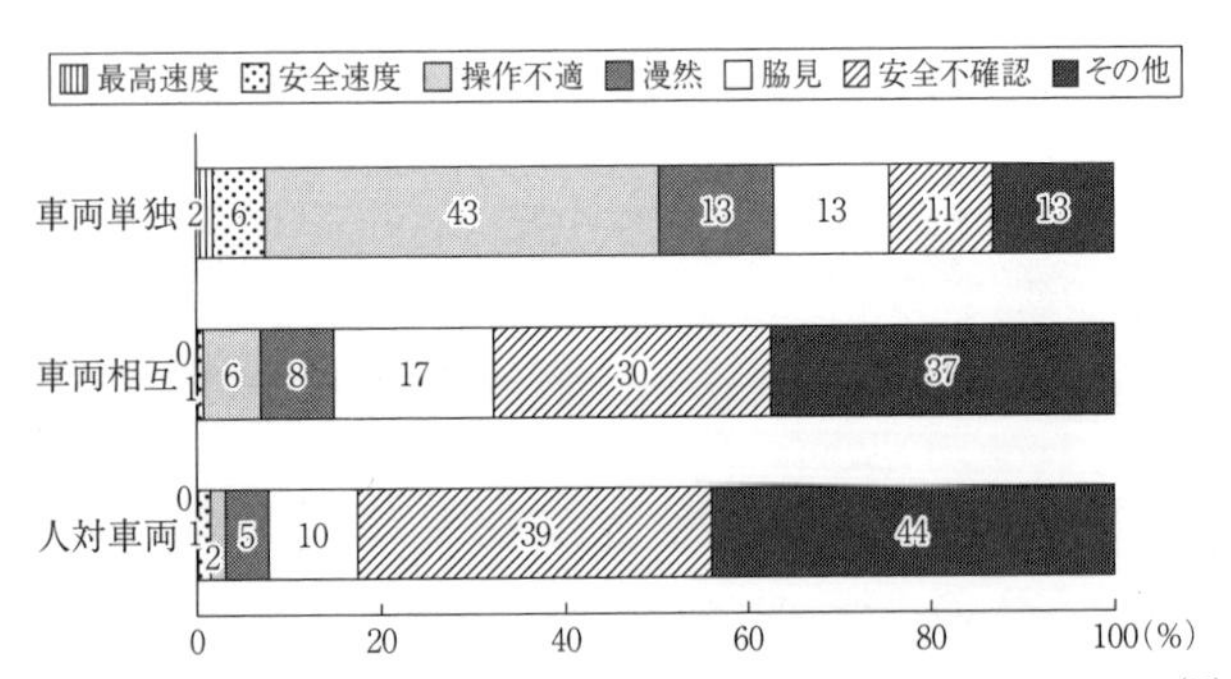

図 4-20　車両単独、車両相互、人対車両事故の法令違反（全車両）[36]

危険認知速度が高いことから速度に関わる違反が多いと考えられるが、ほかの事故類型より多いものの、七パーセント程度と少なかった。ただし、速度が抑えられていたらハンドル操作も誤らずにすんだというケースも多いことから、速度は間接的な事故要因となっている。酒酔いや過労もほかの事故類型より多いものの、両者を合わせても人身事故では一パーセント、死亡事故でも四パーセントと少なかった[36]。しかし、違反名に酒酔いや過労がつけられることはなくとも、酒気を帯びたり疲れたりして単独事故を起こすことは多いかもしれない。そこで、四輪車のドライバーを対象に、飲酒の有無を集計したところ[17]、飲酒率は単独事故の死亡事故で一三・九パーセント、重傷事故で四・七パーセント、軽傷事故で二・〇パーセントと多かった。

件数は少ないが、居眠りによる事故は単独事故になりやすい。単独事故は、全事故に占める割合は三パーセントにすぎないが、居眠りが原因となった事故に占める割合は二〇パーセントもある[37]。

高齢ドライバーの車両単独事故

他の年代のドライバーと同様に、単独事故の半数以上は単路で発生している。ただし高齢ドライバーでは、幅員が狭い単路で比較的多く発生している。また、駐車場など、道路以外の場所での単独事故が多いのが特徴だ。そこでは、バックや発進時の事故が半数を占める[17]。

危険を認知した時の速度をみると、半数以上の事故で時速三〇キロ以下と低速だった。そもそも高齢ドライバーの走行速度が低いことに加え、単路での事故が比較的少なく、発生しても、狭い単

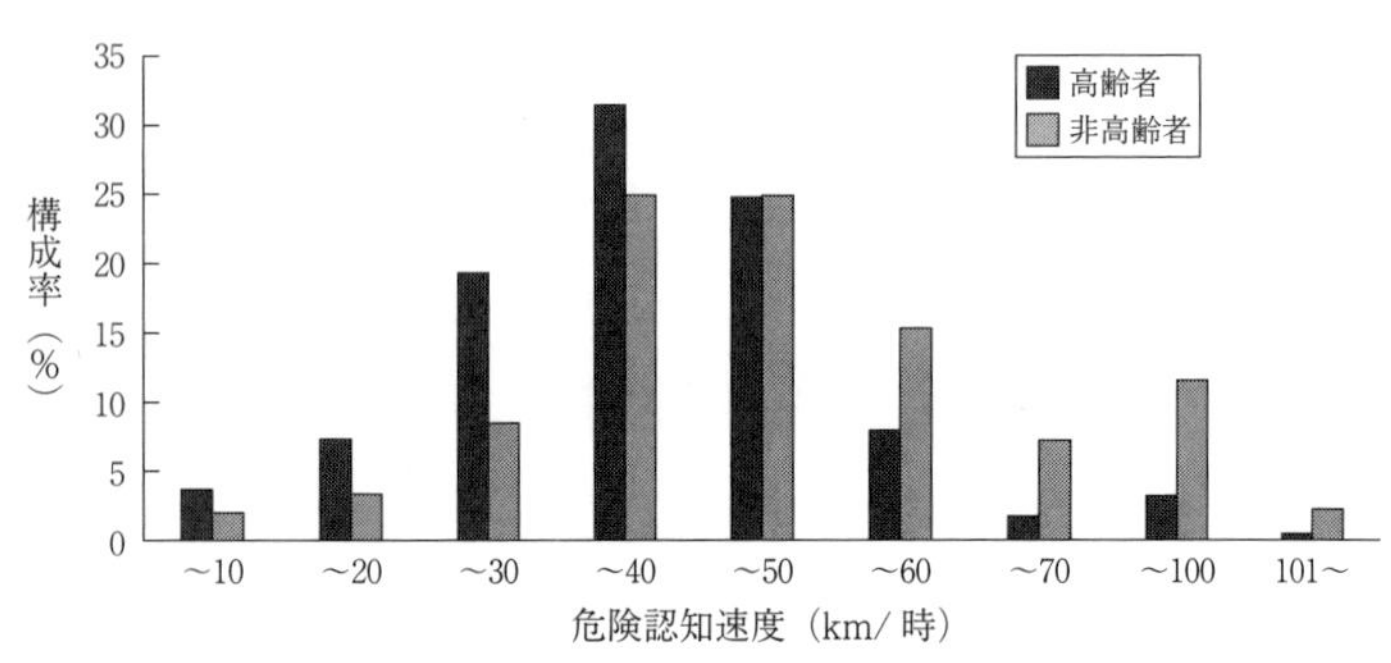

図 4-21　高齢者と非高齢者のカーブでの危険認知速度[17]

路、速度が出にくい駐車場等での事故が比較的多いことがその理由だろう。ほかの年代との速度差が最も大きかった場所は単路のカーブであり、時速一〇キロほど低かった[17]（図4-21）。カーブでの速度選択を誤ると、比較的低い速度であっても高齢ドライバーでは事故につながりやすいのだろう。

交通事故総合分析センターの交通事故集計ツールを用いて、単独事故時の違反について高齢ドライバーの特徴を調べると、ハンドルやブレーキの操作不適が違反の中で一番多かった。図4-20でみたようにほかの年代でも共通して操作不適は多いのだが、それ以上に多かった（非高齢者四一パーセントに対し、高齢者四九パーセント）。違反では操作不適の中味が不明なので、その中味がわかる人的要因の「操作上の誤り」について年齢差を調べたところ、車両単独の死亡・重傷事故を起こした四輪運転者について、年齢層別の操作上の誤りの内訳を示すデータがあった[38]（図4-22）。これより、高齢ドライバーが起こした車両単独の重大事故の人的要因で多いのは、「操作上の誤り」の中の「ハンドルの操作不適」と「ブレーキとアクセルの踏み

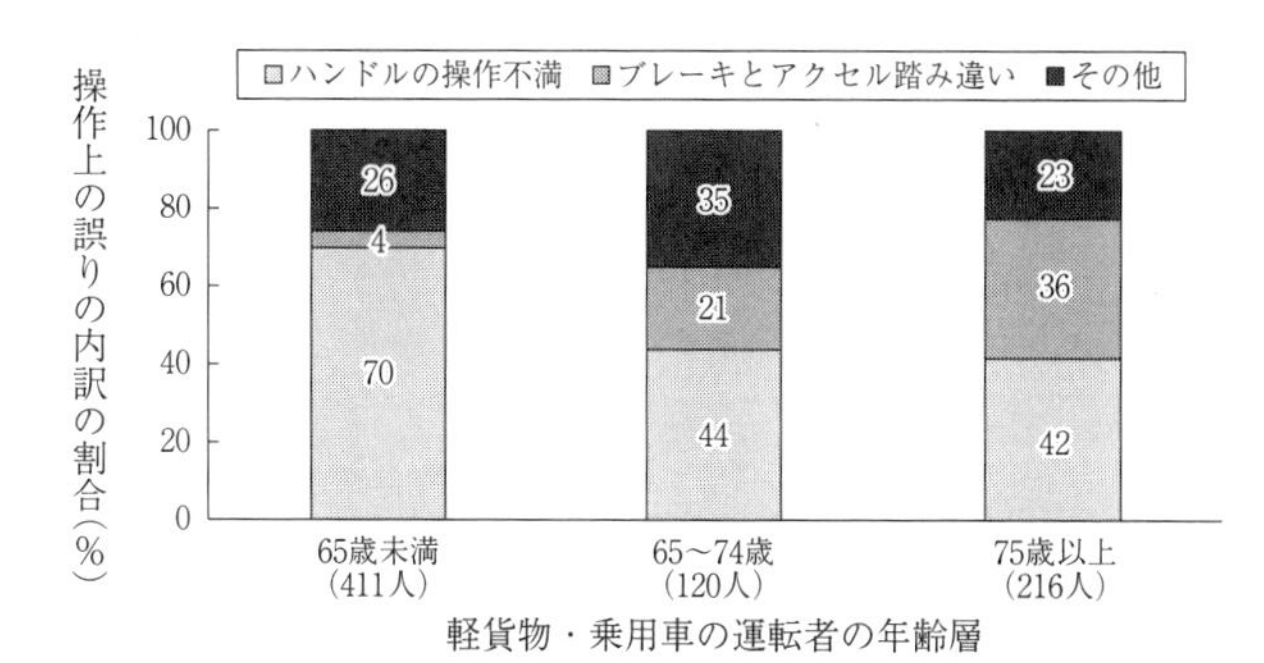

図 4-22　年齢層ごとに見た運転者事故要因「操作上の誤り」の内訳(39)

2013年に車両単独の死亡・重傷事故を起こした四輪運転者。

間違い」であった。特に「ブレーキとアクセルの踏み間違い」は、高齢になるほど多くなる事故要因であった。ほかの研究でも、追突や出合い頭事故では若者のほうが高齢者より踏み間違い事故の割合が高いが、単独事故、特にその中でも路外逸脱事故では、加齢に伴って踏み間違い事故の割合が増えていくと言われている(39)(40)。

なぜ高齢になると踏み間違い事故が増えるのだろうか。駐車場での後退時の行動を、高齢者と非高齢者で比較した実験によると、高齢者のほうがバックする前とバック中の安全確認の回数が少なかった(41)。安全確認の回数が少ないと、危険な状況に気づくのが遅れて衝突してしまったり、危険を回避しようとしてブレーキを踏もうとした時に、あわててアクセルを誤って踏んでしまったりする可能性が高くなる。

ＡＴ車の運転では、右足だけでアクセルとブレーキを踏む。右がアクセル、左がブレーキであり、身体感覚によって両者を踏み分けている。正常時ならその踏み分けを誤ることはないが、あわてていたり、バックするために後ろを見ながら踏んだりしている時には、身体感覚が狂いやすい。身体感覚やバランス感覚が衰えた高齢者は特に注意が必要だ。

緑や赤の刺激を呈示して、それに応じて瞬時にブレーキやアクセルなどを踏むか踏まないかを選択する検査として、交通心理学では選択反応検査や重複作業反応検査が実施されてきた。一定の刺激に対してそれに応じた適切な反応ができるかどうかという運転適性を調べる検査だ。こうした検査によれば、高齢者のほうが踏み間違いが多く、反応時間も長かった。この傾向は、そのまま踏み間違い事故の多発に結びついている。

単路での単独事故事例

高齢ドライバーの単独事故はどのようにして、またどんな原因で発生するのか。単路、交差点とその付近、駐車場で実際に発生した事故の事例をみてみよう。まずは単路での事故事例である。

単路で単独事故が起きるのは、前方がよく見えなかったか、見えていても突然の出来事が生じて回避できなかったかである。前者の例としては、居眠り、脇見、考え事、酒酔い、雨や夜間などによる視界不良がある。後者の例は、横風、路面の凹凸や水たまり、歩行者や動物やほかの車の予期せぬ出現、カーブの出現である。若者に多いスピード運転は、どちらの場面でも危険を増幅させる要因であるが、特に後者のカーブ事故と関わりが深い。ここでは高齢ドライバーに起きやすいと考えられる前者のタイプの事故を二つ取り上げよう。

▼事例15　単路での居眠り単独事故

七一歳の男性Tさんは、五月の晴れた日、軽乗用車に妻を乗せて隣の町まで買物などに出かけ、昼過ぎに自宅に戻る途中であった。前日の睡眠はいつもどおりで眠くはなかったが、事故の直前に一瞬居眠りをしてしまい、片側一車線道路の対向車線に車が移動して、その先の右側のガードレールに時速二五キロで衝突して停止した。Tさんはシートベルトをしていたが胸骨を骨折した。

居眠りによる単独事故が高齢者に多いかは不明であるが、事故事例をみていくと何件か見つかった。事例15はその例で、朝から町に出かけた帰りで、運転も一時間以上続けていたことから、ドライバーに疲れがあったようだ。前日の睡眠は一〇時間と十分に取っていたという証言であるが、高齢になると、ふとんに入っている時間は長くても実際に熟睡している時間は短く、昼間に眠気を感じやすいという(42)。Tさんもそんな一人で、熟睡不足に外出の疲れと運転の疲れ、晴れた五月の暖かな午後が加わって、一瞬の睡魔に襲われたようだ。

▼事例16　単路での脇見単独事故

建設業に従事する七四歳の男性Uさんは、仕事で小雨の中を軽トラックより少し大きい一トンの普通貨物車を一人で運転していた。幅員が五メートルの一車線道路を時速四五キロで走行中、助手席に立てかけてあった傘が左足に倒れかかった。気になって元の位置に立てようと注意を傘に向けたところ、ハンドルが左に切れてしまった。ハンドルを立て直そうとしたが間にあわず、進行方向左側の民家の塀に衝突して車は大破した。

雨の中でも、空いた道路なら時速四五キロで運転するのは、高齢ドライバーでもよくあることかもしれない。また、助手席に立てかけてあった傘が自分のほうに倒れかかってきたのを直そうとすることもあるだろう。ただ、高齢者らしいのは、傘への動作がハンドルを左に切ってしまうほど体のバランスをくずしてしまった点だ。その後も、体勢を立て直しハンドルを戻すことができないまま衝突してしまった。速度超過に加え、運悪く雨で路面がぬれていて、道がやや右にカーブしていた点も事故の背景にあった。

交差点付近での単独事故事例

交差点やその付近では、右左折した車が、車両のコントロールができずに防護柵や電柱などと衝突する単独事故が多い。また、交差点を直進する車が、対向右折車を避けようとして急ハンドルや急ブレーキをかけたために防護柵などと衝突するというタイプの事故も発生しやすい。ここでは左折時のハンドルの切りすぎの事故例を紹介しよう。

▼事例17　ハンドルの切りすぎによる脱輪と転落

九月の午後四時頃、八一歳の男性Vさんは、妻を乗せて水田の中を通る幅員三メートルの狭い一車線道路を乗用車で走行していた。交差点を左折して同じような狭い道路に入ろうとした時、太陽光が目に入って目がくらみ、ハンドルを切りすぎてしまい、交差点の角で左の後輪を脱輪してしまった。あわてて脱出しようとハンドルを右に切ったところ、切りすぎて今度は道路右側の水田に転落してしまった。車を止めようとブレーキを踏んだつもりだったが、気が動転していて誤ってアクセルを踏んでしまったため、水田の中を五〇メートルも暴走して、最後に用水路に転落した。

この事故はハンドルとブレーキ操作の誤りのオンパレードだ。太陽の目くらましから始まり、脱輪、路外逸脱、水田転落、ブレーキ・アクセル踏み間違い、水田の中の走行、用水路転落がわずか一分足らずの間に発生した。二人ともごく軽傷ですんだのは幸運だった。サンバイザーを使ってスピードを落として運転していれば、目くらましがなく、その後の異常事態も出現しなかっただろう。

駐車場での単独事故事例

駐車場などでは運転者がいない駐車車両や駐車場を囲む塀にぶつかる単独事故が多い[27]。ここでは、高齢ドライバーに多い発進時と後退時の事故の中から、縁石と電柱に衝突した事例を取り上げる。

▼事例18　駐車場から発進した際の縁石乗り上げ

八三歳の男性Wさんは夏の昼前に買い物を終え、一人で駐車場から乗用車を出そうとしていた。駐車していたのは道路への出口に最も近い場所で、発進してすぐ左折すれば道路に出られる位置であった。しかし、左折する際にハンドルの切りが不足したため、曲がり切れずに、駐車場と歩道の境にある木が植え込まれた縁石に乗り上げた。なお、Wさんには高齢者特有の動作の遅さが見られ、二カ月前に出合い頭事故を起こしていた。

加齢が進行すると、こういった初心運転者でも起こさないような事故が起きるという見本だ。ただし、車を運転して時々は買い物に出かけないと生活できない地域に住んでいる高齢者にとっては、現状では車は手放せないだろう。

▼事例19　駐車場での後退時ペダル踏み間違い事故

六八歳の男性Xさんは、妻を同乗させて買い物に出かけ、昼前に片側一車線道路を乗用車で走行中、方向転換をしようと、近くの駐車場に入った。バックして道路に出ようとしたところ、急激に車がバックし始めて驚き、パニック状態になってしまい、ブレーキを踏むところが誤ってアクセルを踏んでしまった。車は駐車場内で回転し、最終的に電柱に衝突して停止した。この車はＡＴ車で、購入して半年になるが、時々運転する程度で、まだ慣れていなかった。

駐車場での発進時や後退時のペダル踏み間違い事故は、典型的な高齢ドライバー事故である。踏み間違えの要因は、あわてやパニック、高齢、乗り慣れない車と言われるが[34]、この事故はそのすべての要因がそろっていた。

踏み間違い事故は、起こってしまってからドライバーがミスを正すことが難しいため、クルマ側のサポートが重要だ。そこで、メーカーでは、アクセルの踏み間違いや踏みすぎによって障害物と衝突しそうになった時に、エンジンの出力を抑制したり自動的にブレーキをかけたりする装置を開発した。これが標準装備されれば、ペダル踏み間違い事故はかなり減るだろう。

5章　高齢者講習と高齢ドライバーへの支援

1　運転適性の低下を気づかせる支援

運転適性とは

ある職業やスポーツや芸事に向いている人と向いていない人がいることは、誰でも納得するだろう。就職試験では、ＳＰＩといった職業適性検査が実施され、その得点が低すぎると入社しても良い働きをしないだろうと見なされて不合格となる。スポーツでも、将来優秀な成績を挙げるだろう子どもたちを全国から選抜して、英才教育をする国があるという。交通の分野でも、厳しい適性検査に合格しないと、パイロットや電車の運転士にはなれない。

車の運転にも向き不向きがあるだろうということから、車が登場してから間もなく、運転適性という考え方が出てきた。ただし、車の運転の場合には、上手な運転よりも事故を起こさないことが重要であることから、適性がある（向いている）のはどんな人かということより、逆に事故を起こしやすい人はどんな人かという点に注意が払われてきた。
事故を起こしやすい人とはどういった人だろうか。これは、初期の交通心理学のメイントピックスであり、視力や視野などの視覚機能、注意や反応などの精神運動機能、知能、性格、社会的適応など、様々な面から事故者の特徴が研究されてきた。その結果、視力や視野はそれほど事故とは関係ないこと、注意や刺激に対する不適切な反応が事故と関係すること、低い知能の人のほうが事故を起こしやすいが、職業運転者では高い知能の人も事故を起こしやすいこと、性格では攻撃性、刺激追求性、衝動性、反社会性、ストレス感受性が高い人ほど事故を起こしやすいことがわかっている。

しかし、事故はめったに起きる出来事ではないし、事故に影響する要因はドライバーの能力や性格だけではない。雨や夜間といった自然環境、混雑や見通しといった道路交通環境、その日の体調や心配事、ほかのドライバーや歩行者などの行動といった、様々な要因から事故は発生する。そのため、先に挙げた事故者の特徴は、統計的な傾向にすぎない。不注意な人や攻撃的な性格であっても、事故を起こさないドライバーはいるのだ。

そのため、運転免許行政では、ドライバーの心理学的な運転適性の検査は、事故や違反を起こして免許停止や取り消しになった人を対象とした処分者講習で実施されるものの、免許取得や免許更新時に実施される運転適性検査の中に組み込まれていない。ちなみに免許取得時の運転適性検査の項目は、視力、聴力、運動能力、色彩識別能力である（2章参照）。更新時では視力、聴力、運動能力の三つが検査される。聴力は受付窓口で会話ができれば合格とみなされ、運動能力も手足や体幹の障害を見た目で係員が判断しているので、実質的には視力検査のみである。ただし、免許更新時に一般運転者講習や違反運転者講習に参加する人には、講習の中で、安全運転態度検査や運転適性検査器を用いた運転適性についての指導が実施されている。

運転適性で考慮する側面には、視聴覚機能、身体運動機能、心理面のほかに、医学的側面がある。統合失調症やてんかんといった「自動車等の安全な運転に支障を及ぼすおそれがある病気（一定の病気）」は、免許の取得や更新ができない条件となっている。二〇一四年六月からは、免許の取得や更新時に、一定の病気等の症状に関する「質問票」の提出が義務付けられ、その疑いがある人は専門医または主治医の診断書を提出することとなった。

高齢ドライバーの運転適性

高齢になると老化が進んで、心身機能が低下したり、病気にかかりやすくなったりする。これは運転に向かない方向への変化であり、運転適性の低下を意味する（2章参照）。しかし、同じ年齢の高齢ドライバーであっても個人差は大きい。1章で、高齢期の健康パターンには三つあって、男性の場合は、七十歳になる前に健康を損ねて早死にする人が二割いて、七五歳頃から徐々に自立度が落ちてくる平均的な人が七割いて、元気で長生きする人が一割いることを述べた[1]。高齢ドライバーの多くは健康な高齢者であって、後者の二つのパターンに相当する人が多いだろう。

そのため、現役の高齢ドライバーでは急激な運転適性の低下を示す人は多くない。高齢者講習を三回以上同じ教習所で受講して、三回分の運転適性検査のデータがある人、一九一人を対象として、運転適性の変化を調べたことがある[2]。それによると、同じ人の静止視力は六年間で〇・五二↓〇・五三↓〇・四五、動体視力は〇・二四↓〇・二二↓〇・二〇、選択反応検査のブレーキ反応時間（秒）は〇・六二↓〇・六八↓〇・七三、アクセル誤反応数は〇・六三↓〇・八一↓〇・八四と変化した。基本的には加齢によって視力や精神運動機能は低下していくが、それほど急に低下してはいない。また、この一九一名を変化があまりなかったグループ、かえって機能が上昇したグループ、機能が低下したグループに分けると、変化なしが一番多く、次いで機能が低下した人が多かった。

運転適性を、視聴覚機能、身体運動機能、病気、注意等の認知機能、性格・態度に分けると、どの側面の運転適性が老いに伴って特に低下していくだろうか。この問題に答えるのは難しいが、あえて述べれば、視聴覚機能よりも注意等の認知機能の低下のほうが運転に大きく影響する。高齢ドライバーの事故危険性を予測する検査に、視覚的情報処理の速さや注意分配や選択的注意を測るUFOVテストがあるが、この検査は事故者を識別する数少ない検査として有名である。高齢期に増える病気も事故の危険性を特に高める。先に「一定の病気」について触れたが、欧米の研究でもアルコール依存症、認知症、不安神経症、統合失調症、睡眠障害、白内障などは事故の危険性を二倍ほど高める[3][4]。

性格については、高齢期になると誠実性と調和性が増すという。つまり、若い頃より真面目にきちんと行動するようになり、人の意見を聞き、おだやかになる。その反面、神経質になり、内向的になり、創造性や空想性に欠けるようになるようだ。[5] 一般に車の運転では、誠実性、調和性が高い人に事故が少ないと言われるので、[6] 高齢期の性格変化は事故発生を抑制する方向に変化するようだ。もちろん個人の性格は、「三つ子の魂百まで」と言われるように、幼児から死ぬまで安定している。子どもの時にほかの子どもよりおだやかだった人は、高齢になってもほかの高齢者よりおだやかなのだ。高齢になるとおだやかになるといってもそれは若い時と比べてであって、ほかの人よりうるさい人は高齢になってもうるさいのである。

高齢者講習

高齢ドライバーの安全運転を支援する制度の代表は高齢者講習である。その目的は、「自動車等の運転や器材による検査を通じて、加齢に伴う身体機能の低下とその運転への影響を受講者一人ひとりに自覚していただき、個々の特性に応じた安全運転の方法を個別・具体的に指導することにより、高齢者による交通事故の防止を図ること」[7] である。

この制度は一九九七年の道路交通法の改正により、免許証の更新期間が満了する日の年齢が七五歳以上のドライバーを対象に一九九八年一〇月から実施され、二〇〇二年六月からはその受講対象は七十歳以上となった。これは、一九九四年に自動車運転中の死者に占める高齢者の割合が一〇パーセントを超え、一九九六年には日本の人口の高齢化率も一五パーセントを超えて、本格的な高齢ドライバー対策を迫られたからであった。高齢化率が世界一とはいえ、全高齢ドライバーを対象とした講習は、外国には見当たらない日本独自の制度だ。また、二〇〇九年六月からは、七五歳以上のドライバーに対して、高齢者講習の前に認知機能検査が課されるようになった。さらに、二〇一七年からは、認知機能検査を活用した新たな施策が実施されることとなった。

二〇一六年の高齢者講習の実施内容をみてみよう。この講習は、七十歳未満の人が受講する更新時講習に代わるもので、更新時講習の内容に加え、運転適性検査や実車指導があって充実している（表5－1）。更新時講習は、過去五年間の違反・事故歴によって、優良運転者講習、一般運転者講習、違反者講習などに分けられるが、参加人数が最も多い優良運転者講習では、ビデオ等を用いて交通事故の実態と安全運転の知識を三〇分で紹介するだけである。過去五年間に軽微な違反（三点以下）が一回だけの人が受講する一般運転者講習でも、優良運転者講習の内容に加えて、安全運転自己診断等の安全運転態度検査の実施と指導が三〇分加わるだけである。

高齢者講習での視覚機能検査

表5－1に示すように、高齢者講習では、視覚機能の検査と、模擬運転装置を用いた注意・反応を調べる検査が実施されている。まず、視覚機能の検査が高齢ドライバーの安全運転継続のための支援となりうるか考えてみよう。この検査では、静止視力などが悪かった場合、眼科に行って治療したり、メガネなどを新調したりし、また、視野が狭かったら、治療と共にそれを補うような運転

表5-1　高齢者講習の科目、方法、時間（75歳未満講習、四輪車）[8]

講習科目	講習方法	講習時間
1　座学	講義・教本・ビデオ等	小計30分
道路交通の現状と交通事故の実態		5分
運転者の心構えと義務		5分
安全運転の知識		20分
2　運転適性検査器材による指導		小計60分
選択反応検査	模擬運転装置	
注意配分・複数作業検査		
静止視力の検査	動体視力検査器	
動体視力の検査		
視力回復時間の検査	夜間視力検査器	
眩光下視力の検査		
視野角度の測定	視野検査器	
視野欠損点の測定		
3　実車による指導	実車運転	小計60分
方向変換	（指導員が同乗）	
段差乗り上げ		
車両感覚走行		
パイロンスラローム		
見通しの悪い交差点通過		
信号機のある交差点通過		
一時停止交差点通過		
進路変更		
カーブ走行		
4　安全運転のための討議	ディスカッション	小計30分
実車運転時の反省	教本・ビデオ等	
ヒヤリハット体験		
事故事例紹介		

75歳以上講習では1から3までが実施されている。

をすることが期待される。

静止視力の結果をみると、約三分の一が免許更新条件の両眼〇・七以上をクリアしていなかった[9]。七十歳を過ぎると視力は三年で〇・〇五くらい低下するので[2]、前回の免許更新時に〇・七や〇・八であった人の中には、〇・六以下になる人がいるだろう。加齢とともに、瞳孔が縮んだり、水晶体がにごったり、網膜から中枢までの情報伝達機能が低下したりして、徐々に視力は低下していくのだ。白内障、緑内障、加齢黄斑変性症といった高齢期に多発する目の病気にかかれば、なおさら視力低下が進む。静止視力の場合は、両眼で〇・七以上という免許更新の基準があるので、高齢者講習で〇・七未満と言われた人は、更新のために警察署などに行く前に、眼科に行ったり、メガネを買い求めたりするはずだ。静止視力の改善は安全運転につながるので、高齢者講習における静止視力検査は高齢ドライバーへの支援となっている。

動体視力や夜間視力はどうだろうか。動体視力は、一定の速度で近づいてくるランドルト環（Cのような、〇の四方のどこかが欠けているマーク）が確認できた時点で、レバー動作や言葉によってその切れ目の方向を応答させて、視力を測定する。現行の装置では、半数近くの人が〇・一か〇・二となるので[9]、成績が悪かったとしてもあまり反省することはないだろう。夜間視力は、夜間の運転に必要な、まぶしい光の影響から視力が回復するまでの時間と、まぶしい光の状況下での視力を測定するものだ。その時間や視力がどういう意味を持つかは、静止視力ほど明確ではない。ほかの運転適性検査と同様に、ほかの年代や同年代に比べて良いか悪いかを、評価値で知らせてくれるだけである。夜間視力の成績が悪い人が、夜間運転をひかえたり、夜間に運転をする時にはまぶしい光を見ないようにしたりといったように、結果を運転に生かすことを期待したい。

視野検査（図5－1）は、視野角度と視野欠損が存在する位置を知らせてくれるので、視野角度が狭い人や視野欠損が存在する人は、眼科に行って緑内障などの疾患がないか確かめるだろう。視野障害は一般的に治らないようだが、そうした人はどういった運転をしたらよいだろうか。夜間や雨の日は運転しない、スピードをひかえる、安全確認をする時に首を十分に回す、といった補償運転を勧めたい。視野検査によって視野が正常かどうかを知らせることは安全運転支援となる。

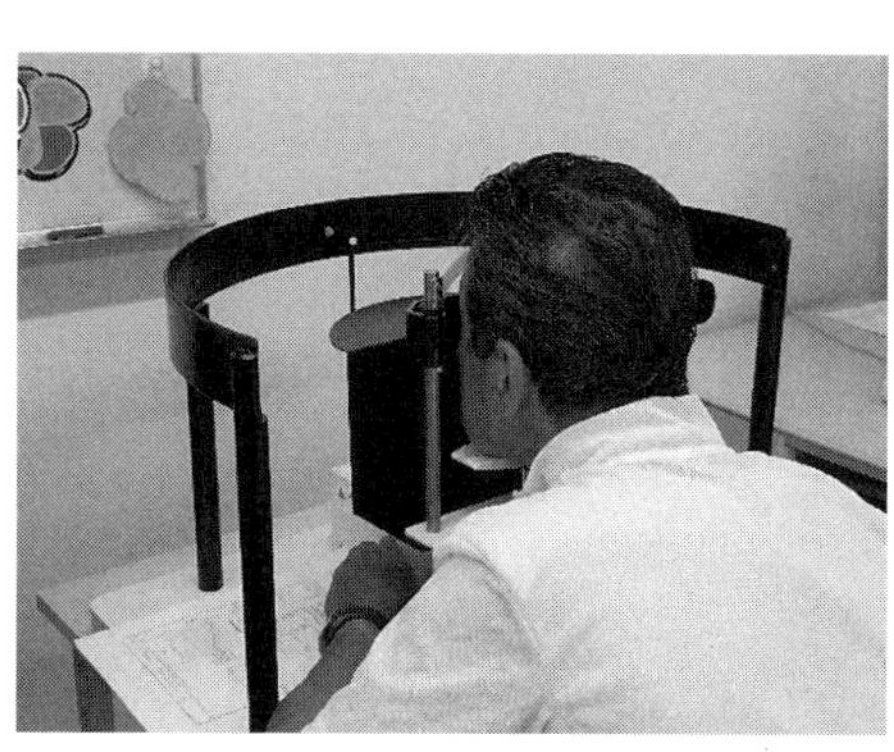

図5-1　高齢者講習での視野検査（都内の自動車学校にて　2014年7月31日）

高齢者講習での模擬運転装置を用いた適性検査

模擬運転装置には、表5－1に掲げた選択反応検査（図5－2）と注意配分・複数作業検査（図5－3）のほかに、単純反応検査とハンドル操作検査がある。二〇〇九年から、単純反応検査とハンドル操作検査は省略が可能となったため、ほとんどの教習所ではこの検査をしていないようだ。選択反応検査と注意配分・複数作業検

図 5-2　選択反応検査（M 社）[10]
道路に飛び出してくる子どもに対してブレーキをかける、遠方の横断歩行者に対してアクセルを戻す、対向車線の二輪車には反応しない、とそれぞれに対し異なる反応をする。

図 5-3　注意配分・複数作業検査（H 社）[11]
ハンドル操作を行いながら画面の四隅に出る色に対して、緑ではアクセルを踏んだままにし、黄では一旦アクセルから足を離し、再びアクセルを踏み、赤ではアクセルから足を離し、ブレーキを踏んだ後、再びアクセルを踏む。

査の詳細は以前に紹介した（2章）。
　これらの検査の特徴は、模擬運転をしながら選択反応能力や注意配分能力を調べることだ。一九八八年までの昭和の時代の警察では、「科警研方式　機械を用いた運転適性検査」を用いて単純反応、選択反応、速度見越、処置判断の各検査が実施されていた。たとえば選択反応検査では、まず、受検者はスクリーンを前に机に座り、机の上の右にあるキーを右手で、机の上の左にあるキーを左手で、右足元にあるキーを右足でそれぞれ押す。受検者の課題は、スクリーン上に現れるランプの色に応じたキーだけを離すことで、青ランプがつけば右手のキーを離し、黄ランプがつけば左手のキーを離し、赤ランプがつけば右足元にあるキーを離す。この検査の難点は、コンピュータで制御されていないので、結果の処理に時間がかかること、実際の運転状況とのつながりが不明確であること、受検者にとって課題を理解するのが難しいことであった。

こういった問題点を改良するために、科学警察研究所に入りたてであった筆者もかりだされて、コンピュータ制御の新しい運転適性検査器の開発作業が一九七九（昭和五四）年から始まり、平成に入って実用化された[12]。それが「警察庁方式　CRT型運転適性検査器」だ。この検査の検査項目は、従来のものとはかなり異なり、連続単純反応検査や注意集中配分検査など七項目が検査されるようになった。

連続単純反応検査というのは、CRT（ブラウン管）上に一定間隔で連続して円状の赤刺激を呈示し、受検者は呈示されるごとに右足でペダルを押すという検査だ。二十代と六十代を比較すると、反応時間にはそれほどの差が見られないが、反応時間が長い弛緩反応の個数は六十代のほうが三～四倍多くみられた[12]。

注意集中配分検査（側方警戒検査）では、CRT上に現れる刺激に対して、中央部警戒と側方部警戒という二つの作業を同時に行う。中央部警戒では、画面中心部に0、1、2、3、……、9、0と一桁の数字が一定の間隔で規則的に呈示されるが、時に同じ数字が連続して現れたり、順序を一つ飛ばした数字が現れたりすることがある。こうした数字が現れたらボタンを押すのだ。側方部警戒では、中央部警戒と並行して、画面四隅に○△□×いずれか一個の図形がランダムな時間間隔と出現位置で表示されるが、そのうち×図形が表示された時だけブレーキを踏む。この検査でも、中央部と周辺部での作業の誤反応数を二十代と六十代で比較すると、六十代のほうが二～三倍多く誤りがみられた[12]。

高齢者講習での模擬運転装置を用いた適性検査は、前述の機械式やCRT式と比べると、運転適性に関わる純粋な能力（選択反応能力や注意配分能力）というより、運転している時の能力を調べようとしている点で大きく異なる。また、課題もやさしくなってきている。この変化は、運転適性検査という観点からすると、功でもあり罪でもある。良くなってきた点は、コンピュータ技術の進展によって、検査と結果処理時間が大幅に短縮したことである。また、検査結果は運転時の能力を測定しているのだという納得感を感じやすくなった（心理学でいう生態学的妥当性が高くなった）。

悪くなってきた点もある。受検者に高齢者講習での運転適性検査について実施後に感想を聞くと、「操作方法がわからなかった」「運転操作検査の説明を詳しくしてほしかった」といった声をよく聞く。検査器からの音声や画面上での文字による指示に従って練習と本検査を行う方式だけでは、やり方を理解しないまま本検査に入ってしまう人が必ず出てくるのだ。これは、検査そのものの欠点というより、一時間で八種類の検査をすること、しかも検査ごとに検査要領の説明と練習があって、最後には結果の説明もしなければならないという時間の余裕のなさが原因で、指導員の肉声による説明時間が足りなかったということだろう。

また、「装置のハンドルやペダルの感覚が実車とかけ離れすぎている」「ゲーム機のようで高齢者には向かない」といった声もよく聞く。以前の検査と比べれば実際の運転に即した検査であるはずだが、運転を模擬しているという割には臨場感が少ないという不満だろうか。あるいは運転を模擬しているのに、課題は運転時の反応とは少し異なる点への違和感だろうか。

しかし、何といっても最大の罪は、運転を模擬するあまり、運転適性に関わる情報処理能力を測定し損なっている点だ。機械式やＣＲＴ式では、測定しようとしている精神運動能力を比較的よく測定していたが、模擬運転装置を用いた能力測定では、精神運動能力課題のほかに、アクセルを踏むと変化する交通場面に応じたハンドル操作が加わっている。そうすると、コンピュータ画面を見たり人工的な音声を聞いたりするのが苦手な人やコンピュータ酔いをする人は、評価が低くなってしまうのだ。

適性検査結果の活用

受検者は、検査が終わると診断表を受け取る。そこには、検査ごとに点数、若い世代（三十代から五十代）との比較と同年代との比較を示す二つの評価値（「劣っている」１から、「優れている」５までの五段階評価）、指導文が記載され、また総合判定した評価と指導文が載っている。たとえば、「選択反応検査で反応時間が遅い人は、運転する時には○○に気をつけましょう」といった指導文である。こういった指導文を科学的に作成するためには、検査が妥当であるかの検証が必要だ。妥当性検証では、各検査と実際に観察された危険な運転行動との相関が調べられる。検査で低い点を示した人ほど危険な運転行動を取るかどうかを調べるのだ。各検査について、事故や違反を多発したグループと無事故・無違反のグループを比較するという妥当性検証の方法もある。この極端なグループを比較する方法は、適性検査の妥当性を調べるのによく用いられるが、各検査で低い得点を取った人が事故や違反を起こしやすいことはわかっても、どういうふうに運転したらよいかについては不明なままである。

したがって、検査結果と実際の運転行動との比較が重要であるのだが、そこまで徹底して妥当性を検討した検査は少ない。たとえば、オーストリアでは、大学教員以外にプロの交通心理学者がいて、運転適性検査とその活用に基づく安全運転指導を専門的に実施している。その中心的機関がウィーンの交通心理学研究所で、「ＡＲＴ２０２０」という運転適性検査を開発している。そこでの各検査と運転行動との相関係数は〇・二から〇・四であり、この種の検査では非常に高い[13]。これぐらいの相関が得られれば、「集中的注意能力が劣る人は速度選択が不適切になりやすく、車線を維持した走行や車線変更が苦手であるから、そうならないように〇〇のような運転をしましょう」といった助言が可能となる。

認知機能検査とその活用

免許証の更新期間満了月の年齢が七五歳以上になると、認知機能検査（講習予備検査）を受験しないと高齢者講習に参加できない。二〇〇九年から始まったこの検査の課題は、

・時間の見当識――検査時における年月日、曜日及び時刻を回答する。

・手がかり再生――一定のイラストを記憶し、採点には関係しない課題を行った後、記憶しているイラストをヒントなしに回答し、さらにヒントをもとに回答する（図５－４）。

・時計描画――時計の文字盤を描き、さらに、その文字盤に指定された時刻を表す針を描く。
である。

この検査をすると、受検者は第一分類（認知症のおそれがある者）、第二分類（認知機能が低下しているおそれがある者）、第三分類（認知機能が低下しているおそれがない者）の、三つのグループに分類される。二〇一四年の場合は、第一分類が三・七パーセント、第二分類が三二・五パーセント、第三分類が六三・八パーセントであった[15]。全国における七五歳から七九歳の認知症有病率が一三・六パーセントであること[16]からすると、この検査で第一分類とされた人は、認知症とみなしてよいだろう。

図 5-4　手がかり再生検査の例[14]

制度導入当初に示された講習予備検査の目的は、「あくまでも高齢者の運転の支援にある。……検査において自分の状態を自覚してもらうとともに、検査結果に基づく講習を実施するということであって、危険な高齢運転者を道路交通の場から排除するという趣旨ではない[17]」。そこで、実車指導では、分類結果に応じて指導方法を変えている。たとえば、信号機のある交差点、一時停止標識のある交差点、進路変更、カーブ走行の一連の走行に対して、第三分類では一回だけの走行だが、第一分類の人に対しては二回の走行を課し、一回目は一連の走行を観察するにとどめ、二回目の走行では一回目に失敗した課題を成功するまで繰り返すという指導方法を取っている。しかし、認知症が進むにつれて自覚や改善意欲は低下するため、認知機能検査の安全運転支援は、第二分類と第三分類の人にのみ期待されるだろう。

講習予備検査は、高齢者講習とは異なり、安全運転支援のほかに危険運転者を選別する機能も併せ持っている。しかし、当初の制度では、第一分類であっても、「警察が一定の違反行為を把握した場合に限り、医師の診断を受けてもらう」という制約しかなかった。そのため、第一分類とされた人のうち、同年中に医師の診断を受けた人はわずか二パーセントにすぎなかった[15]。また、認知症の進行は速いのに、認知機能検査の機会は現状では三年に一度に限られていた。

そのため、二〇一五年の道路交通法改正（二〇一七年三月施行）では、第一分類の人は一定の違反行為がなくても医師の診断を受けることとなった。また、第二分類や第三分類であった人も、一定の違反行為を行った場合には、臨時に認知機能検査を受けることとなり、その結果、認知機能の低下のおそれが認められた人は臨時の講習を受けることとなった。

この制度改正は、真に危険な高齢ドライバーに運転不適格であると引導を渡す役目を担っているという意味で画期的だ。また、認知機能低下がそれほど進んでいない高齢ドライバーにも警鐘となるだろう。こうしたドライバーを具体的にどう支援するかが、今後の課題である。

2　運転技能の低下を気づかせそれを補う支援

高齢ドライバーの運転技能低下

高齢になると、心身機能が低下したり、病気にかかりやすくなったり、悪い運転習慣が固定してしまったりして、運転技能が低下する。それは信号や標識の見落とし、交差点や進路変更時の安全確認不足、速度の出しすぎや遅すぎなどに現れる（3章）。高齢者の中にはこの点に気づいている人もいるかもしれないが、一般に運転に対する自己評価は客観的評価より高く、技能低下を補うような補償的運転行動も不十分であることから、正しく認識していないようだ（3章）。

たとえば、市街地走行での実験によれば、高齢者のほうが交差点接近に際して早めに減速操作を行うものの、交差点通過中には情報摂取に必要な視線方向の切り替えが少なかった。しかも、高齢者の中でも、実験室で測定した視野範囲が狭い人ほど切り替え回数が少なかった[18]。この結果は、心身機能低下の影響を受けずに、しかも意図的に行うことができる運転行動の場合には補償運転が実行されるが、心身機能低下の影響を受けてそれがそのまま運転技能低下につながっている場合には補償行動が実行されないことを示している。

高齢ドライバーの事故統計分析からも、運転回避が可能な夜間や雨天といった状況下では、たとえその状況が危険であっても高齢者事故は少ないが、交差点での右左折といった運転回避が不可能に近いような状況下では、高齢者事故が多かった[19]。このことから、運転技能低下を補償できる運転行動場面と、補償運転が難しい運転行動場面があるようだ。また、先行研究からは、補償運転が可能な状況・環境下でも補償運転をしない高齢ドライバーがいることもわかっている。

長年の不安全な運転習慣は、直接的には心身機能低下や病気とは関係ないが、習慣を変えるのは難しい。また、若い頃なら習慣によって不安全な状況に陥っても、とっさの回避行動が可能であるが、高齢になるとそれは期待できない。

運転技能が低下した高齢者に対する安全運転支援で、高齢者が利用できそうな支援にはどういったものがあるだろうか。行政上の支援としては、高齢者講習における実技指導がある。また、交通心理学の知見から、自分や他人の運転行動を観察して、自らの運転行動の弱点に気づかせるといった方法も考えられている。筆者らが考案した『高齢ドライバーのための安全運転ワークブック[20]』も、補償運転を促す支援の一つかもしれない。

高齢者講習での実技指導

高齢者講習での実技指導は、七五歳未満も七五歳以上も、六〇分かけて教習所内のコースで実施される（図5-5）。ふつう三人一組になって、一人が運転する時は他の二人は後部座席で運転を観察する。助手席には指導員がいて、運転行動診断票にしたがってチェックする。一人あたりの指導時間は一五分から二〇分である。

四輪車の運転課題は、基本的には方向変換、段差乗り上げ／S字クランク等の車両感覚走行／パイロンスラロームのうちから一つか二つ、見通しの悪い交差点通行、信号機のある交差点通行、一時停止標識のある交差点通行、進路変更、カーブ走行である。

指導方法をみると、七五歳以上で認知機能が低いと判断された第一分類では、信号機のある交差点通行、一時停止標識のある交差点通行、進路変更、カーブ走行を二回ずつ走行させる。指導員は一回目は単に観察し、二回目の走行では一回目に失敗した課題について、三回を限度に、成功するまで繰り返す。繰り返し失敗した人に対しては、「技術的な指導により危険な運転行動を矯正しようとするのではなく、むしろ安全な運転ができない状態にあることを自覚させ、運転の中止を示唆するのもやむを得ない[21]」という。

図5-5　高齢者講習の実技指導（都内の自動車学校にて　2014年7月31日）

認知機能が少し低くなっている第二分類の人に対しては、信号機のある交差点通行、一時停止標識のある交差点通行、進路変更、カーブ走行の各課題で不安全な行動があったら、その都度指摘して、成功したら次の課題に進むという設定をしている。認知機能に問題ない第三分類と七五歳未満の人は、四つの課題に対して運転中には指導を行わず、記録した運転行動診断票に基づいて、最後に口頭で指導する。ただし、明白な危険運転があった場合には、補助ブレーキを使ったり、その場で指摘したりするなどの指導をする。

認知機能検査の結果は不明であるが、同一教習所で高齢者講習を三回受講した人の運転行動診断票を集めて分析した結果がある。[2] それによると、三回を通じてチェック（不適切な運転）が半数以上のドライバーに見られた項目は、一時停止標識のある交差点での停止位置と二段階停止、進路変更時の合図の時期であった。また、半数近くの人にチェックが見られた項目は、一時停止標識のある交差点での確実な停止、進路変更時の合図の有無と安全確認、カーブ走行での曲がり具合に応じた速度であった。こうした結果は、3章で述べた高齢ドライバーの運転行動の特徴とだいたい一致していた。

実技指導についての感想を聞くと、「コース内より路上で実施してほしい」「コースの説明が不十分」「危険な運転を後ではなくその都度指摘してほしい」といった意見があった。また、「コース内の運転は、路上での運転とは異なるので参考にならない」と思う人もいるだろう。その一方で、「一時停止や安全確認の必要性を改めて知らされた」「自分では一時停止しているつもりだったが、停止したことにはならないと指摘され、現在はしっかり止まって安全確認している」といった肯定的な意見も多かった。[22]

研究者から見ると、実技指導でルールに違反した運転が多いという結果が出たら、その理由を知りたい。3章の第4節でも述べたが、悪しき運転習慣なのか、認知機能や感覚・運動機能の低下なのか、体調不良や病気のためなのかがわかれば、不適切な運転を指摘する以上の助言が可能となるかもしれない。ただ、高齢ドライバーにとっては、自分の運転の問題を指摘してもらえるだけでもありがたいだろう。高齢者講習での実技指導は、高齢ドライバーの安全運転支援に一役買っていると言える。

ビデオを用いた自分の運転の観察

高齢者講習では、運転に対する評価は、同乗指導員によって行われ、不安全な運転であればもう一度運転をさせられたり（第一分類と第二分類の場合）、運転行動診断票に基づいて問題運転が指摘されたりする（第三分類と七五歳未満の場合）。指導員の評価を素直に受け入れる高齢者も多いが、自分の欠点を他人から指摘されると反発したくなる人も多いだろう。「そんなことはわかっているが、コース内でほかの車がいないのだから、そう運転したまでだ」とか、「そんな場所で一時停止などしているドライバーはいないよ」などと思いがちだ。また、自分では一時停止や安全確認をしたつもりでも、指導員からしていないと言われると納得がいかない人もいるだろう。危険な運転だったと言われても、自分ではそれを全く覚えていないこともある。

後者の二例の場合などは、ビデオ撮影をして確かめれば、なるほど自分の運転は正しくなかったと気づくことができるだろう。野球やサッカーや相撲でも、いまやビデオ判定が審判に代わって結論を出す時代だ。

実際、ビデオを用いた自分の行動確認は、高齢者の運転にも適用されている。蓮花[23]は、高齢者の一時停止と安全確認行動を改善するために、教習所コース内運転時の車内からの前景、スピードメータ、運転者の顔や頭部を三台のカメラで撮影し、画面分割装置で一体化した画面を作成した。運転後に、その自分の運転ビデオを指導員やほかの運転者とともに見て、自分の不安全な運転に気づくという運転プログラムだ。

指導員はビデオを見ながら、次の場面でどんな運転をしたかを運転者に尋ね、注意点を指摘していくが、このプログラムの特徴は、主観的な自分の運転と実際の運転がかけ離れている点を、「自ら気づく」ように、指導員が運転者をティーチングでなくコーチングする点にある。「○○さんはちゃんと停止したと言われましたが、いかがですか。(実際には動いていて停止していないことに気づかせ) そうですね、止まってきちんと確認することが大事ですね」といった具合だ。

このプログラムでは、そのあとビデオでの注意点を踏まえて、指導員の模範走行を同乗して観察し、その後コース内を再走行する。再走行では、ビデオで指摘された点を反復して訓練する。この教育プログラムの効果を測定したところ、教育によって運転技能の指導員評価が上昇したほかに、指導員評価と自己評価のズレが小さくなり、過信傾向が減少した[24]。

ビデオを用いた他人の運転の観察

人は他人の行動や言動を見聞きするだけで、自分の行動や考え方を新たに学習したり修正したりすることができる。心理学でいう観察学習であり、「人の振り見て我が振り直せ」とか「他山の石」といったことわざにもなっている。これを高齢者の運転行動の改善に応用した試みを紹介しよう。

太田は、「他者の運転ぶりを見ることで、自身の運転ぶりをかえりみて、自らの安全性についての気づきを促す」という教育プログラムを開発し、「ミラーリング法（他者観察法）」と名づけた[25]。自分の運転ぶりを他者の運転ぶりを通して鏡（ミラー）に映し出すというわけだ。

図5-6　ミラーリング法による指導[25]

具体的には、まず、高齢ドライバーは、日頃の運転ぶりを調べるアンケート調査で自分の運転を自己評価する。ついで、指導員を同乗させて教習所のコースを運転する。指導員は、その運転を運転行動評価票に基づいて評価する。その後、再び教室に戻り、ビデオに映し出された他者の運転行動（たとえば、車線変更時のウインカー使用）を観察する。たんに観察するだけでは、自身の運転ぶりを振り返って反省することは難しいので、気づきを支援する指導員の役割が重要である（図5－6）。そこで太田は、コーチング技法を身につけた指導員をその任にあてた。

コーチング技法は、今や企業で働く管理職が身につけるべきコンピテンシー（職務遂行能力）の中でも、最も重要な一つと言われている。トップダウン式の限界を補い、社員の資源を引き出して、会社と社員のために力を発揮してもらうのだ。コーチングの基本は、「人間の可能性を信じ、それぞれの個性を尊重しながら信頼関係を築き、部下を自律型人材へと育てていくためのコミュニケーション・スキル」で、そのためには「傾聴、質問、承認のスキルが必要」だという[26]。

自己評価ツールを利用した安全運転支援

高齢者講習の実技指導は、同乗指導員の評価を客観的な評価として受けとめ、安全運転に生かすための試みであった。ビデオを用いた自分や他者の運転の観察は、自分の運転を客観視したり、他人のふり見てわがふり直したりすることにより、指導員らの意見を参考に、自分の運転を正しく評価し直し、安全運転に生かすための試みであった。それに対して、自己評価ツール法は、自分の運転行動についての質問に答えることで運転行動を自己評価し、ツール作成者が評価した結果をもとに自分の運転を反省し、安全運転に生かすための試みである。

代表的なツールとして、「安全運転自己診断（ＳＡＳ）」がある。この検査は、運転免許の更新時講習で用いられている安全運転態度検査で、一九七七年から導入され、長い間、警察庁科学警察研究所で作成されていた。一般の交通場面で見られる運転行動、特に性格を反映していると想定される運転行動の有無や、その際の感情や意見を呈示し、それについて「はい、いいえ」で回答する。たとえばＳＡＳ３８６版（一九八九年）では、自己顕示性、神経質傾向、感情高揚性、非協調性を示す態度を測定している[27]。

質問項目の例をあげると、以下のようである。

・よく追越しや車線変更をする方だ。

・せっかくうまく運転していても、横で眠られるとがっかりする。

この検査は一般運転者用で、高齢者に特化した自己評価ツールには、『高齢ドライバーのための安全運転ワークブック』がある[20][28]。このワークブックでは、まず、危険運転チェックにより、自分の運転が老化によって危険な運転になっていないか、補償運転チェックにより、危険な運転を補うような安全を志向した運転をしているかを、それぞれ自己評価して記入する。次いで、自分の危険運転度と補償運転度を自己採点によって知り、それを同年齢の全国の高齢ドライバーと比較する。該当する評価のアドバイス文を読むことによって、結果のフィードバックが得られる。

危険運転チェックは一五項目からなり、たとえば次のような質問をし、ある危険運転が数年前からあったか、最近あるか、あまりないか答える。

・標識を見落とすことがある。

・同乗するのがこわいと言われる。

補償運転チェックは一五項目からなり、たとえば次のような質問をし、ある補償運転を数年前からしているか、最近そうしているか、あまりしていないか答える。

・余裕を持った運転計画を立てる。

・夜間の運転をひかえる。

数年前と最近の危険運転や補償運転の比較ができるのもこのワークブックの特徴だ。数年間での運転の変化を自分で図示することにより、その度合いが実感できる。ほかに、日本自動車工業会による「いきいき運転講座」という自己評価ツールを用いた教材もある。[29] 試してみてはどうだろうか。

自己評価ツールの長所は、いつでも、どこでも一人で実施できるという手軽さにある。採点とフィードバックは自分でしなければならないので少々面倒であるが、チェック後にすぐにできる。短所は、結果のフィードバックがその人に即した個別的なものでは必ずしもない点だ。ただし、採点の手間もフィードバックの個別化も、紙ベースではなく、コンピュータで行えば問題は解消できるだろう。自己評価ツールは、その後の運転行動を改善する効果があるだろうか。実施直後の感想は肯定的であるが、本当に運転行動を支援するツールであるかはまだ不明だ。『高齢ドライバーのための安全運転ワークブック』について言えば、危険運転が多く、補償運転が少ない人が補償運転をするようになり、また、危険運転も補償運転も多い人は運転頻度を少なくして、運転断念も視野に入れるようになれば、効果があったと言える。

安全運転支援装置の利用

現代社会の情報・コミュニケーション技術の進展は道路交通にも及んでいる。これはＩＴＳ（知的交通システム）と呼ばれ、安全で、効率的で、経済的で、環境にやさしい交通を目指している。

このＩＴＳ技術は、ドライバーの安全運転を支援する車内装置にも適用され、ＡＣＣや自動ブレーキなどの多くの安全システム装置を生んでいる。こうした装置は、運転の負担を減らし、ドライバーの能力不足を補うものであるから、すべてのドライバーに恩恵を与えるはずであるが、とりわけ高齢ドライバーにとって効果がありそうだ。

こうした先進技術を利用して、ドライバーの安全運転を支援するシステムを搭載した自動車は、ＡＳＶ（先進安全自動車）と呼ばれている。思えば、パワーステアリングもオートマチックのギアもシートベルトもエアバッグもカーナビも安全運転を支援するシステムであるが、特に二一世紀に向けて開発される技術をＡＳＶと名づけたようだ。

安全運転支援といっても様々な側面・機能がある。実用化されたＡＳＶ技術を大きく四つの機能に分けて、以下に列挙してみよう。(30)

①　知覚機能の拡大・情報提供

高輝度前照灯、配光可変型前照灯（ＡＦＳ）、夜間前方視界情報提供装置（暗視カメラ）、車両周辺視界情報提供装置（サイドカメラ）、交差点左右視界情報提供装置（フロントノーズカメラ）、自動切替型前照灯（ハイビームサポートシステム）、自動防眩型前照灯

②　注意喚起・警報

車両周辺障害物注意喚起装置（周辺ソナー）、タイヤ空気圧注意喚起装置（タイヤ空気圧警報）、ふらつき注意喚起装置（ふらつき警報）、車間距離警報装置（車間距離警報）、車線逸脱警報装

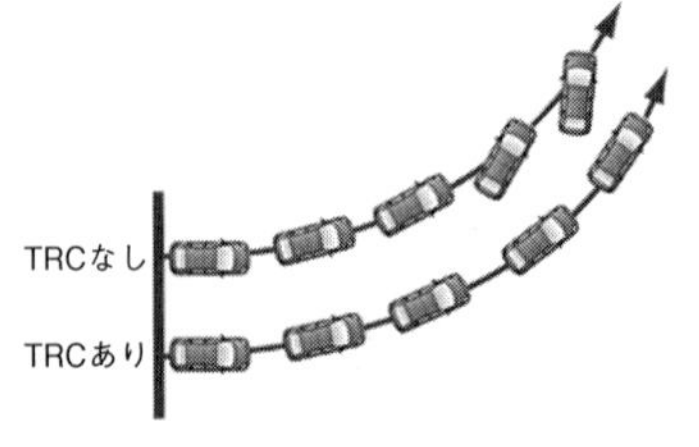

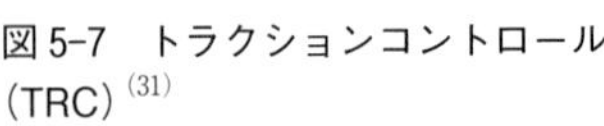
図 5-7　トラクションコントロール（TRC）[31]

図 5-8　衝突被害軽減ブレーキ[32]

置（車線逸脱警報）、後側方接近車両注意喚起装置、緊急制動表示装置（ＥＳＳ）

③　運転負荷軽減制御・運転性能向上制御

定速走行・車間距離制御装置（高速ＡＣＣ）、車線維持支援制御装置（レーンキープアシスト）、後退時駐車支援制御装置（パーキングアシスト）、車両横滑り時制動力・駆動力制御装置（ＥＳＣ）、車輪スリップ時制動力・駆動力制御装置（トラクションコントロール付ＡＢＳ、図５－７）

④　事故回避支援制御

前方障害物衝突被害軽減制動制御装置（衝突被害軽減ブレーキ、図５－８）、ペダル踏み間違い時加速抑制装置

こうして見ると運転支援技術の発展に驚かされる。これがさらに進展すると、自動運転になる。運転支援装置の利用ではあくまでドライバーが主役であるが、自動運転になると主役は車になる。

ところで、安全運転を支援する車内装置は素晴らしいが、問題がないわけではない。その一つは、覚醒水準の低下による不注意運転だ。高速道路などでＡＣＣやレーンキープアシストを使って走行するのは楽だが、どうしても眠くなってしまう。問題の二つめは、車内装置が示す情報の過多と意味の取り違えだ。カーナビを見ながら運転すると前方がおろそかになるし、車内ディスプレイはたくさんあって見つけにくいし、見つけても、文字や数字が高齢者には小さすぎたり、アイコンの意味がわからなかったりする。支援装置に対して過大な信頼を持ちすぎるのも問題だ。周辺ソナーや衝突被害軽減ブレーキがあるからといって、前をよく見て運転していないと、歩行者の飛び出しなどに対処できないだろう。

ここで取り上げた運転支援技術は、車の工学的対策の一つである。工学的対策には、ほかに道路照明や交差点改良といった道路交通環境の改善がある。また、ＩＴＳ技術ではドライバーが視認困難な位置にある自動車や歩行者などを、道路に設置した各種感知機が検出して、その情報を車載装置や交通情報板などを通して提供し、注意を促すという安全運転支援システム（ＤＳＳＳ）がある。

同乗者がいる運転

あなたはふだん、一人で運転しているだろうか、それとも誰かを同乗させて運転しているだろうか。国土交通省の道路交通センサスや、警察庁とＪＡＦが実施しているシートベルト着用調査によれば、乗用車の四台に三台がドライバー一人で、一台が同乗者を乗せて運転している[33]。多くのドライバーにとって、車はプライベートな空間のようだ。

こういった私的空間に同乗者がいると、運転にどういった影響が生じるだろうか。安全運転にとって、プラスな面とマイナスな面があるだろう。プラスな面は、ドライバーの運転を補助することである。左折やバックする時に左後方の確認をしてくれたり、道案内をしてくれたりすると助かるし、単調な運転の時に話し相手をしてくれると居眠り運転にならずに済む。また、人は相手の評価を気にかけるので、ふだんより安全運転に心がけるという効果もある。マイナス面は、同乗者との会話や同乗者の動きによる注意散漫運転、視野妨害、運転技能の誇示などだ[34][35]。

同乗者の事故への影響は、実際にはどうなっているのだろうか。通常運転時の平均乗車人数が一・三〜一・四人に対して、事故時の平均乗車人数がそれより少ない一・二人であること、つまり一人運転が多い[35]ことから、ドライバーが一人で運転している時のほうが事故を起こしやすいことが明らかだ。

交通事故統計の分析では、駐停車している時に追突された件数を、運転頻度（道路交通への暴露度）の代替として用いて、ドライバーグループ間の運転頻度あたりの事故危険性を比較する方法がある。準暴露度推定法と呼ばれるそうした分析によれば、同乗者がいたほうが二倍から三倍事故率が少なく、この効果は男性のほうが女性より大きく、効果に年齢差がみられないが、高齢ドライバーに関して言えば、この効果は夜間のほうが昼間より大きかった[35]。同乗運転の事故抑制効果は高齢ドライバーに限らないが、高齢者にとって同乗運転は手軽な安全運転支援と言える。高齢者の半分以上は夫婦がそろった世帯であることから、妻や夫に同乗してもらうことができるはずだ。そうすれば安全運転になるし、夫婦円満にもなるだろう。

6章　運転からの引き際とその後

1　運転断念の理由とプロセス

運転制限から運転断念へ

3章で老いをカバーする適応戦略として、補償運転について述べた。その補償運転の代表は運転制限であり、加齢に伴って運転制限が増えて、結果的に走行距離が減少する。運転をやめること、すなわち運転断念は、この運転制限の延長線上にある（図6-1）。

図で注目してほしいのは、運転断念の準備期間やその間の走行距離の減少が個人によって異なる点だ。運転制限がなだらかに続いて運転停止に至る人（aとbとcが直線上に並ぶ人）もいれば、突然の事故や病気で急に運転をやめる人（bからcへの期間が短く角度が急な人）もいるだろう。

運転を制限する理由は、夜間や雨天といった安全運転が難しい環境下での運転を制限することにより、安全を確保することであった。それでは、運転断念の理由は何だろうか。ふつうの運転環境

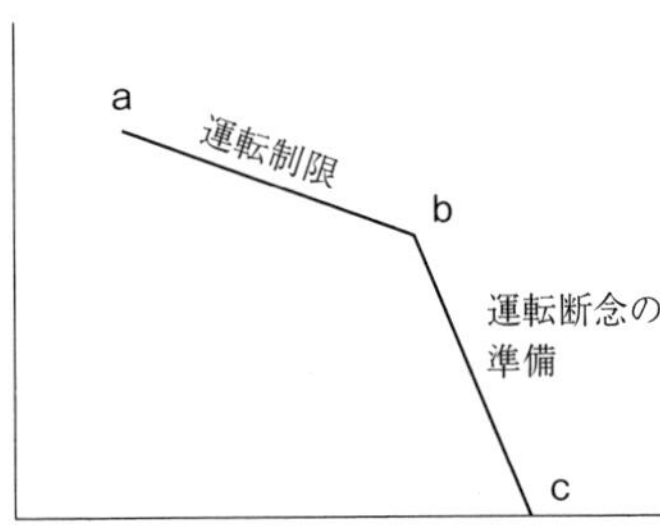

図 6-1　運転制限から運転断念へのプロセス
a から b が運転制限の期間、b から c が運転断念の準備期間、c が運転断念時を示す。

下でも、もはや安全運転ができなくなったとドライバーが感じたためであろうか。もちろんそういった理由で運転を断念する人も多いが、ほかの理由で断念する人も多い。

　運転断念の理由を挙げると、病気、心身機能の低下（老化）、運転への不安、運転の必要性がなくなった、経済的な余裕がなくなった、家族からやめるよう勧められたなど、様々だ。

　一般的に、人はある行動の理由を問われると、様々な観点からその理由を説明する。英語でいう why（なぜ）だけでなく、how（いかに、どうした）に相当する、行動のプロセス、行動の背景、行動のきっかけなどである。また、理由の中でも自分の行動を正当化する言い訳となる理由を挙げがちとも言われる。したがって、運転断念の理由を調べるには、単にその理由を問うだけでなく、運転制限から運転断念までのプロセス、断念の背景、断念の直接的きっかけに分けて問うことが必要だ。また、運転断念者だけを調べるのではなく、現在も運転している人とどこが異なるのか、つまり断念者に多い要因を調べることも重要だ。

　ここでは、高齢ドライバーは何歳になると運転をやめるのか、また運転断念の理由やきっかけとして挙げられることが多い、病気や心身機能の低下、事故、運転の必要性低下、家族の説得などについて解説しよう。

いつ運転をやめるのか

普通免許を取って運転を開始する年齢で多いのは一八歳、一九歳であるが、運転をやめる年齢は何歳が多いのだろうか。言い換えると、高齢になると免許を手放す人が出てくるため、高齢になればなるほど現役のドライバーの割合が減るだろうが、どういうふうに減っていくのかという点を明らかにしたい。

ただし、運転をやめた人が何人いるかを明らかにするのはそれほど容易ではない。運転をやめた人を分けると、

ア　免許を自主返納した人（申請による免許の取り消し）
イ　更新手続きをしなかった人（免許の失効と記録される）
ウ　死亡して更新手続きができなかった人（免許の失効として記録される）
エ　免許を保有しているが運転をやめた人

に分かれるが、このうちア、イ、ウの人は免許更新者のリストからはずれることから、その合計人数が把握できる。しかし、エは本人や家族に聞かないとわからない。

図6-2の濃色のバーは、一九九八年に七十歳であった男性のうち免許保有者が、ア〜ウの理由で免許更新をしなかったために、年々どういうふうに減少していったかを示している。[1][2] たとえば、

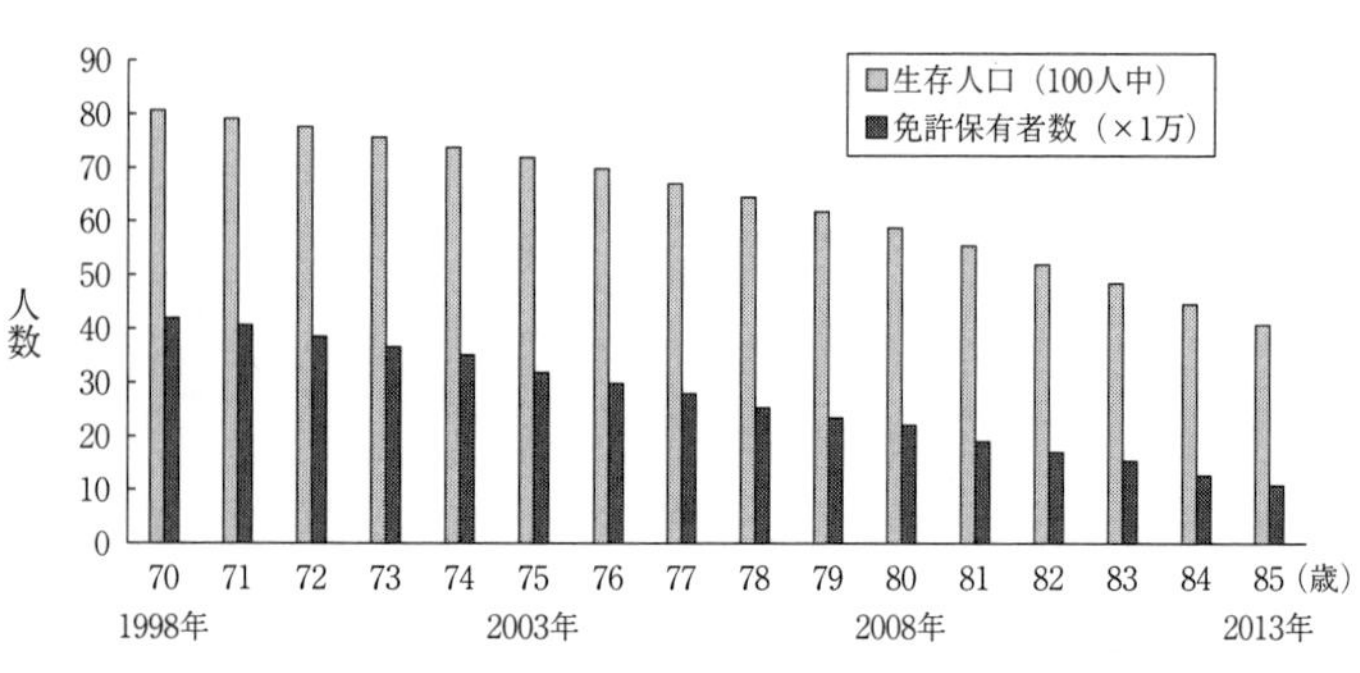

図 6-2　高齢男性の生存人口と免許保有者数の加齢に伴う推移[(1)(2)]

七十歳の時には四二万人いた免許保有者は、七五歳になると三二万人、八十歳になると二二万人、八五歳になると一一万人にまで減少した。一五年間に四分の三減少した計算だ。

参考までに、図６－２には七十歳から八五歳までの男性生存者の推移も示した。たとえば、七十歳まで生き延びた男性は百人中八一人、七五歳になると七二人、八十歳になると五九人、八五歳になると四一人と、加齢に伴って生存者は減っていく。一五年間に生存者は半減したことになる。免許保有者もその半分が死亡した（ウに該当）と予想されるので、一五年間にア、イに相当する免許更新をしなかった人は四分の一ということになる。

図６－２を書き換えて、各年齢一年間の免許保有者の減少率と生存人口の減少率の関係を示したものが、図６－３である。上の実線が年間の免許保有者減少率を示し、下の点線が生存人口の減少率を示す。二つの線の高さの差が生存者で免許更新しなかった人の率を示す。これより、加齢に伴って、免許保有者も生存人口も共に減少率が大きくなっていくこと、また、免許

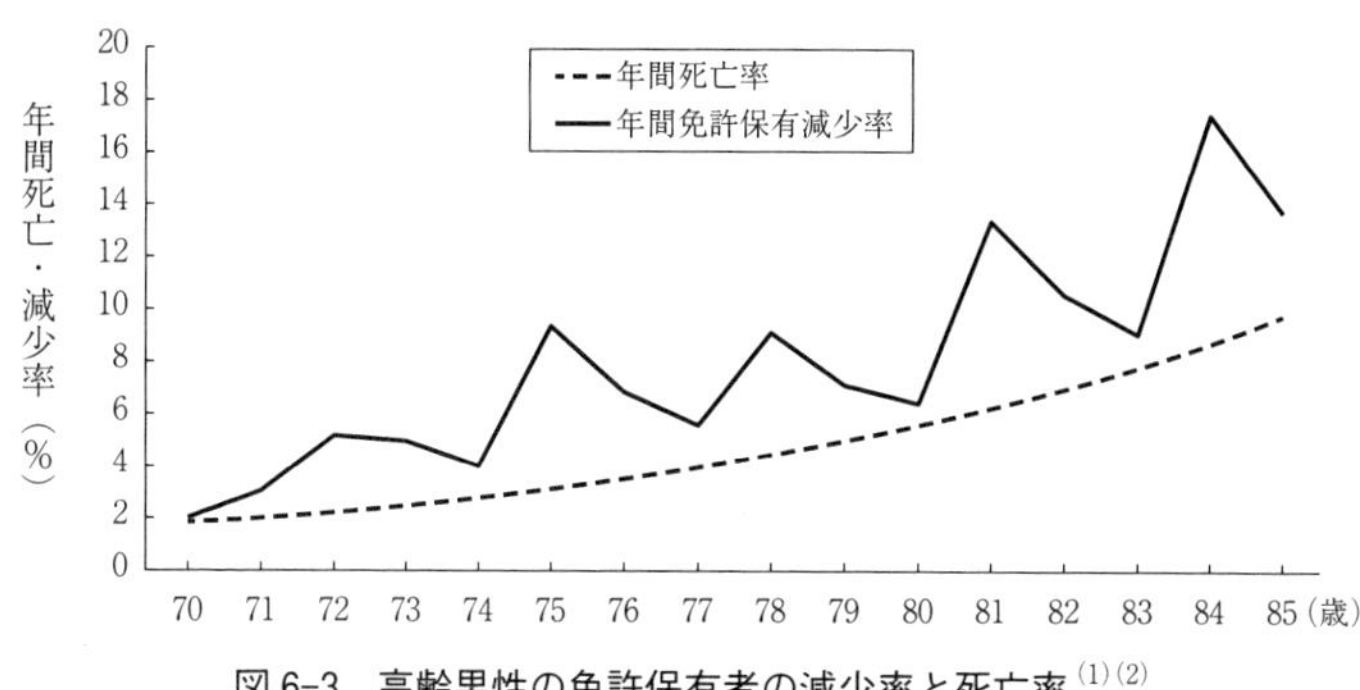

図6-3　高齢男性の免許保有者の減少率と死亡率[(1)(2)]

保有者の減少率に占める生存人口の減少率の割合が高くなっていくこと、つまり、高齢になるほど死亡者の割合が増えていくことで免許保有者も減少していくことが読み取れる。前述のア、イに相当する免許更新をしなかった人の割合は、加齢に伴って少しずつ増えているにすぎない。

また、図6－3をみると、免許保有者の減少率に波がみられる。七五歳、七八歳、八一歳、八四歳と三年ごとにピークが見られる。これは、七十歳を過ぎた一般運転者や優良運転者の二回目の免許更新が、運転免許制度によって多くは七五歳に設定されていて、以後は三年ごとに免許更新が実施されるためである[(1)]。免許更新をきっかけとして、免許更新をしなかった人（イ）が出てきたり、死亡して更新手続きができなかった人（ウ）が顕在化したりするのだ。

アの自主返納者に限るとその割合は加齢にしたがって増えていく[(1)(3)]。また、免許を保有していても運転をしないというペーパードライバーは、高齢になるほど多くなるだろう。こうした人を含めると、実際に運転をやめる人の割合は、加齢に伴って増えていくと考えられる。徳島県シルバー大学の在校生と卒業生（一〇七五人、平均年齢六九歳）を対象に行った調査によると、[4]以前に免許を持っていたが現在は運転をやめた人は、ペーパードライバーも含めて、六十〜六四歳で一四・六パーセント、六五〜六九歳で二三・七パーセント、七十〜七四歳で三三・三パーセント、七五〜七九歳で五六・七パーセント、八十歳以上で六〇・四パーセントであった。

自主返納者は最近になって急増している。自主返納は、二〇〇二年から始まった制度だ。この年に二五九六人だった自主返納者は年々増え続け、二〇一二年には身分証明書として自主返納時に交付される運転経歴証明書の有効期間が無期限に延長されたことから十万人を超え、二〇一五年には二八万人となった。しかし、それでも高齢ドライバー全体の二パーセント足らずがその年に自主返納したにすぎない。[3]

以上をまとめると、加齢に伴って免許保有者が次第に減少していき、その減少率も増加していくように見えるが（図6-2）、その間に半数が死亡によって免許を保有しなくなったことを考えると、減少率はそれほど加齢に伴って増加していない。つまり、生存者で、加齢にしたがって運転をやめていく人は、統計の上では少しずつしか増えていないようだ。ただし、七十歳よりも七五歳、七五歳よりも八十歳に自主返納者やペーパードライバー率が高そうなことを考えると、[1][4]加齢に伴って実際に運転する人の数は急に減っていくのかもしれない。

運転をやめる理由や要因

運転断念の研究で一番多いのは、運転をやめたドライバーにその理由を尋ねるものだ。まさに知りたい点であるが、人は自分の行動の理由を正しく認識しているとは限らないし、また、世間的に通る説明をしがちだ。マーケティングの研究で、レジで支払いをする前に客のカートにあったエヴィアンをボルヴィックにすり替えて、客がどう反応するかを調べた実験がある。客は気がつかないばかりか、なぜボルヴィックを買ったのかと質問すると、七、八割の人は、「これ、おいしいんだよ」「美容にいいから」「家内が好きだから」と、その理由を当然のように答えたという(5)。

そこで、運転断念の理由を聞くだけでなく、高齢者を集めてその中の現役ドライバーと運転をやめたドライバーを比較して、運転断念に影響する病気や運転の必要性などの要因が、二つのグループでどう異なるかを調べる研究が実施されてきた。また、老年医学の分野では、コホート研究という数年間の追跡研究によって、最初の調査年にある運転断念要因を持っていた人は、実際に数年後に運転を断念する割合が高いかを調べる研究が実施されてきた。

それらをまとめると、運転断念の理由や要因には、病気、身体機能や認知機能の低下、運転への不安・不快、運転の必要性がなくなった、経済的な余裕がなくなった、家族などからやめるよう勧められた、などがあった。個人ごとにこういった理由や要因は異なるが、その個数が多い人ほど、運転断念をしやすかったという(6)。図6‐4は、こういった要因間の関係をまとめたものである。

図6‐4を簡単に説明すると、運転をやめるプロセスには、大きく二つの流れがある。一つは、

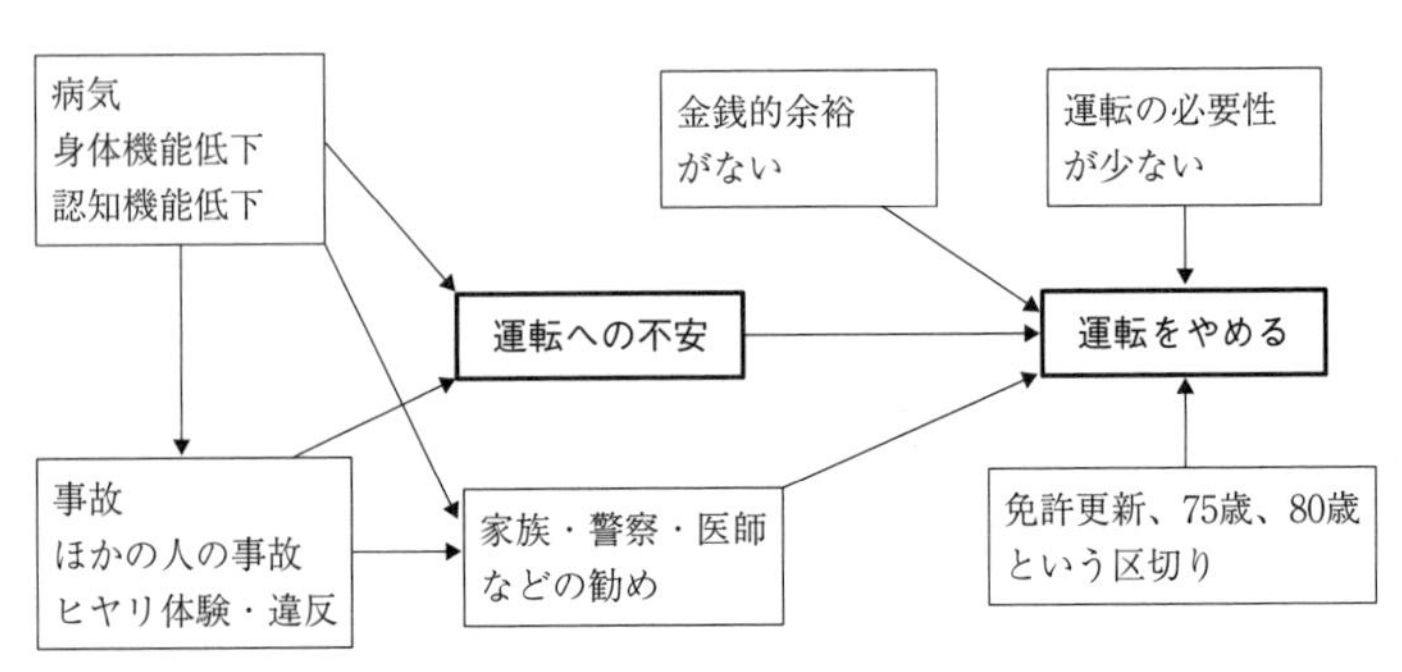

図 6-4　高齢ドライバーの運転断念の理由・要因とその関係（注(7)を改変）

加齢に伴って病気にかかったり心身機能が低下したりすることに端を発するメインルートだ。病気や老い、また、それに起因する事故・違反は、自分の運転への不安を呼び、家族などは心配して本人に運転断念を勧める。運転への不安や苦手意識は、やがて運転断念の理由となる。二つめは、運転への不安がそれほどなくとも、車を維持する金銭的な余裕がなくなったり、仕事をやめたりして運転の必要性が少なくなったり、免許更新や切りのよい年齢というタイミングだったりで運転をやめるルートである。

以下の項では、図6-4に挙げた理由や要因を説明しよう。ただし、病気と心身機能低下を中心に述べたい。

病　気

重い病気であれば、どんな病気でも運転を一時的にひかえるだろう。しかし、運転断念につながる病気となると、高齢期に発症しやすい病気、運転に必要な認知機能や運動機能を損なう病気、治らない病気に限られるだろう。(7)(8)

先に免許の拒否などの対象となる「一定の症状を呈する病気等」について述べた（2章）。その病気の中で実際に適用例が多かったのは、認知症、てんかん、統合失調症、再発性の失神であった。この中では、高齢者に多い認知症や再発性の失神が運転断念につながりやすい。

認知症になると、自分を客観視できなくなる。だから、自分の運転が危なくなってきてもそれが認識されなくて、なかなか運転を断念しようとは考えない[9][10]。現在の免許制度のもとでは、認知症と診断されると免許は取り消されることになっているし、何より家族や周囲の反対から運転を断念するドライバーが多い。それでも免許更新をしようとする七五歳以上のドライバーが受講する高齢者講習の認知機能検査では、「認知症のおそれがある者（第一分類）」は全体の三・七パーセント存在し、「認知機能が低下しているおそれがある者（第二分類）」は三二・五パーセントに達する[11]。七五歳から八四歳の認知症有病率は一五パーセント程度であるから[12]、運転を続けようとして高齢者講習に参加する認知症の高齢ドライバーがいても不思議ではない。欧米でも認知症患者の運転が問題になっていて、三人に一人は運転をやめないという[10]。そこで、第一分類に該当してもほとんどは医師の診断を経ることなく、そのまま継続して運転している現状を改めるために、二〇一五年の道路交通法改正によって、該当者全員が医師の診断を受けるよう義務化し、二〇一七年三月に施行された。医師の受け皿が十分かどうか心配だが、一歩前進だ。

交通事故の原因となった発作・急病で多いのは、てんかん、脳血管障害、心臓疾患であった（2章）。このうち脳出血やくも膜下出血や脳梗塞といった脳血管障害（脳卒中）は中高年に多く発症する。脳卒中は後遺症が残りやすく、なんらかの高次脳機能障害が数年にわたり合併する割合が、少なくとも二〇〜三〇パーセントあるという[13]。心不全や狭心症や心筋梗塞といった高齢期に多発する心臓疾患も、高齢者の場合には再発が心配で、脳卒中と共に運転断念のきっかけとなるだろう。

目がよく見えないと車の運転は難しいし、事故のもとでもある。そのため、免許条件の適性検査に視力試験があるが、両目で〇・七以上、かつ片目でそれぞれ〇・三以上あれば視野検査は免除される。しかし、加齢と共に増加する視野欠損を症状とする緑内障患者の場合は、周辺のものは見にくいが、中心視力は比較的末期まで保たれる。そのため、緑内障による末期の視野障害患者であっても免許の取得・更新は可能である[14]。しかも、中心部分が見え、片目では見えない周辺部分をもう一方の目が補ってくれることから、視覚的な不便を感じないまま運転している患者が多い。視覚機能は運転には重要だが、免許更新できる程度であれば運転断念にはつながらないのかもしれない。

身体機能と認知機能の低下

以前、高齢者講習参加のドライバー約三百人に対して面接調査をしたことがある[15]。その中の一つに、「最近、どういう時に歳を取ったと感じますか」という質問があった。その結果をみると、疲労・体力低下、身体機能の低下、視覚・聴覚機能の低下、認知機能の低下を訴える人が、いずれも三〇パーセントくらいいた。身体機能の低下では、体が動かない、足が弱くなった、が多かった。認知機能の低下で多かったのは、記憶力の低下と注意力の低下だった。

こうした訴えは、免許を更新しようとする一般の高齢ドライバーのものだが、やがて機能低下が進むと運転断念につながるだろう。足腰が痛くなったり、動作が鈍くなったり、視力が低下したりすると、運転そのものが困難で不快なものになるので、運転断念につながりやすいのだ。一方、標識や信号、歩行者を見落として、すんでのところで事故になるところだったという視覚や認知の機能低下は、ふだんの運転では気がつかないことが多いし、困難や不快感を伴わない。そのため、メタ認知と呼ばれる自分を客観視する能力が衰えがちな高齢者では、運転断念につながらないかもしれない。それでも注意といった認知的な情報処理の遅さを測定するＵＦＯＶ検査や認知機能障害を測定するＭＭＳＥ検査などをすると、その得点が低い人に運転断念者が多い(6)(16)。

その他の理由や要因

事故を起こすと、運転をやめようと思うだろう。しかし、その事故が自分の病気や老いが原因だと自覚しないと、やめようと思わないかもしれない。多くの調査研究では、運転断念の理由として事故を挙げるのは少数派である。ただし、少数であるのは、事故がそもそもめったに発生しない（人身事故を起こすのは年間に一五〇人に一人程度だ）からでもある。

ほかの人の事故やヒヤリハット体験でも、自分の病気や老いを強く自覚した場合には断念理由になるだろう。筆者のゼミ学生の一人が免許返納について卒論を書いたが、そのきっかけは、八十歳になる祖父が免許を自主返納したことだった。この祖父は運転に自信があり、事故を起こしたこともなかったが、糖尿病の持病があって薬を飲んでいた。そのため、糖尿病のドライバーが低血糖により気を失って事故を起こしたというニュースや、ほかにもテレビで様々な高齢ドライバーによる事故のニュースを見ているうちに、運転をやめたほうがよいと思ったという。

老いた家族に運転をやめてほしいと願う子や孫は多い。これは断念理由の上位によくランキングされる。あるテレビ番組の記者から、「どう付き合う？ 老いた家族の自動車運転 親などの運転に対する不安・悩み」といったアンケート結果を見せてもらったことがある。視聴者の回答者千人の中では、四五〜五五歳の娘さんからの回答が一番多かった。悩みの内訳をみると、「運転の危なっかしさ」と「運転をやめてくれない」が一番多かった。他方で、「運転をやめたら暮らしが成り立たない」や「運転をやめたら元気や暮らしのハリがなくなりそう」も次いで多かった。高齢者本人だけでなく、家族もまた、運転継続か断念かで悩んでいる。

運転を断念するよう説得する時に重要なのは、相手が自分の親であるという尊敬の念を持って接することだ。子どもから無能呼ばわりされるのは、親としては気持ちよいものではない。また、断念後には親を同乗させて運転するとか、車以外の交通機関を使う方法を知らせたり、その手助けをしたりするといった約束も、断念に応じさせるのに有効だろう。

「運転の必要がなくなった」も、運転をやめる理由の中で上位を占める。ただ、この要因は、ほかの要因ほどには病気や老いと関係しないようだ。先の徳島県シルバー大学の在学生と卒業生（一〇七五人、平均年齢六九歳）を対象に行った調査によると、すでに運転をやめた人が百人近くいて、やめた理由はその時の年齢で異なっていた。六十歳より前にやめた人では、「交通事故が不安」や「運転の必要がなくなった」という理由が一番多く、六十歳以後にやめた人では「家族・医者に勧められて」と「年齢的限界」が一番多かった[4]。「運転の必要がなくなった」という理由には、運転しなくても家族に同乗させてもらえるとか、近くにバス停や駅があるといった移動環境がある。こういった自分の運転に代わる移動手段がある人は、高齢になる前に運転をやめても支障がないのだ。

2　運転断念の影響

移動手段の変化

運転をやめると、生活の中での移動はどう変わっていくだろうか。車は比較的遠くの目的地までの移動によく使われるので、その代替交通手段としては、家族や友人などの車への同乗（送迎）、バスや電車、自転車などが考えられる。近所で用事を済ませようとすれば、徒歩や自転車による移動が増えるだろう。また、運転している時にも利用していた車以外の交通手段が、そのまま代替交通手段となっていくようだ。たとえば、運転していた頃に自転車や徒歩をよく利用していた人は、運転しなくなっても自転車や徒歩を多く利用するだろう。

国土交通省の全国都市交通特性調査によれば、六五歳以上（免許の有無は問わない）の代表的な交通手段は、自動車（運転、同乗）が半数を占めて一番多く、次いで徒歩・その他、二輪車（自動二輪・原付・自転車）、鉄道、バスの順であった。[17] 一方、高齢者のうち自動車の運転を断念した人の移動手段についても、特別に調査をしている。それによると、鉄道・バス、徒歩や自転車、車の同乗の三つがほぼ同じくらいの割合であった。[17] この二つのデータからだけでは、車の運転がどの移動手段に代替されたかは不明であるが、断念後の主要な移動手段が鉄道やバスなどの公共交通機関、徒歩や自転車という自力による移動、他人に頼る同乗、の三つである点は確かである。

岡山大学の橋本らの研究によれば、高齢者の免許返納後の交通手段は、返納前の運転以外の交通手段がそのまま増えていくのだが、移動目的や地域によってその代替交通手段が異なるという。[18][19] 対象地域は岡山県全域で、代表的な移動目的として買い物と通院を取り上げ、都市部、郊外部、中山間地域に分けて分析している。

まず、返納前後の買い物時の交通手段をみてみよう。返納前は、どの地域でも買い物の三分の二は車やバイクの運転によって行われていた。それ以外の交通手段の割合は地域によって異なり、都市部では自転車、郊外部と中山間地域では送迎が多かった。返納後は、都市部では自転車が多く、郊外部では送迎と自転車が多く、中山間地域では送迎が多くて、返納前の車以外の割合が、返納後もそのまま推移していた。もちろん、徒歩や公共交通を使って買い物をする人もいたが、その割合はどの地域でも返納前は一〇パーセント、返納後でも三〇パーセントと少なかった。

通院時の交通手段をみてみよう。返納前の移動手段は、買い物とよく似ていて車やバイクが多かった。返納後は、買い物と同様に地域間の差が大きかった。都市部では送迎、自転車、公共交通が多く、郊外部と中山間地域では送迎が半数以上を占め、次いで公共交通が多かった。買い物と比べると、どの地域でも自転車利用が少なく、公共交通の利用がそれより多く四分の一を占めた。自転車の利用は病人には不向きで、通院先は買い物より遠方にあるからだろう。

少し古いデータだが、運転しなくなった高齢者の代替交通手段を、大都市（東京都北区）、中都市（埼玉県熊谷市）、小都市（群馬県館林市）で比較した研究を紹介しよう[20]。それによれば、大都市で多いのは自転車、電車、バス、家族の運転する車（送迎）であり、中都市では自転車、家族の運転する車、電車、徒歩が多く、小都市では自転車、家族の運転する車、徒歩が多かった。電車やバスなどの公共交通機関は大都市や中都市では比較的充実しているが、小都市では最寄りの駅やバス停までの距離が長かったり、運行本数が少なかったりして、車の代替交通手段として使えない。代わりに家族の車に頼ることになるようだ。

移動頻度の減少と範囲の縮小

移動（外出）の頻度や範囲は、健康状態、外出好きか、近くに行きたい施設や場所があるか、友人が多いか、自由になる時間やお金があるかなどと並んで、利用できる交通手段があるかが大きく影響する。そのため車の運転という大事な交通手段を失うと、外出はひかえられ、その範囲も小さくなるだろう。

この点について、先の橋本らの研究結果をみてみよう。まず買い物についてみると、七割くらいの人は返納前と後で買い物の回数に変化はなかった。しかし、免許返納後に買い物の回数が減ったり買い物に行かなくなったりした人が、都市部でも一五パーセント、郊外部では二五パーセント、中山間地域の住民では三五パーセントもいた[18][19]。返納前から都市部、郊外部、中山間地域の順に買い物頻度が高かったことから、返納後はその差が広がったことになる。

買い物をする店までの距離は、どの地域でも変化なしが多かった、それでも一〇〜一五パーセントの人は近くの店で買うようになった[18]。遠くまで車で買い物に行けなくなり、少々品揃えが悪くても近所の店で買い物を済ませるようになったということだ。

ところで、流通機構や交通網の弱体化とともに、食料品等の日常の買い物が困難な状況に置かれている人のことを、買い物弱者あるいは買い物難民という。免許返納後の買い物店までの距離の中央値（五〇パーセンタイル値）をみると、都市部では家から一キロ以内で、郊外部では一〜二キロであったが、中山間地域になると二〜五キロと店は家から遠い。郊外部や中山間地域では、車の運転をやめると買い物弱者になる人が出てきやすい状況だ。

次に通院についてみると、どの地域でも九割の人は返納前と後で通院頻度に変化はみられなかった。また、病院までの距離も九割以上の人に変化がなかった。免許返納後も同じ病院に、同じ頻度で通い続けているようだ。病院までの距離の中央値をみると、都市部では二キロ、郊外部では二〜五キロ、中山間地域では五キロと、買い物先の店よりもっと遠かった。この距離では、徒歩はもちろん自転車でも行きにくい。健康が気になる高齢者にとって、病院はどうしても行かなければならない場所だ。先に述べたように、返納後は送迎と公共交通を使ってでも通院するしかない。

高齢者を対象としたインターネット調査によると、自分が運転できなくなった場合でも欠かせないと思う外出活動は通院で、次いで一泊以上の旅行、買い物、外食であった。逆に運転できなくなったら行わないと思う外出活動で多かったのは、習い事・学習、個人で行うスポーツ、サークルやチームで行うスポーツ・趣味活動であった[21]。

もう一つ、岡山県の隣の広島県三次市の例をみてみよう[22]。三次市では、二〇〇九年の市町村合併に際して運転免許自主返納支援事業を策定し、三次警察署との調整の後、二〇一三年に事業を開始した。六五歳以上の免許返納者に、三次市民バス回数乗車券、広島県交通系ＩＣカード、タクシー利用助成券のいずれか一つ（各一万円相当）を進呈するというものだ。支援事業の一環として、返納前の運転頻度と返納後の交通手段とその利用頻度をアンケート調査した結果、返納後の交通手段として多かったのは、家族の送迎と並んでタクシーだった。また、返納後には外出頻度が減っていると予想される結果が得られた（表６－１）。たとえば、返納前にほぼ毎日車を運転していた人は、返納後にはその多くが毎日は外出しなくなった。ただし、時々運転していた人や運転していなかった人の外出頻度が減ったかは、この表からはわからない。そういう人も、返納後は月に数回は外出している。たぶん、返納前から家族の人に同乗させてもらったり、バスに乗ったりしていて、ある程度交通手段が確保されていたのだろう。

表 6-1　返納前の運転頻度と返納後の外出頻度（広島県三次市）[22]

返納後 外出頻度 ／ 返納前 運転頻度	ほぼ毎日	週 2、3 回	月に数回	出かけない	計
ほぼ毎日	4	13	19	1	37
時々	1	8	32	4	45
運転しない	2	3	9	1	15
計	7	24	60	6	97

返納後の移動手段で困ったこと

運転をやめると、移動手段として車の運転ができなくなる。それに伴う困り事で一番多いのは、運転に代わる移動手段が確保しにくい点である。そのため、外出回数や行くところが減ってしまうのだ。代替候補には、同乗（送迎）、バス・電車・タクシーといった公共交通が考えられるが、そういった移動手段を容易に利用できる人は多くはいない。また、利用できたとしても制約が多い。交通手段が少なかったり、なかったりすると、自転車か徒歩で移動するしかない。それさえ不自由だと、外出すらできないことになる。

表６－２に、運転以外の代表的な移動手段とその利用にあたっての制約をまとめてみた。まず、バスは料金が安い点が魅力だ。その上、七十歳以上の高齢者には特別運賃が適用され、一般の人より安く利用できるところが多い。しかし、バス停が遠かったり、本数が少なかったり、行きたい目的地までの路線がなかったりして、利便性は必ずしも良いとは言えない。こうした傾向は、郊外部や中山間地域で特に顕著である。この背景には、マイカーの普

表6-2　運転以外の主な移動手段とその制約

移動手段		利用にあたっての制約
公共交通	バス	バス停までの距離、運行間隔、料金、路線
	電車	駅までの距離、運行間隔、料金、路線
	タクシー	料金、利用可能性
同乗（送迎）		利用可能性、頼みやすさ
自転車		運転する体力、地形、天候・気候、転倒、交通事故
徒歩		短距離移動、歩く体力、地形、天候・気候、転倒、交通事故

及や人口の減少による路線バス利用客の減少がもたらした、赤字バス路線の撤退や縮小がある。国や地方からの補助金の減少や、黒字路線に新規事業者の進出をもたらした規制緩和も、赤字路線からの撤退に影響を与えた。

路線バスの撤退や縮小は、車を持たない高齢者にとって特に大きな問題である。路線バスが廃止された地域住民の交通手段を確保するために、コミュニティバス等を行政が関与して運行させている地域も多いが、そういったバスも利用者が減少傾向にあり、財政を悪化させている[23]。

電車（鉄道）を利用するにあたっての制約は、バス停以上に近くに駅がないことだ。駅の周辺に住んでいる人やバスで駅まで行ける人にとってはこの上なく便利な乗り物であるが、ふだんの生活で電車を利用できる人は限られている。

電車は、公共公通の中で最もエネルギー効率が良い、つまり環境にやさしい移動手段である。また、大都市内や都市間の交通の担い手として、公共公通の中では輸送人員が最も多い。鉄道駅はバスやタクシーとつながる拠点でもあり、そこに多くの人が集まる。しかし、バスほどではないが、地方では経営状態の悪化とサービスの縮小が進行している。

タクシーは、マイカーと同じように、ドア・ツー・ドアで移動できて、大きな荷物を持っていたり、健康に不安を持っていたりして、長い距離を歩けない高齢者にとっては便利な乗り物だ。しかし、最大のネックは料金が高いことだ。これを補うのが乗合タクシーである。コミュニティバスを運行するほど需要がないが、交通弱者（移動制約者）が存在する地域では、定員が十人ほどのワンボックスカーで、バスのように定時に定まった路線を運行する、定時定路線型乗合タクシーを導入しているところがある。また、運行区域内に限ってではあるが、一般のタクシーのように事前予約して、他の予約者を拾いながら自宅から目的地まで低料金で運行してくれる、デマンド型乗合タクシーがある。

表6－2の同乗（送迎）は、家族や親族や知人が運転する車に同乗する移動のことである。中でも家族に頼る同乗が大部分を占める。[24][25] 高齢者の家族形態をみると、一人暮らし（一七パーセント）、夫婦世帯（三八パーセント）、子どもと同居世帯（四一パーセント）に分かれる[26]が、世帯の人数が増えるほど高齢者の同乗機会が増える。[25] 夫婦世帯ではふつう夫が妻を同乗させる例が多い。しかし、夫が運転しなくなると、二人の移動手段は狭められてしまう。子どもと同居世帯では、高齢の夫が運転をやめても、子どもに同乗させてもらうという選択肢が残る。地域の人に同乗させてもらう割合が少ないのは、送迎してくれる人の移動先や移動時刻に合わせて同乗するという不便さと、送迎提供者に対する気兼ねがあるからだ。送迎するほうにしても、面倒くささや事故の不安を抑えて送

迎するには、相手との信頼関係が必要だ。

自転車は、日本に何台あるかご存じだろうか。自動車の保有台数より一割程度少ないだけの七一五五万台だという[27]。これは国民二人に一台の割合だ。このところの健康ブームやエコブーム、あるいは節約志向の中で自転車の良さが見直されているという。特にヒザが悪い高齢者にとっては、歩くことがつらくても自転車なら負担が少ないと言われる。自転車は徒歩に比べて移動可能距離が五キロと長く、運転を断念した高齢者にとって車の代替となりうるだろう。

しかし、自転車にも問題がある。平坦な走りやすい道路や歩道なら、高齢者にとっても安心だが、坂道であったり、交通量が多かったりすると転倒や交通事故のリスクが生じる。また、雨の日や寒い日などは利用しづらい。ただし、これから電動アシスト自転車が使いやすくなると、自転車利用はもっと多くなるだろう。

徒歩は、健康やエコにもすぐれた一番手軽な移動手段である。しかし、移動可能な距離の中央値（五〇パーセンタイル値）は、六五～七四歳では一・五キロ、七五歳以上では一キロと短い[17]。しかも、天気に左右されるし、重い荷物やかさばる荷物がある時には、歩いて移動できない。ただそうは言っても、近所の買い物や通院に、健康と楽しみのための散歩にと、徒歩は高齢者に欠かせない。

免許を返納して困ることが、以前はもう一つあった。運転免許証が身分証明書として使えなくなることだった。しかし、現在では免許を自主返納して運転経歴証明書を発行してもらえば、それが金融機関等での本人確認書類と認められるようになった。二〇一二年からは有効期限もなく、住所

図6-5　運転経歴証明書の例[28]

や顔写真も変更可能となった。運転経歴証明書（図6－5）を提示すると、バス・タクシーの乗車運賃割引など様々な特典を受けられることもあって、最近では運転免許を自主返納する人が急増している。

運転断念の心理的、健康的影響

運転をやめると、移動手段の制約以外に、心理的、健康的な悪影響が生じやすいと言われる。そのため、欧米では日本以上に高齢ドライバーの運転断念に慎重である。しかし、健康面への悪影響は運転断念だけによるものではない。前の節で述べたように、運転を断念する理由の一つは健康問題である。白内障、パーキンソン病、認知症、脳梗塞などの病気にかかったり、足腰の痛みやしびれなどの身体不調が生じたりして運転をやめるのだ。つまり、健康面の不調が運転断念を促し、運転断念が健康不調を一層悪化させるという関係だ[29]。

それでも運転断念は、通常の加齢の影響以上に心理的、健康的に悪い影響を与えていることは確かである。まず心理的な影響について考えてみよう。高齢ドライバーの中には、運転が大好きだ、運転に生きがいを感じる、運転していることに誇りを持っているという人が少なからずいる。たとえば、運転継続理由で運転が好きと答えた人は一七・五パーセントいたし[30]、運転は生きがい・楽しみであるかという質問に対して「そう思う」、「ややそう思う」と答えた人は四〇パーセントいた[21]。こうした人が運転をやめると、喪失感や孤立感や無力感や不安を感じるだろう。先に、免許自主返納をテーマに卒論を書いた学生がいたことを述べたが、彼女の祖父も「なるべく電車やバス、自転車を使って出かけているが、免許証を返さなければ良かったという気持ちがどこかにある。……歩かずに行けるという自動車の便利さを実感している。……自動車を運転することが好きだったため、寂しい」と感じている。

そこまで運転にこだわっていなかった人でも、外出回数が減ったりして移動先での買い物やレジャーや交友などの楽しみが少なくなることは、生活の質（ＱＯＬ）の低下につながる。先に述べたように、習い事やスポーツや趣味といった楽しみが運転断念によってまず影響を受けやすいことから、楽しみを伴う外出は特に減りやすい。また、楽しみを伴う外出では人と接することが多いことから、これは社会的な関わりが減ることも意味する。

健康への影響については、老年医学でいくつか研究が行われている。その一つは、心理的な不安やストレスの延長にある抑うつ症（うつ病）だ。もともと、高齢者には、退職などによる経済的自立の喪失、心身の健康の喪失、退職や子どもの自立や配偶者・友人との死別などによる家族や社会とのつながりの喪失という危機がある。そのこともあって、抑うつ症は認知症と並んで頻度が高く、約一割の高齢者に、老年期うつ病があると考えられている[31]。これに運転の喪失が加わると、抑うつ傾向が加速されるだろう。運転継続群と運転断念群を数年間追跡し、二つのグループの抑うつ症の発症率を比較した諸研究（コホート研究）によれば、運転断念群のほうが二倍多く抑うつ症を発症したという[32]。

身体的な機能低下や病気も、運転断念後に増えると言われている。また、そのことから介護施設への入所率も高くなるらしい。高齢ドライバーの運転断念とその健康への影響を調べた論文をレビューした結果によると、運転断念によって健康全般、身体的活動力、認知能力が損なわれるという[32]。また、アメリカの研究では、日本でいう老人ホーム、高齢者向け住宅、認知症高齢者グループホーム、介護老人保健施設などに入所する割合が、運転者より運転断念者と免許非保有者のほうが五倍多かったという[33]。日本での二年間の追跡調査でも、高齢者で運転をやめた人は、運転を続けている人に比べて、要介護状態になるリスクが七倍高いという結果が出ている[34]。

こうした身体機能の低下や病気、さらには高齢者施設への入所の延長線上には、「死」がひかえている。高齢の運転免許保有者と運転断念者・免許非保有者を五年間追跡し、その間の死亡率を比較した研究によると、年齢などの要因を排除しても運転断念者等の死亡率のほうが一・七倍高かった[35]。健康だからこそ運転を継続でき、運転することで健康が維持されるようだ。

ところで、運転断念により交通弱者になって、それが健康に影響するメカニズムの一つに、買い物弱者や医療難民の問題がある。どういうことかというと、交通弱者になると買物と通院に支障が生じて、買い物弱者や医療難民が発生する。買い物弱者は買い物が不自由なことから、生鮮食料品の入手が困難になって、低栄養におちいるおそれが生じる。この低栄養が病気の発病や悪化につながり、ひいては死亡率の上昇をもたらすというメカニズムだ。医療難民も同様だ。満足のいく医療サービスを受けられずに死亡してしまうおそれが生じるのだ。

運転断念のプラスの影響

もちろん運転断念は悪いことばかりではない。車への過剰な依存から解放されたと考えればよい。車は現代社会に欠かせない存在であるが、次の点で過度な依存は望ましくないとされている[36]。

①　大気や水質等の汚染
②　騒音や渋滞
③　交通事故
④　その他の社会的コスト（インフラ費用など）
⑤　車保有の個人的コスト
⑥　運動不足・ストレス

この中で①〜④は、経済学では外部費用と呼ばれる。⑤は内部費用と呼ばれる。運転に伴うマイナスはこういった金銭的な費用だけではない。その代表が⑥だ。

筆者は経済学の専門家ではないが、三つの点に注目したい。第一に、車を使用する費用には個人が負担する内部費用だけでなく、社会が負担する外部費用があるという点だ。しかもその費用は内

図 6-6　高齢者運転免許自主返納ロゴマーク[39]

部費用に匹敵するらしい。外部費用はＧＤＰ（国民総生産）の六〜七パーセントを占めるという[37][38]。

第二に、外部費用で多いのは、事故、渋滞のほかにインフラ費用があることだ。インフラ費用というのは、道路や交通施設の建設・補修のことであるが、ここには多額の税金が投入されている。このインフラ費用の中には、道路清掃、取締り、事故・自動車盗難の捜査、消防などのロードサービスの費用は含まれていない。これも巨額に上るという[36]。

第三に、ドライバーが負担する費用⑤には、自動車購入費・保険・税金といった固定費と、修理費・駐車場代・ガソリン代・高速料金といった変動費があり、実際は費用の四分の三が固定費なのに、この固定費のことを忘れやすいということだ[36]。そのため車での移動をほかの交通機関を使っての移動より安上がりだと感じやすい。たとえば、一泊旅行をするのに車で行くか新幹線で行くかを考えると、二人以上で行くなら交通費は車のほうが安上がりと考えるだろう。この時の計算には固定費は考慮されていないからだ。こうしたマイナス面が運転をやめることで解消されるのだ。

費用以外では、⑥の運動不足・ストレスをあげたが、このほかに、徒歩や自転車で地域をめぐることによって、地域が身近になるというメリットもある。高齢者にとっては、配偶者や家族と一緒に過ごす時間が増える点もプラスの影響だ。家族との関係で言えば、免許返納に対して八割の家族は肯定的評価をしているという[19]。家族にとっては、年老いた父母との間で運転をやめるやめないの議論をする必要がなくなり、運転中の事故についての心配がなくなり、車の駐車スペースが不要になったと歓迎する点が多いのだろう。

運転免許を自主返納した人にとっては、先にふれた免許返納者向けサービスも楽しみだろう。都道府県や市区町村ごとにサービス内容は異なるが、バスやタクシーなどの無料利用券配布や運賃割引、各種企業や店舗での商品割引などの特典がある。東京や神奈川や埼玉などでは、図6-6のようなロゴマークのある店で特典を得ることができる。

あとがき

本書は、高齢ドライバーの運転がなぜ危険と言われるのか、また実際に危険となった場合の対処について取り上げた教養書です。安全に運転できるうちは運転を続けるための、危険な運転になったらどうすべきかの、ヒントとなる内容を取り上げたつもりです。本書を手にとっていただき、そしてお読みいただきありがとうございました。

この本は、私にとって三冊目の本になります。一冊目は、博士論文をまとめた『初心運転者の心理学』です。二冊目は、事故統計や事故事例のデータをもとに様々な観点から交通事故を眺めた『統計データが語る交通事故防止のヒント』でした。この二冊はいずれも大学で教えるようになってから書きました。大学に勤める前は科学警察研究所で公務員として交通安全の研究をしていました。その時は研究が主体で、本を書くことなど全く考えつかないことでした。

なぜ五十歳を過ぎてから本を書き始めたかといえば、研究環境の変化によって研究のハードルが上がったから、そして年齢的にそろそろ今までの研究結果をまとめたほうが良いと思ったからです。マラソンランナーには五千メートルや一万メートルの選手から転向してきた人が多いと言われますが、私の場合も研究論文執筆というトラック競技から本を書くというマラソン競技に転向したようなものです。マラソンを走りきるには、中長距離のスピードと共に、四二・一九五キロを走りぬく持久力が必要です。今の私にはそんなスピードは出せませんが、幸いなことに今までの研究の蓄積がありました。また、大学教員の特典の一つとして、会社のサラリーマンより自由に使える時間があります。そういった環境のおかげで、三冊目の本が出版できました。

私の高齢ドライバー研究を振り返ると、最初の契機は海外留学でした。三二歳の時に、科学技術庁の長期在外研究員制度を利用して、一年間、イギリス交通省のＴＲＲＬと呼ばれる運輸交通研究所に留学しました。その時のテーマが、「高齢運転者の交通事故分析とそれに基づく高齢者用運転適性検査器の開発」でした。研究所では英語の壁もあってたいした研究はできませんでしたが、その経験は数年後に、警察庁交通局交通企画課に出向して交通事故統計の作成と分析の業務に携わった時に生かすことができました。高齢者用運転適性検査器についても、一九八九（平成元）年に導入された「ＣＲＴ型運転適性検査器」の作成に、少しだけ役立てることができました。

二番目の研究は、3章でも紹介した高齢ドライバーの先行車追従走行実験でした。高齢ドライバーは非高齢ドライバーと比べて、追従時の走行速度が遅く、速度面では心身機能低下を反映した補償運転をしていましたが、車間距離のようにフィードバックがされない運転行動では、車間距離を長めにとるといった安全面の補償運転行動が見られませんでした。また、速度に応じて車間距離を変えるといった適応行動を取らないドライバーが、高齢者により多く見られました。

三番目の研究は、大学に移ってから実施した日本損害保険協会の助成による高齢者講習受講者に対する面接調査と質問紙調査です。この研究から『高齢ドライバーのための安全運転ワークブック』が生まれ、高齢ドライバーの補償運転の実態を知ることができました。本書で伝えたかったことの一つはこの補償運転で、主張をまとめると次のようになります。「高齢ドライバーはかってはベテランで安全なドライバーであった。しかし、高齢になり老化と病気に悩まされるようになると、運転技能も低下していく。そこで多くの高齢ドライバーは、夜間や雨の日の運転を控えたり、スピードを出さない無理をしない運転をしたりすることによって、安全運転を確保しようとする。この運転は補償運転と呼ばれ、多くの高齢ドライバーにとって事故を起こさない歯止めとなっている。しかし、さらに老いと病気が進むと、補償運転でも安全を担保できなくなってくる。問題はいつ運転をやめるかだ。運転断念の決断は、本人だけでは難しく、行政の課題となっている」。

四番目の研究は、交通事故総合分析センターでの研究会活動です。本書で統計データの出典先として交通事故総合分析センターの名前が頻繁に登場していることからもおわかりのように、そこは警察庁から交通事故や運転免許保有者に関するデータを借受けて、データ提供やデータ分析をしている機関です。そこでは一九九六年から二〇一二年まで、「総合的調査に関する調査分析検討会」という外部の委員を中心とする研究活動が展開されていました。私は発足当初から人分科会のメンバーとして参加させていただき、運転者や歩行者について様々な面から事故統計分析や事故事例分析をしてきました。高齢ドライバーの事故分析もそこで行うことができました。

以上のような研究を続け、また警察庁や自動車安全運転センターで高齢者講習などの研究委員会活動をしているうちに、いつか高齢ドライバーの安全についての研究をまとめたいと思うようになりました。しかし、自分が行った研究論文のまとめただけでは、高齢ドライバーの安全問題を網羅することができず、そのままになっていました。

そんな時、二つの雑誌から、連載のお誘いがありました。そこで全日本交通安全協会の『人と車』では「シニアライフと運転」（二〇一五年六～一一月号）、日本交通安全教育普及協会の『交通安全教育』では「高齢ドライバーの安全運転心理学」（二〇一五年一〇月～二〇一七年一月号）というタイトルで、月一回の連載をさせていただくことになりました。本書の1章は『人と車』、序と2～6章は『交通安全教育』の連載に大幅に加筆、修正したものです。『人と車』留安敬一課長と編集担当の石川雄三氏、『交通安全教育』編集担当の御座紀子氏に感謝いたします。

東京大学出版会編集部長の小松美加氏と編集担当の小室まどか氏には、出版の依頼をお引き受けいただき、また拙い原稿を本のかたちにしていただきました。本書が陽の目を見ることができたのは、ひとえにおふたりのおかげです。このほかにも感謝すべき人はたくさんいます。多くの方の協力のもとに出版された本書が、高齢ドライバーの皆さんのみならず、家族の方や交通安全の仕事に従事されている方のお役に立つことを、筆者としては願っています。

二〇一七年　初春

松浦常夫

著者略歴

松浦 常夫（まつうら・つねお）

1954年　静岡県に生まれる

1978年　東京大学教育学部教育心理学科卒業

1978年　警察庁科学警察研究所技官（交通部交通安全研究室）

1986-87年　英国交通省 TRRL 研究所留学（科学技術庁派遣）

2001年　大阪大学博士（人間科学）

現　在　実践女子大学人間社会学部教授（2004年～），日本交通心理学会会長（2014年～）

主　著　『初心運転者の心理学』（企業開発センター，2005年），『高齢ドライバーのための安全運転ワークブック――実施の手引き』（企業開発センター，2008年），『統計データが語る交通事故防止のヒント』（東京法令出版，2014年），『シリーズ心理学と仕事 18　交通心理学』（編著，北大路書房，2017年近刊）

高齢ドライバーの安全心理学

2017年 3月21日　初　版

［検印廃止］

著　者　松浦常夫

発行所　一般財団法人　東京大学出版会

代表者　吉見俊哉

153-0041 東京都目黒区駒場 4-5-29

http://www.utp.or.jp/

電話 03-6407-1069　Fax 03-6407-1991

振替 00160-6-59964

組　版　有限会社プログレス

印刷所　株式会社ヒライ

製本所　誠製本株式会社

ISBN 978-4-13-013309-8　Printed in Japan

索　引

さ行

た行

な行

は行

ま行

や行

ら行

引用文献

序

1) 交通事故総合分析センター（2016）．交通統計平成 27 年版
2) 松浦常夫・石田敏郎・石川淳也・垣本由紀子・森　信昭・所　正文（2006）．高齢者用ワークブックの作成とそれに向けた運転行動の諸調査　交通心理学研究，**22**（1），11-15.
3) 神﨑恒一（2014）．フレイルと老年症候群　葛谷雅文・雨海照祥（編）フレイル——超高齢社会における最重要課題と予防戦略　医歯薬出版
4) Shimada, H. *et al.* (2013). Combined prevalence of frailty and mild cognitive impairment in a population of elderly Japanese people. *Journal of American Medical Directors Association*, **14(7)**, 518-524.
5) 厚生労働省（2016）．平成 27 年人口動態統計月報年計（概数）の概況　Retrieved from http://www.mhlw.go.jp/toukei/saikin/hw/jinkou/geppo/nengai15/dl/gaikyou27.pdf（2016 年 12 月 14 日）
6) 大蔵　暢（2013）．「老年症候群」の診察室——超高齢社会を生きる　朝日新聞出版
7) 総務省統計局（2015）．人口推計（平成 26 年 10 月 1 日現在）年齢別人口　Retrieved from http://www.stat.go.jp/data/jinsui/2014np/pdf/gaiyou2.pdf（2016 年 12 月 14 日）
8) 総務省統計局（2016）．人口推計——平成 28 年 3 月報　Retrieved from http://www.stat.go.jp/data/jinsui/pdf/201603.pdf（2016 年 12 月 14 日）
9) Chihuri, S., Mielenz, T. J., DiMaggio, C. J., Betz, M. E., DiGuiseppi, C., Jones, V. C., & Li, G. (2016). Driving cessation and health outcomes in older adults. *Journal of the American Geriatrics Society*, **64(2)**, 332-341.
10) 厚生労働省（2014）．平成 25 年国民生活基礎調査の概況　Retrieved from http://www.mhlw.go.jp/toukei/saikin/hw/k-tyosa/k-tyosa13/index.html（2016 年 11 月 16 日）
11) 佐藤眞一（2014）．幸福な老い　佐藤眞一・高山　緑・増本康平　老いのこころ——加齢と成熟の発達心理学　有斐閣.

1 章

1) 島崎謙治（2012）．超高齢・人口減少社会の現実と対応　nippon.com　Retrieved from http://www.nippon.com/ja/in-depth/a01001/（2016 年 11 月 16 日）
2) 嵯峨座春夫（2012）．人口学から見た少子高齢社会　佼成出版社
3) ヴォーゲル, E. F.　広中和歌子・木本彰子（訳）（1979）．ジャパン・アズ・ナン

バーワン――アメリカへの教訓　阪急コミュニケーションズ
4）厚生労働省（2015）．百歳高齢者表彰の対象者は 30,379 人　Retrieved from http://www.mhlw.go.jp/file/04-Houdouhappyou-12304250-Roukenkyoku-Koureishashienka/0000097112.pdf（2017 年 2 月 9 日）
5）厚生労働省（2014）．平成 25 年簡易生命表の概況　Retrieved from http://www.mhlw.go.jp/toukei/saikin/hw/life/life13/index.html（2016 年 11 月 16 日）
6）総務省（2016）．人口推計（平成 27 年 10 月 1 日現在）　総務省統計局　Retrieved from http://www.e-stat.go.jp/SG1/estat/List.do?lid=000001163203（2017 年 2 月 9 日）
7）警察庁（1986-2016）．運転免許統計／交通統計
8）警察庁交通局（2016）．運転免許統計平成 27 年版
9）国土交通省（2013）．平成 24 年度国土交通白書　第 2 章　若者の暮らしにおける変化（図表 58）　Retrieved from http://www.mlit.go.jp/hakusyo/mlit/h24/hakusho/h25/index.html（2016 年 11 月 16 日）
10）Matsuuta, T. (2014). Why elderly people without a driver's license are more at risk of pedestrian accidents. *Paper presented at the 28th International Congress of Applied Psychology*. July, Paris.
11）警察庁（2014）．高齢者講習の在り方に関する調査研究報告書
12）厚生労働省（2014）．平成 25 年国民生活基礎調査の概況　Retrieved from http://www.mhlw.go.jp/toukei/saikin/hw/k-tyosa/k-tyosa13/index.html（2016 年 11 月 16 日）
13）日本自動車工業会（2014）．2013 年度乗用車市場動向調査　Retrieved from http://www.jama.or.jp/lib/invest_analysis/pdf/2013PassengerCars.pdf（2016 年 11 月 16 日）
14）山口県（2006）．交通実態調査　山口・防府都市圏総合交通体系調査報告書（総括編），p. 22　Retrieved from　http://www.pref.yamaguchi.lg.jp/cms/a18400/city-plan/yamapersonseika.html（2017 年 2 月 9 日）
15）静岡中部都市圏総合都市交通計画協議会（2003）．静岡中部都市圏の人の動き（平成 15 年 3 月），p. 21.　Retrieved from　http://www.pref.shizuoka.jp/kensetsu/ke-510a/s_c_pt/html/documents/hitonougoki.pdf（2017 年 2 月 9 日）
16）トルストイ, L. N.　望月哲男（訳）（2008）．アンナ・カレーニナ　光文社古典新訳文庫
17）幸福度に関する研究会（2011）．幸福度に関する研究会報告――幸福度指標試案　内閣府　Retrieved from http://www5.cao.go.jp/keizai2/koufukudo/pdf/koufukudosian_sono1.pdf（2016 年 11 月 16 日）
18）古谷野亘ほか（1993）．地域老人の生活機能――老研式活動能力指標による測定値の分布　日本公衆衛生雑誌，**40**(**6**), 468-474.
19）秋山弘子（2010）．長寿時代の科学と社会の構想　科学，**80**(**1**), 59-64.

20）厚生労働省大臣官房統計情報部（2016）．平成 27 年国民生活基礎調査の概況　Retrieved from http://www.mhlw.go.jp/toukei/saikin/hw/k-tyosa/k-tyosa15/（2017 年 2 月 9 日）
21）山田昌弘（1999）．パラサイト・シングルの時代　ちくま新書
22）厚生労働省（2016）．平成 28 年度の年金額改定について　Retrieved from http://www.mhlw.go.jp/file/04-Houdouhappyou-12502000-Nenkinkyoku-Nenkinka/0000110901.pdf（2017 年 2 月 9 日）
23）内閣府（2014）．平成 26 年版高齢社会白書　p. 18.
24）国立社会保障・人口問題研究所（2013）．2012 年社会保障・人口問題基本調査　生活と支え合いに関する調査結果の概要　Retrieved from http://www.ipss.go.jp/ss-seikatsu/j/2012/seikatsu2012summary.pdf（2016 年 11 月 16 日）
25）総務省統計局（2016）．統計からみた我が国の高齢者（65 歳以上）――「敬老の日」にちなんで　Retrieved from http://www.stat.go.jp/data/topics/topi970.htm（2017 年 2 月 9 日）
26）総務省統計局（2013）．平成 24 年就業構造基本調査　結果の概要　Retrieved from http://www.stat.go.jp/data/shugyou/2012/pdf/kgaiyou.pdf（2016 年 11 月 16 日）
27）内閣府（2014）．平成 25 年度高齢者の地域社会への参加に関する意識調査結果（全体版）　Retrieved from http://www8.cao.go.jp/kourei/ishiki/h25/sougou/zentai/（2017 年 2 月 9 日）
28）全日本交通安全協会（1997）．高齢者の交通社会参加の在り方に関する調査研究報告書
29）松浦常夫（2009）．高齢者のモビリティと安全　日本心理学会第 73 回大会発表論文集，WS(29)．
30）高齢者にやさしい自動車開発推進知事連合（2010）．高齢ドライバーアンケート調査分析　国土交通省　Retrieved from http://www.mlit.go.jp/common/000132671.pdf（2016 年 11 月 16 日）
31）日本自動車工業会（2014）．軽自動車の使用実態調査報告書　Retrieved from http://www.jama.or.jp/lib/invest_analysis/pdf/2013LightCars.pdf（2016 年 11 月 16 日）
32）交通事故総合分析センター（2007）．高齢者の四輪運転中の事故　イタルダ・インフォメーション，68. Retrieved from http://www.itarda.or.jp/itardainfomation/info68.pdf（2016 年 11 月 16 日）
33）阿相孫八（1994）．超高齢者の運転と生活　企業開発センター交通問題研究室
34）国土交通省都市局（2012）．都市における人の動き（平成 22 年全国都市交通特性調査集計結果から）　Retrieved from http://www.mlit.go.jp/common/001032141.pdf（2016 年 11 月 16 日）
35）森尾　淳（2009）．中山間地域の交通実態把握に関する基礎研究　土木計画学研究・講演集，**39**, 385.
36）藤田悟郎（1998）．高齢運転者の交通事故率　科学警察研究所報告交通編，**39**(**2**)，

30-40.
37) 国土交通省 (2016). 自動車保有車両数統計 Retrieved from http://www.mlit.go.jp/common/000990608.pdf (2016年11月16日)

2章

1) Driving Standards Agency (1996). *The driving manual*. London, UK: HSMO.
2) ECOO, EUROM I, & EUROMCONTACT (2011). Report on driver vision screening in Europe. Retrieved from http://www.ecoo.info/wp-content/uploads/2012/07/ReportonDriverVisionScreeninginEurope.pdf (2016年11月18日)
3) Owsley, C., & McGwin, G. Jr. (2010). Vision and driving. *Vision Research*, **50(23)**, 2348-2361.
4) 日本精神神経学会 (2015). 統合失調症について——精神分裂病と何が変わったのか Retrieved from https://www.jspn.or.jp/modules/activity/index.php?content_id=77 (2016年11月18日)
5) 警視庁 (2016).「危険ドラッグ」に対する警視庁の取組 Retrieved from http://www.keishicho.metro.tokyo.jp/kurashi/drug/drug/kiken_drug_top.html (2017年2月9日)
6) Sorajja, D., Nesbitt, G. C., Hodge, D. O., Low, P. A., Hammill, S. C., Gersh, B. J., & Shen, W. K. (2009). Syncope while driving: Clinical characteristics, cause, and prognosis. *Circulation*, **120(11)**, 928-934.
7) 一杉正仁 (2013). 運転再開に際して求められる法的知識 武原 格・一杉正仁・渡邉 修 (編) 脳卒中・脳外傷者のための自動車運転 三輪書店
8) 一定の病気等に係る運転免許制度の在り方に関する有識者検討会 (2012). 一定の症状を呈する病気等に係る運転免許制度の在り方に関する提言
9) 藤森俊郎 (1964). 運転免許行政の課題 警察学論集, **17(11)**, 1-22.
10) 日本老年医学会 (編) (2013). 老年医学系統講義テキスト 西村書店
11) 自動車安全運転センター (2000). 運転者の身体能力の変化と事故, 違反の関連, 及び運転者教育の効果の持続性に関する調査研究報告書
12) 警察庁交通局運転免許課 (2014). 高齢者講習の在り方に関する調査研究報告書
13) 金光義弘 (2003). 高齢運転者における視野異常の実態——視野の経年変化に関する調査的研究を通して 川崎医療福祉学会誌, **13(2)**, 257-262.
14) Ball, K., & Owsley, C. (1993). The useful field of view test: A new technique for evaluating age-related declines in visual function. *Journal of the American Optometric Association*, **64(1)**, 71-79.
15) Wood, J. M., & Owsley, C. (2014). Gerontology viewpoint: Useful field of view test. *Gerontology*, **60(4)**, 315-318.
16) Clay, O. J., Wadley, V. G., Edwards, J. D., Roth, D. L., Roenker, D. L., & Ball, K. K. (2005). Cumulative meta-analysis of the relationship between useful field of

view and driving performance in older adults: Current and future implications. *Optometry & Vision Science*, **82**(**8**), 724–731.

17) Mathias, J. L., & Lucas, L. K. (2009). Cognitive predictors of unsafe driving in older drivers: A meta-analysis. *International Psychogeriatrics*, **21**(**4**), 637–653.

18) Erber, J. T. (2013). *Aging & older adulthood*. Chichester, UK: Wiley-Blackwell.

19) 内閣府（2016）．平成 28 年版交通安全白書

20) 自動車安全運転センター（2014）．高齢運転者に関する調査研究（Ⅲ）報告書

21) 松浦常夫・石田敏郎・石川淳也・垣本由紀子・森　信昭・所　正文（2006）．高齢者用ワークブックの作成とそれに向けた運転行動の諸調査　交通心理学研究，**22**(**1**), 11–15.

22) 吉田知恵・五十嵐祐介（2015）．高齢者の見落としについて　日本交通心理士会第 6 回北海道・東北・関東地区別研究会資料

23) 松浦常夫・村田隆裕・藤田悟郎・市川和子（1996）．新しい運転知識問題の評価　科学警察研究所報告，**37**, 1–7.

24) 警察庁運転免許課（1998）．危険の予測——新しい学科試験問題例　全日本交通安全協会

25) 蓮花一己・石橋富和・尾入正哲・太田博雄・恒成茂行・向井希宏（2003）．高齢ドライバーの運転パフォーマンスとハザード知覚　応用心理学研究，**29**(**1**), 1–16.

26) 大蔵　暢（2013）．「老年症候群」の診察室　朝日新聞出版

27) 飯島勝矢・柴崎孝二（2013）．第 10 章　老化の理解とヘルスプロモーション　第 11 章　認知・行動障害への対応　東京大学高齢社会総合研究機構（編）東大がつくった確かな未来視点を持つための高齢社会の教科書　ベネッセコーポレーション

28) 日本自動車工業会・交通事故総合分析センター（2014）．疾患・服薬と事故の関係の分析

29) 宮崎　滋・山岸良匡（2015）．脳血管障害・脳卒中　厚生労働省 e- ヘルスネット　Retrieved from https://www.e-healthnet.mhlw.go.jp/information/metabolic/m-05-006.html（2016 年 11 月 22 日）

30) 武原　格・一杉正仁・渡邉　修（2013）．脳卒中・脳外傷者のための自動車運転　三輪書店

31) 宮崎　滋・山岸良匡（2015）．狭心症・心筋梗塞などの心臓病（虚血性心疾患）　厚生労働省 e- ヘルスネット　Retrieved from https://www.e-healthnet.mhlw.go.jp/information/metabolic/m-05-005.html（2016 年 11 月 22 日）

32) 国土交通省自動車局（2014–2015）．自動車運送事業用自動車事故統計年報（平成 24 年・平成 25 年）

33) 厚生労働省（2016）．睡眠時無呼吸症候群　厚生労働省 e - ヘルスネット　Retrieved from　https://www.e-healthnet.mhlw.go.jp/information/dictionary/heart/yk-026.html（2017 年 2 月 9 日）

34) Sassani, A., Findley, L. J., Kryger, M., Goldlust, E., George, C., & Davidson, T. M.

(2004). Reducing motor-vehicle collisions, costs, and fatalities by treating obstructive sleep apnea syndrome. *Sleep*, **27(3)**, 453-458.

35) Ellen, R. L., Marshall S. C., Palayew, M., Molnar, F. J., Wilson, K. G., & Man-Son-Hing, M. (2006). Systematic review of motor vehicle crash risk in persons with sleep apnea. *Journal of Clinical Sleep Medicine*, **2(2)**, 193-200.

36) 塩見利明・有田亜紀（2010）．睡眠時無呼吸症候群における居眠り運転事故調査　国際交通安全学会誌，**35(1)**, 22-25.

37) Komada, Y., Nishida, Y., Namba, K., Abe, T., Tsuiki, S., & Inoue, U. (2009). Elevated risk of motor vehicle accident for male drivers with obstructive sleep apnea syndrome in the Tokyo metropolitan area. *Tohoku Journal of Experimental Medicine*, **219**, 11-16.

38) 厚生労働省（2009）．認知症予防・支援マニュアル（改訂版）　Retrieved from www.mhlw.go.jp/topics/2009/05/dl/tp0501-1h_0001.pdf（2017年2月9日）

39) Breen, D. A., Breen, D. P., Moore, J. W., Breen, P. A., & O'Neill, D. (2007). Driving and dementia. *British Medical Journal*, **334**, 1365-1369.

40) 上村直人・福島章恵（2013）．認知症と自動車運転　*The Japanese Journal of Rehabilitation Medicine*, **50(2)**, 87-92.

41) Duchek, J. M., Carr, D. B., Hunt, L., Roe, C. M., Xiong, C., Shah, K., & Morris, J. C. (2003). Longitudinal driving performance in early-stage dementia of the Alzheimer type. *Journal of the American Geriatrics Society*, **51**, 1342-1347.

42) 警察庁（2016）．講習予備検査（認知機能）について　Retrieved from https://www.npa.go.jp/annai/license_renewal/ninti/（2017年2月9日）

43) 運転免許制度に関する懇談会（2006）．高齢運転者に係る記憶力，判断力等に関する検査の導入等についての提言　警察庁　Retrieved from https://www.npa.go.jp/koutsuu/menkyo13/menkyokon19teigen.pdf（2016年11月24日）

44) 仲村健二（2009）．改正道路交通法について（高齢運転者対策）　月刊交通，**40(10)**, 4-12.

45) 浦上克哉（2014）．認知症の新基礎知識――浦上式チェックで早期発見，早期対応　JAF Mate社

46) 上村直人・井関美咲・谷勝良子・諸隈陽子（2007）．認知症患者の自動車運転の実態と医師の役割　精神科，**11(1)**, 43-49.

3章

1) 石田敏郎（2013）．交通事故学（pp. 49-50）　新潮社

2) 全日本交通安全協会（1998）．高齢運転者の運転適性の自己診断法に関する調査研究報告書

3) 宇野　宏（2010）．運転者の通常時ならびに緊急時の行動特性に関する研究　広島大学博士論文　Retrieved from http://ir.lib.hiroshima-u.ac.jp/files/public/32039/

20141016185044928450/diss_otsu4123.pdf（2016年11月24日）
4）石松一真・三浦利章（2002）．有効視野における加齢の影響——交通安全性を中心にして　大阪大学大学院人間科学研究科紀要，**28**, 15-36.
5）蓮花一己・多田昌裕・向井希宏（2014）．高齢ドライバーと中年ドライバーのリスクテイキング行動に関する実証的研究　応用心理学研究，**39(3)**, 182-196.
6）蓮花一己・石橋富和・尾入正哲・太田博雄・恒成茂行・向井希宏（2003）．高齢ドライバーの運転パフォーマンスとハザード知覚　応用心理学研究，**29(1)**, 1-16.
7）松浦常夫・菅原磯雄（1992）．高齢運転者の追従走行時の運転行動　科学警察研究所報告交通編，**33(1)**, 23-29.
8）西田　泰（1998）．高齢運転者の運転特性　自動車技術，**52(4)**, 15-20.
9）若月　健・森　望・高宮　進（2002）．高齢運転者のカーブ走行時特性に関する一考察　土木学会第57回大会年次学術講演会概要集（Ⅳ-26），pp. 117-122.
10）高宮　進・溝端光雄・前川佳史・狩野　徹（1999）．高齢ドライバーの標識地名判読距離に関する研究　第19回交通工学研究発表会論文報告集，pp. 189-192.
11）森　康男・飯田克弘（2007）．高齢運転者の速度と注視点と心拍数に着目した標識等道路施設設計の改善に関する研究報告書
12）Näätänen, R., & Summala, H.（1976）. *Road-user behavior and traffic accidents.* Amsterdam: North-Holland.
13）Summala, H.（1988）. Risk control is not risk adjustment: The zero-risk theory of driver behaviour and its implications. *Ergonomics*, **31**, 491-506.
14）Wilde, G. J. S.（1982）. The theory of risk homeostasis: Implications for safety and health. *Risk Analysis*, **2**, 209-225.
15）Wilde, G. J. S.（2001）. *Target risk 2: A new psychology of safety and health.* Toronto, Canada: PDE Publications.（芳賀　繁（訳）（2007）．交通事故はなぜなくならないか——リスク行動の心理学　新曜社）
16）松浦常夫（1996）．道路ユーザーの適応行動から見た交通安全対策の効果　交通工学，**31** 増刊号，11-15.
17）中村　愛・島崎　敢・石田敏郎（2013）．交差点における一時停止行動の自己評価バイアス　交通心理学研究，**29(1)**, 16-24.
18）松浦常夫（1999）．運転技能の自己評価に見られる過大評価傾向　心理学評論，**42(4)**, 419-437.
19）自動車安全運転センター（1997）．ドライバーの運転意識とヒヤリ・ハット体験との関連に関する調査研究（Ⅲ）
20）Groeger, J. A.（2000）. *Understanding driving: Applying cognitive psychology to a complex everyday task.* Hove, UK: Psychology Press.
21）蓮花一己（2005）．高齢ドライバーのリスク知覚とリスクテイキング行動の実証的研究平成14年度～16年度科学研究費補助金（基盤研究B）研究成果報告書
22）Matsuura, T., Ishida, T., & Ishikawa, H.（2016）. Does the perception of one's

own driving ability relate to self-regulatory driving among older people? *Paper (OR2087) presented at the 31st International Congress of Psychology* (Yokohama, Japan) (doi: 10.1002/ijop.12356).

23) 岡村和子・藤田悟郎（1997）．安全運転講習中に観察された高齢運転者の運転パフォーマンス　科学警察研究所報告交通編，**38**(**2**), 74-83.

24) 中井　宏・臼井伸之介（2007）．運転技能の自己評価がリスクテイキングに及ぼす影響　交通心理学研究，**23**(**1**), 20-28.

25) 赤瀬川原平（2001）．老人力　ちくま文庫

26) 太田博雄・石橋富和・尾入正哲・向井希宏・蓮花一己（2004）．高齢ドライバーの自己評価スキルに関する研究　応用心理学研究，**30**(**1**), 1-9.

27) 渡邉敏惠・山崎喜比古（2004）．幸福な老いの要件とは――高齢者の主観的ウェルビーイングに関連する要因の文献検討　埼玉県立大学紀要，**16**, 75-86.

28) Baltes, P. B., & Baltes, M. M. (1990). Psychological perspectives on successful aging: The model of selective optimization with compensation. In P. B. Baltes & M. M. Baltes (Eds.). *Successful aging: Perspectives from the behavioral sciences* (pp. 1-34). New York: Cambridge University Press.

29) Baltes, P. B. (1997). On the incomplete architecture of human ontogeny: Selection, optimization, and compensation as foundation of developmental theory. *American Psychologist*, **52**, 366-380.

30) Carstensen, L. (1991). Selectivity theory: Social activity in life-span context. *Annual Review of Gerontology and Geriatrics*, **11**, 195-217.

31) Tornstam, L. (1989). Gero-transcendence: A meta-theoretical reformulation of the disengagement theory. *Aging Clinical and Experimental Research*, **1**, 55-63.

32) 松浦常夫（2008）．高齢ドライバーのための安全運転ワークブック――実施の手引き　企業開発センター交通問題研究室

33) 松浦常夫・石田敏郎・石川淳也・垣本由紀子・森　信昭・所　正文（2006）．高齢者用ワークブックの作成とそれに向けた運転行動の諸調査　交通心理学研究，**22**(**1**), 11-15.

34) Matsuura, T. (2011). Older drivers' risky and compensatory driving: Development of a safe driving workbook for older drivers. In D. Hennessy (Ed.), *Traffic psychology: An international perspective*. New York, USA: Nova Science Publishers.

35) Gwyther, H., & Holland, C. (2012). The effect of age, gender and attitudes on self-regulation in driving. *Accident Analysis and Prevention*, **45**, 19-28.

36) ピーズ, A., & ピーズ, B.　藤井留美（訳）（2002）．話を聞かない男，地図が読めない女　主婦の友社（Pease, A., & Pease, B. (2001). *Why men don't listen and women can't read maps*. London: Orion Books.)

37) Williams, A. F., & O'Neil, B. (1974). On-the-road driving records of licensed race

drivers. *Accident Analysis & Prevention*, **6**, 263–270.
38) Keskinen, E. (1996). *Why young drivers have more accidents? Junge Fahrer und Fahrerinnen* (*Mensch und Sicherheit, Heft M52*). Koln, Germany: Bast.
39) 貝沼良行（1990）．取消処分者講習カリキュラムの解説及び各単元実施上の注意．警察庁交通局運転免許課・科学警察研究所交通部（編）運転適性指導必携　新三容
40) 内閣府（2016）．平成 28 年版交通安全白書，p. 16.
41) Matsuura, T., & Nishida, Y. (2015). Three-year correlation between traffic accidents and car-driver offences. *Paper presented at the 14th European Congress of Psychology* (Milan, Italy).
42) 松浦常夫（2014）．統計データが語る交通事故防止のヒント（p. 109）　東京法令出版
43) 警察庁・日本自動車連盟（2016）．2015 年シートベルト着用状況全国調査　JAF Retrieved from http://www.jaf.or.jp/eco-safety/safety/data/driver2015.htm（2016 年 11 月 30 日）
44) NHTSA (2015). Occupant restraint use in 2013: Results from the National Occupant Protection use survey controlled intersection study (DOT HS 812 080). Retrieved from http://www-nrd.nhtsa.dot.gov/Pubs/812080.pdf（2016 年 11 月 30 日）
45) Department for Transport (2015). Seat belt and mobile phone use surveys: England and Scotland, 2014. Retrieved from https://www.gov.uk/government/uploads/system/uploads/attachment_data/file/406723/seatbelt-and-mobile-use-surveys-2014.pdf（2016 年 11 月 30 日）
46) 藤本裕行・三井達郎（2002）．無信号交差点における高齢者の運転行動　科学警察研究所報告交通編，**42**, 51–57.
47) 自動車安全運転センター（2008）．安全運転に必要な技能等についての調査研究（資料）
48) Hasher, L., & Zacks, R. T. (1988). Working memory, comprehension, and aging: A review and a new view. In G. H. Bower (Ed.), *The psychology of learning and motivation* (pp. 193–225). New York: Academic Press.
49) 苧阪直行（編）（2008）．ワーキングメモリの脳内表現　京都大学学術出版会

4 章

1) 交通事故総合分析センター（1986–2016）．交通統計
2) 交通事故総合分析センター（2013, 2016）．交通事故統計表データ（24–31NM101, 27–31NM101）
3) 東日本・中日本・西日本・首都・阪神・本州四国連絡高速道路株式会社（2015）．高速道路における逆走の発生状況と今後の対策（その 2）NEXCO 東日本　Retrieved from http://www.e-nexco.co.jp/pressroom/press_release/head_office/

h27/0428/（2016 年 11 月 30 日）
4）警察庁交通局（2016）．平成 27 年における交通事故の発生状況　Retrieved from https://www.e-stat.go.jp/SG1/estat/List.do?lid=000001150496（2017 年 2 月 9 日）
5）警察庁交通局（2016）．平成 27 年中の交通死亡事故の特徴及び道路交通法違反取締り状況について　Retrieved from http://www.e-stat.go.jp/SG1/estat/List.do?lid=000001150519（2017 年 2 月 9 日）
6）Santos, A., McGuckin, N., Nakamoto, H. Y., Gray, D., & Liss, S.（2011）. Summary of travel trends: 2009 National Household Travel Survey. U.S Department of Transportation, Federal Highway Administration.　Retrieved from http://nhts.ornl.gov/2009/pub/stt.pdf（2016 年 11 月 30 日）
7）Dellinger, A. M., Langlois, J. A., & Guohua, Li（2002）. Fatal crashes among older drivers: Decomposition of rates into contributing factors. *American Journal of Epidemiology*, **155（3）**, 234–241.
8）廣瀬健二郎（2013）．道路交通データに関する話題　国土交通省　Retrieved from http://www.jice.or.jp/cms/kokudo/pdf/reports/autonomy/roads/01/siryo23.pdf（2016 年 11 月 30 日）
9）藤田悟郎（1998）．高齢運転者の交通事故率　科学警察研究所報告交通編，**39（2）**，87–97.
10）Langford, J., Koppel, S., McCarthy, D., & Srinivasan, S.（2008）. In defence of the 'low-mileage bias'. *Accident Analysis & Prevention*, **40（6）**, 1996–1999.
11）交通事故総合分析センター（2016）．交通事故統計表データ（27–40FZ101, 27–42NG201）
12）Evans, L.（1988）. Older driver involvement in fatal and severe traffic crashes. *Journal of Gerontology: Social Sciences*, **43（6）**, S186–S193.
13）Evans, L.（1991）. *Traffic safety and the driver*. New York: Van Nostrand Reinhold.
14）Evans, L.（2004）. *Traffic safety*. Bloomfield, U.S: Science Serving Society.
15）Kahane, C. J.（2013）. *Injury vulnerability and effectiveness of occupant protection technologies for older occupants and women*（DOT HS 811 766）. Washington, DC: National Highway Traffic Safety Administration.
16）交通事故総合分析センター（2016）．交通事故統計年報平成 27 年版
17）交通事故総合分析センター（2015）．交通事故集計ツール（2014 年中の事故）
18）交通事故総合分析センター（2011）．出会い頭事故発生の特徴と要因分析　平成 23 年度研究報告書
19）交通事故総合分析センター（2016）．交通事故統計表データ（27–13BG102, 27–13BG108）
20）石田敏郎（2000）．バリエーションツリーによる交通事故の人的要因分析――無信号交差点における出合頭事故の分析　平成 11 年度交通事故例調査・分析報告書

交通事故総合分析センター
21）神田直弥・石田敏郎（2001）．出合頭事故における非優先側運転者の交差点進入行動の検討　日本交通科学協議会雑誌，**1**(**1**), 11-22.
22）Charness, N., & Dijkstra, K. (1999). Age, luminance and print legibility in homes, offices, and public places. *Human Factors*, **41**(**2**), 173-193.
23）木平　真・星　範夫・田久保宣晃・小島幸夫（2006）．カーナビゲーション装置の習熟によるヒヤリ・ハット体験への影響　科学警察研究所報告，**57**(**1**), 11-23.
24）Wood, W., & Rünger, D. (2016). Psychology of habit. *Annual Review of Psychology*, **67**, 287-314.
25）松浦常夫（2003）．自動車事故における同乗者の影響　社会心理学研究，**19**(**1**), 1-10.
26）交通事故総合分析センター（2008）．高齢者のための安全運転法――同乗者がいると事故は減る？　イタルダ・インフォメーション，**77**.
27）交通事故総合分析センター（2016）．交通統計平成 27 年版　※死亡事故では 26 年と 27 年の平均を用いた
28）石川敏弘（2010）．歩行者事故の特徴分析　交通事故総合分析センター第 13 回交通事故調査・分析研究発表会　Retrieved from https://www.itarda.or.jp/ws/pdf/h22/13_01hokousyaziko.pdf（2016 年 11 月 30 日）
29）松浦常夫（2012）．横断歩道横断中の事故の要因と分類　平成 23 年度交通事故例調査・分析報告書　交通事故総合分析センター　pp. 35-45.
30）西田　泰（2003）．明暗条件を考慮した歩行者事故の分析とその防止策　国際交通安全学会誌，**28**(**1**), 6-13.
31）日本眼科学会（2016）．白内障　Retrieved from www.nichigan.or.jp/public/disease.jsp（2016 年 11 月 30 日）
32）川守田拓志（2015）．平成 27 年度交通安全フォーラム（主催：内閣府・静岡県・静岡市）講演会資料
33）交通事故総合分析センター（2016）．駐車場等における歩行者対四輪車の事故　イタルダ・インフォメーション，**115**.
34）交通事故総合分析センター（2014）．運転操作の誤りを防ぐ　イタルダ・インフォメーション，**107**.
35）交通事故総合分析センター（2015）．交通事故統計表データ（26-13NM102）
36）交通事故総合分析センター（2015）．交通事故統計表データ（26-14HZ101）
37）交通事故総合分析センター（2016）．交通事故統計表データ（27-31DZ101）
38）竹本　崇（2014）．熟年高齢運転者の車両単独事故――代表的事例と今後の指針　交通事故総合分析センター第 17 回研究発表会テーマ論文　Retrieved from http://www.itarda.or.jp/ws/pdf/h26/17_03korei.pdf（2017 年 2 月 9 日）
39）国際交通安全学会（2011）．アクセルとブレーキの踏み違えエラーの原因分析と心理学的・工学的対策の提案　平成 22 年度研究調査報告書

40）矢野伸裕・萩田賢司・横関俊也・森　健二（2014）．高齢運転者の運転操作誤りによる事故の分析　交通科学研究会平成26年度学術研究発表会
41）東京海上日動リスクコンサルティング（2013）．高齢ドライバーの注意確認行動の特性に基づくトレーニング手法に関する研究　Retrieved from　https://www.jsdc.or.jp/jyosei/pdf/130612_kourei02.pdf（2017年2月24日）
42）井上昌次郎（2006）．眠りを科学する　朝倉書店

5章

1）秋山弘子（2010）．長寿時代の科学と社会の構想　科学，**80**(**1**)，59–64.
2）自動車安全運転センター（2014）．高齢運転者に関する調査研究報告書（Ⅲ）
3）Holland, C., Handley, S., & Feetam, C.（2003）. Older drivers, illness and medication. *Road Safety Research Report*, **39**. London: Department for Transport: Retrieved from http://webarchive.nationalarchives.gov.uk/20100203043415/http:/www.dft.gov.uk/pgr/roadsafety/research/rsrr/theme3/olderdriversillnessandmed.pdf（2017年2月9日）
4）Monash University Accident Research Centre（2010）. *Influence of chronic illness on crash involvement of motor vehicle drivers*（2nd ed.）.
5）Helson, R., Kwan, V. S. Y., & Jones, O. P.（2002）. The growing evidence for personality change in adulthood: Findings from research with personality inventories. *Journal of Research in Personality*, **36**, 287–306.
6）松浦常夫（2017）．交通事故の心理学的問題　石田敏郎（編）交通心理学入門　企業開発センター
7）内閣府政府広報室（2002）．国政モニターお答えします　高齢者の運転免許更新時の講習について　内閣府　Retrieved from http://monitor.gov-online.go.jp/html/monitor/answer/h14/ans1501-001.html（2016年12月2日）
8）警察庁運転免許課（2016）．高齢者講習実施要領
9）警察庁（2014）．高齢者講習の在り方に関する調査研究報告書　p. 10.
10）三菱プレシジョン株式会社（2016）．高齢者講習用運転操作検査器DS-30　Retrieved from　www.mpcnet.co.jp/product/simulation/searchpurpose/training/ds30.html（2016年12月2日）
11）株式会社日立ケーイーシステムズ（2016）．運転操作検査器ACCESS CHECKER AC110-L.　Retrieved from　http://www.hke.jp/products/tasknet/checker/AC110-L/index.htm（2016年12月2日）
12）大塚博保・鶴谷和子・貝沼良行・磯部治平・松浦常夫・山口卓耶・内田千枝子（1990）．警察庁方式CRT運転適性検査の開発　科学警察研究所報告交通編，**31**(**1**)，57–65.
13）Christ, R., Panosch, E., & Bukasa, B.（2004）. Driver selection and improvement in Austria. In T. Rothengatter & R. D. Huguenin（Eds.）, *Traffic and transport psy-*

chology (pp. 377-390). Amsterdam: Elsevier.
14) 警察庁 (2016). 講習予備検査（認知機能）について　Retrieved from https://www.npa.go.jp/annai/license_renewal/ninti/ (2016年12月2日)
15) 警察庁交通局運転免許課 (2015). 道路交通法の一部改正について（都道府県・指定都市認知症施策担当者会議資料）
16) 朝田　隆 (2013). 都市部における認知症有病率と認知症の生活機能障害への対応　厚生労働科学研究費補助金認知症対策総合研究事業平成23年度〜平成24年度総合研究報告書
17) 首藤祐司 (2009). 高齢運転者対策（講習予備検査の導入等）特集にあたって　月刊交通, **40**(**10**), 1-3.
18) 宇野　宏 (2010). 運転者の通常時ならびに緊急時の行動特性に関する研究　広島大学博士論文　Retrieved from http://ir.lib.hiroshima-u.ac.jp/files/public/32039/20141016185044928450/diss_otsu4123.pdf (2016年11月24日)
19) 松浦常夫 (1991). 運転環境の危険性と危険回避可能性からみた高齢運転者事故の特徴　交通心理学研究, **7**, 1-11, 31.
20) 松浦常夫 (2008). 高齢ドライバーのための安全運転ワークブック——実施の手引き　企業開発センター交通問題研究室
21) 警察庁運転免許課長 (2011). 高齢者講習における実車指導要領の制定について
22) 警察庁 (2011). 講習予備検査等の検証改善と高齢運転者の安全運転継続のための実験の実施に関する調査研究報告書
23) 蓮花一己 (2009). 高齢ドライバーの事故原因解明に向けたリスク運転行動と交通コンフリクトの実証的研究　科学研究費補助金研究成果報告書（課題番号17203038）
24) 向井希宏・蓮花一己・小川和久・太田博雄 (2007). 高齢ドライバーに対する教育プログラムの開発——一時停止・安全確認行動に注目して　国際交通安全学会誌, **32**(**4**), 282-290.
25) 太田博雄 (2012). 高齢ドライバーのためのミラーリング法によるメタ認知教育プログラム開発　平成23年度タカタ財団助成研究論文
26) 本間正人・松瀬理保 (2006). コーチング入門　日経文庫
27) 大塚博保・貝沼良行・磯部治平・山口卓耶・松浦常夫 (1989). 安全運転態度検査SAS386の開発　科学警察研究所報告交通編, **30**, 97-102.
28) 松浦常夫・石田敏郎・森　信昭 (2008). 高齢ドライバーのための安全運転ワークブック——現役ドライバーのあなたへ　企業開発センター交通問題研究室
29) 日本自動車工業会 (2008). 高齢ドライバーのための交通安全教育プログラム「いきいき運転講座」 Retrieved from http://www.jama.or.jp/safe/safety_elderly/ (2017年2月24日)
30) 国土交通省 (2016). 自動車総合安全情報　実用化されたASV技術に関する資料　Retrieved from http://www.mlit.go.jp/jidosha/anzen/01asv/resourse/

data/2015_09_ASVgijutsu.pdf（2016年12月6日）
31）トヨタ自動車株式会社（2016）．予防安全　トラクションコントロール（TRC）　Retrieved from　http://www.toyota.co.jp/jpn/tech/safety/technology/technology_file/active/trc.html（2016年12月6日）
32）本田技研工業株式会社（2016）．アクティブセーフティ　追突軽減ブレーキ（CMBS）　Retrieved from　http://www.honda.co.jp/safety/technology/active/cmbs/（2016年12月6日）
33）国土交通省道路局（2016）．道路交通センサスからみた道路交通の現状，推移（データ集）　表2-3 車種別平均輸送人数の推移　Retrieved from　http://www.mlit.go.jp/road/ir/ir-data/data_shu.html（2016年12月6日）
34）松浦常夫（2003）．自動車事故における同乗者の影響　社会心理学研究，**19**(**1**)，1-10.
35）交通事故総合分析センター（2008）．高齢者のための安全運転法　―同乗者がいると事故は減る？　イタルダ・インフォメーション，**77**.

6章

1）交通事故総合分析センター（2015）．男性高齢者の運転免許保有について考える　イタルダ・インフォメーション，**109**.
2）厚生労働省（2012）．第21回生命表（完全生命表）の概況（男）　Retrieved from　http://www.mhlw.go.jp/toukei/saikin/hw/life/21th/dl/21th_03.pdf（2016年12月8日）
3）警察庁交通局（2016）．運転免許統計平成27年版
4）青山吉隆・近藤光男・山本茂樹（1992）．高齢者の自動車利用行動の分析と推計に関する研究　国際交通安全学会誌，**18**(**1**)，67-74.
5）桶谷　功（2012）．「インサイト」を知ればマーケティングも変わる　読売ISマーケティング情報誌perigee第13号　Retrieved from　http://www.yomiuri-is.co.jp/perigee/feature13.html（2016年12月8日）
6）Marottoli, R. A., Ostfeld, A. M., Merrill, S. S., Perlman, G. D., Foley, D. J., & Cooney, L. M. Jr. (1993). Driving cessation and changes in mileage driven among elderly individuals. *Journal of Gerontology: Social Sciences*, **48**(**5**), s255-s260.
7）吉本照子（1994）．高齢者の交通手段改善のための調査研究（第1報）神奈川県在住のA自動車製造会社定年退職者における車の運転をやめる理由とその影響　日本老年医学会雑誌，**31**(**8**)，621-632.
8）Ackerman, M. A., Edwards, J. D., Ross, L. A., Ball, K. K., & Lunsman, M. (2008). Examination of cognitive and instrumental functional performance as indicators for driving cessation risk across 3 years. *The Gerontologist*, **48**(**6**), 802-810.
9）上村直人・谷勝良子・井関美咲・下寺信次・諸隈陽子（2010）．認知症と自動車運転　老年期認知症研究会誌，**17**, 46-49.

10) Seiler, S. *et al.* (2012). Driving cessation and dementia: results of the prospective registry on dementia in Austria (PRODEM). *PLoS ONE*, **7(12)**, e52710.
11) 警察庁運転免許課（2015）．道路交通法の一部改正について　都道府県・指定都市認知症施策担当者会議　Retrieved from　http://www.mhlw.go.jp/file/05-Shingikai-12301000-Roukenkyoku-Soumuka/07.pdf（2016 年 12 月 8 日）
12) 朝田　隆（2013）．都市部における認知症有病率と認知症の生活機能障害への対応　厚生労働科学研究費補助金認知症対策総合研究事業　平成 23 年度～平成 24 年度総合研究報告書
13) 渡邉　修（2013）．運転に求められる高次脳機能　林　泰史・米本恭三（監修）脳卒中・脳外傷者のための自動車運転　三輪書店
14) 青木由紀（2011）．後期緑内障における自動車運転と視野障害についての多施設共同研究　科学研究費補助金研究成果報告書
15) 松浦常夫・石田敏郎・石川淳也・垣本由紀子・森　信昭・所　正文（2006）．高齢者用ワークブックの作成とそれに向けた運転行動の諸調査　交通心理学研究，**22**, 11-15.=
16) Herrman, N., Rapoport, M. J., Sambrook, R. *et al.* (2006). Predictors of driving cessation in mild-to-moderate dementia. *Canadian Medical Association Journal*, **175(6)**, 591-595.
17) 国土交通省都市局（2012）．都市における人の動き（平成 22 年全国都市交通特性調査集計結果から）　国土交通省　Retrieved from http://www.mlit.go.jp/common/001032141.pdf（2016 年 11 月 16 日）
18) 橋本成仁・山本和生（2012）．免許返納者の生活及び意識と居住地域の関連性に関する研究　土木学会論文集 D3（土木計画学），**68(5)**，I_709-I_717.
19) 橋本成仁（2016）．運転しない暮らしの実現に向けて　予防時報，**265**, 18-23.
20) 鈴木春夫（2010）．高齢者の交通安全（第 9 回高齢ドライバー引退のプロセス）人と車，**46(9)**, 20-22.
21) 水野映子（2012）．高齢期の外出――自動車・公共交通の利用が困難になったら　第一生命経済研究所ライフデザインレポート　Retrieved from http://group.dai-ichi-life.co.jp/dlri/ldi/report/rp1201a.pdf（2016 年 12 月 8 日）
22) 加藤博和（2015）．高齢者運転免許自主返納支援事業アンケートの分析について　平成 27 年度第 1 回三次市地域公共交通会議提出資料　Retrieved from http://www.city.miyoshi.hiroshima.jp/data/open/cnt/3/13950/1/shiryou4.pdf（2016 年 12 月 8 日）
23) 高田邦道（編著）（2013）．シニア社会の交通政策――高齢化時代のモビリティを考える　成山堂書店
24) 藤田光宏・秋山哲男・山﨑秀夫（1999）．公共交通不便地域における高齢者の自動車同乗に関する基礎的研究　総合都市研究，**69**, 171-185.
25) 川合康生・青島縮次郎・杉木　直・川島俊美・金井昌信（2001）．世帯構成に着

目した高齢者の自動車同乗行動分析　土木計画学研究・講演集，**24**(**1**)，41-44.

26) 厚生労働省（2015）．平成 26 年国民生活基礎調査の概況　Retrieved from http://www.mhlw.go.jp/toukei/saikin/hw/k-tyosa/k-tyosa14/dl/16.pdf（2016 年 12 月 8 日）

27) 自転車産業振興協会（2013）．平成 24 年度自転車保有実態に関する調査報告書（要約）　Retrieved from http://www.jbpi.or.jp/_data/atatch/2013/05/00000742_20130507134816.pdf（2016 年 12 月 8 日）

28) 滋賀県警察（2016）．高齢者交通安全推進室のページ　滋賀県警察の広場　Retrieved from http://www.pref.shiga.lg.jp/police/seikatu/kotsu/suisshinshitsu.html（2016 年 12 月 8 日）

29) Edwards, J. D., Lunsman, M., Perkins, M., Rebok, G. W., & Roth, D. L. (2009). Driving cessation and health trajectories in older adults. *Journals of Gerontology. Series A, Biological Sciences and Medical Sciences*, **64**(**12**), 1290-1295.

30) 元田良孝・宇佐美誠史・鈴木智善（2009）．高齢者の運転意識と安全のギャップに関する研究　第 29 回交通工学研究発表会論文報告集　pp. 49-52.

31) 神埼恒一（2013）．うつ傾向の評価　日本老年医学会（編）老年医学系統講義テキスト　西村書店

32) Chihuri, S., Mielenz, T. J., DiMaggio, C. J., Betz, M. E., DiGuiseppi, C., Jones, V. C., & Li, G. (2016). Driving cessation and health outcomes in older adults. *Journal of the American Geriatrics Society*, **64**(**2**), 332-341.

33) Freeman, E. E., Gange, S. J., Muñoz, B., & West, S. K. (2006). Driving status and risk of entry into long-term care in older adults. *American Journal of Public Health*, **96**(**7**), 1254-1259.

34) 島田裕之・牧迫飛雄馬・土井剛彦・堤本広大・中窪　翔（2016）．自動車運転の中止と要介護認定発生との関係　第 58 回日本老年医学会学術集会（金沢）

35) O'Connor, M. L., Edwards, J. D., Waters, M. P., Hudak, E. M., & Valdés, E. G. (2013). Mediators of the association between driving cessation and mortality among older adults. *Journal of Aging and Health*, **25**(**8**), 249S-269S.

36) アルボード, K.　堀添由紀（訳）（2012）．クルマよお世話になりました――米モータリゼーションの歴史と未来　白水社

37) 兒山真也・岸本充生（2001）．日本における自動車交通の外部費用の概算　運輸政策研究，**4**(**2**)，19-30.

38) 岡田　啓（2014）．自動車の社会的費用と自動車関連税制　*IATSS review*, **38**(**3**), 215-222.

39) 警視庁（2016）．運転免許の自主返納をサポート　Retrieved from http://www.keishicho.metro.tokyo.jp/kotsu/jikoboshi/koreisha/shomeisho/henno.html（2016 年 12 月 8 日）